Verifikation und Validierung für die Simulation in Produktion und Logistik

Markus Rabe · Sven Spieckermann · Sigrid Wenzel

Verifikation und Validierung für die Simulation in Produktion und Logistik

Vorgehensmodelle und Techniken

 Springer

Dr.-Ing. Markus Rabe
Fraunhofer-Institut
für Produktionsanlagen
und Konstruktionstechnik (IPK)
Pascalstraße 8–9
10587 Berlin
markus.rabe@ipk.fraunhofer.de

Prof. Dr.-Ing. Sigrid Wenzel
Universität Kassel
FB 15 Maschinenbau
Inst. Produktionstechnik und Logistik
Kurt-Wolters-Str. 3
34125 Kassel
s.wenzel@uni-kassel.de

Dr. Sven Spieckermann
SimPlan AG
Edmund-Seng-Str. 3–5
63477 Maintal
sven.spieckermann@simplan.de

ISBN 978-3-540-35281-5   e-ISBN 978-3-540-35282-2

DOI 10.1007/978-3-540-35282-2

Bibliografische Information der Deutschen Nationalbibliothek
Die Deutsche Bibliothek verzeichnet diese Publikation in der Deutschen Nationalbibliografie;
detaillierte bibliografische Daten sind im Internet über http://dnb.d-nb.de abrufbar.

© 2008 Springer-Verlag Berlin Heidelberg

Herstellung: le-tex publishing services oHG, Leipzig
Einbandgestaltung: WMXDesign, Heidelberg

Gedruckt auf säurefreiem Papier

9 8 7 6 5 4 3 2 1

springer.com

Vorwort

Dieses Buch ist das Ergebnis einer mehr als dreijährigen Tätigkeit einer Arbeitsgruppe in der Fachgruppe „Simulation in Produktion und Logistik" der Arbeitsgemeinschaft Simulation (ASIM). Anlass für die Gründung dieser Arbeitsgruppe war die Erkenntnis, dass Verifikation und Validierung (V&V) eine kaum zu unterschätzende Bedeutung für die Simulation in Produktion und Logistik haben. Trotzdem gab es überraschenderweise nur wenige deutsche Veröffentlichungen zu diesem Thema, die darüber hinaus häufig der Öffentlichkeit als interne Forschungsberichte kaum zugänglich waren. Praktische Handlungshilfen, die eine systematische Durchführung der Verifikation und Validierung unterstützen, standen für die Simulation in Produktion und Logistik so gut wie gar nicht zur Verfügung. Im Gegensatz hierzu wird die sehr ähnliche Aufgabe der V&V im Rahmen der Softwareentwicklung durch konkrete Vorgehensmodelle und Verfahren untersetzt und z. T. sogar softwaretechnisch unterstützt.

Die ASIM-Arbeitsgruppe „Validierung" hat sich daher zum Ziel gesetzt, verfügbare Informationen zu V&V zu analysieren, zu systematisieren und konkrete Handlungshilfen zu entwerfen. Durch die Zusammensetzung der Arbeitsgruppe aus Simulationsanwendern, -dienstleistern und -werkzeuganbietern sowie Mitgliedern von Forschungsinstituten konnten die unterschiedlichen Anforderungen der an Simulationsprojekten Beteiligten berücksichtigt und Vorschläge zur Vorgehensweise jeweils unmittelbar an der Realität gespiegelt und im Einzelfall auch direkt erprobt werden. Darüber hinaus wurde die enge Zusammenarbeit mit der parallel arbeitenden ASIM-Arbeitsgruppe „Qualitätskriterien" gepflegt, was sowohl zur direkten Nutzung der Ergebnisse untereinander als auch zu einer für beide Seiten äußerst fruchtbaren Diskussion der Arbeitsinhalte zwischen den beiden Arbeitsgruppen geführt hat. Vor diesem Hintergrund ist der zeitgleich im Springer-Verlag erscheinende Band „Qualitätskriterien für die Simulation in Produktion und Logistik" als ideale Ergänzung des hier vorliegenden Buches zu sehen, auch wenn keiner der Bände die Lektüre des jeweils anderen voraussetzt.

Seit ihrer Gründung im Jahr 2003 hat die Arbeitsgruppe „Validierung" die Erfordernisse und Methoden von V&V für die Simulation von Produktions- und Logistiksystemen systematisch aufbereitet. Dabei wurden auch

Konzepte aus verwandten Anwendungsbereichen und Fachgebieten untersucht, z. B. aus der Simulation im militärischen Bereich und im Operations Research sowie V&V-Ansätze aus der Informatik. Insbesondere wurden Ansätze des Software Engineering dabei als Ideengeber berücksichtigt. Allerdings werden V&V-Techniken aus der Informatik, auch wenn sie unzweifelhaft Aufgaben der V&V betreffen, in diesem Buch nicht im Detail behandelt, da hierzu bereits umfangreiche und detaillierte Literatur vorliegt, die auf Softwareentwicklungsaufgaben im Umfeld der Simulation unmittelbar angewendet werden kann.

Aufbauend auf den existierenden Vorarbeiten wurde ein neues Vorgehensmodell entwickelt, das in diesem Buch im Detail beschrieben wird. Mit dem Ziel, das Vorgehensmodell möglichst einfach anwendbar zu machen, wurde es mit Handlungshilfen zur Modelldokumentation, strukturierten Fragelisten sowie Hinweisen zu geeigneten Validierungstechniken untersetzt. Für die Forschung sowie für das vertiefende Studium erläutert das Buch zusätzlich die wissenschaftliche Basis des Vorgehensmodells und seiner Elemente.

Ohne den hohen persönlichen Einsatz der Arbeitsgruppenmitglieder wäre diese umfangreiche Arbeit nicht denkbar gewesen. Besonderer Dank gilt Stefan Heinrich (Audi AG) und Simone Collisi-Böhmer (Siemens AG) für die kritische Beleuchtung der Ergebnisse aus Anwendersicht, Axel Lehmann (Universität der Bundeswehr München) für die substantiellen Hinweise zu Vorarbeiten im militärischen Bereich und in der Informatik sowie Tobias Schmuck (Universität Erlangen) für die intensive Mitarbeit insbesondere bei der aufwändigen Ausarbeitung der Handlungshilfen.

Die Herausgeber hoffen, dass dieses Werk den Stellenwert von V&V in der Simulation bewusster macht und zugleich als Rat- und Ideengeber einen Beitrag für die praktische Handhabung des komplexen V&V-Prozesses leistet.

Im Namen der ASIM
Berlin/Maintal/Kassel, Mai 2008

Markus Rabe, Sven Spieckermann und Sigrid Wenzel

Inhalt

1 Einführung

Die Simulation hat sich als wichtige Analysemethode in der Produktion und Logistik etabliert. Sie wird häufig eingesetzt, wenn Entscheidungen mit erheblicher Tragweite getroffen werden müssen, und entweder die Konsequenzen dieser Entscheidung nicht unmittelbar ersichtlich sind oder keine geeigneten analytischen Hilfsmittel zur Verfügung stehen. Dies bedeutet jedoch, dass die Richtigkeit und Übertragbarkeit der Simulationsergebnisse von erheblicher Bedeutung für das weitere Handeln sind. Fehlerhafte Simulationsergebnisse, als Entscheidungsvorschlag formuliert und umgesetzt, können zu Kosten führen, die mehrere Dimensionen größer sind als die Kosten der Simulationsstudie selbst. Dieses Buch beschränkt sich auf die ereignisdiskrete Simulation („Discrete Event Simulation"; für eine Abgrenzung zu anderen Simulationsmethoden vgl. Robinson 2004, S. 13ff.; Pritsker 1998, S. 37ff.).

Verifikation und Validierung (V&V) sind daher unverzichtbare Bestandteile einer Simulationsstudie. Nur durch konsequente V&V kann die Gefahr von fehlerhaften Aussagen aus Simulationsstudien wirksam vermindert und damit die Gefahr von Fehlentscheidungen begrenzt werden. Charakteristisch ist, dass sich die vollständige Korrektheit eines Simulationsmodells – außer bei trivialen Modellen – nicht nachweisen lässt. Dies entspricht der Erkenntnis der Softwareentwicklung, dass sich die Fehlerhaftigkeit eines Programms durch ein einziges Beispiel beweisen lässt, während die Korrektheit auch durch eine geeignete Zahl systematisch durchgeführter Beispiele nur wahrscheinlich gemacht, nicht aber bewiesen werden kann (Dijkstra 1970, S. 7). Diese Erkenntnis lässt sich auf Simulationsmodelle als Software unmittelbar übertragen.

Zur Korrektheit kommt noch die Frage der Eignung: Auch ein fehlerfreies Modell kann für eine gegebene Fragestellung ungeeignet sein, weil es wesentliche Elemente oder Aspekte vernachlässigt.

Hieraus folgt, dass V&V eine anspruchsvolle und komplexe Aufgabe ist (vgl. Law 2007, S. 243), die nur durch Systematisierung, Zerlegung in handhabbare Einzelaufgaben und Unterstützung mit geeigneten Testverfahren beherrscht werden kann. Eine Prüfung anhand von Endergebnissen ist nur begrenzt möglich. Daher ist ein Vorgehen notwendig, das möglichst jeden einzelnen Modellierungsschritt mit seinem Ergebnis einer geeigneten

V&V unterzieht. Dies betrifft den gesamten Weg von der Zielbeschreibung einer Studie bis zur Ausarbeitung von Entscheidungsvorschlägen auf Basis von Simulationsergebnissen.

1.1 Ziele der V&V

Das übergeordnete Ziel von V&V ist, wirksam zu verhindern, dass aus einer Simulationsstudie fehlerhafte Aussagen gewonnen werden, die zu Fehlentscheidungen führen. Für dieses Ziel muss V&V in den Prozess der Modellbildung eingebunden sein, damit Fehler in Modellen möglichst gar nicht erst entstehen. Genauso muss V&V aber auch bei der Nutzung des Modells und bei der Auswertung der Simulationsergebnisse zur Anwendung kommen. Andernfalls könnten (ursprünglich gültige) Modelle außerhalb ihres Gültigkeitsbereiches fehlerhafte Aussagen liefern bzw. durch falsche Interpretation von (korrekten) Ergebniswerten fehlerhafte Aussagen abgeleitet werden.

Darüber hinaus sparen rechtzeitig erkannte Mängel innerhalb einer Simulationsstudie direkt Zeit und Geld. Schätzungen besagen, dass Fehler, die in den Anfangsphasen einer Modellierung gefunden werden, nur zehn Prozent von dem kosten, was die Behebung derselben Fehler in späteren Phasen kosten würde (Banks et al. 1988). Ein Ziel der V&V ist daher, Fehler möglichst frühzeitig zu finden. Daraus folgt, dass V&V schon am Beginn einer Simulationsstudie, idealerweise bei der Festlegung der Ziele und Randbedingungen, beginnen muss.

Die erforderlichen Aktivitäten im Rahmen der V&V lassen sich nicht objektiv vorgeben, sondern sind – wie die Modellbildung selbst – immer zumindest teilweise subjektiv (vgl. Balci 1989) und müssen ihrerseits kritisch geprüft und hinterfragt werden (vgl. van Horn 1971, S. 251). Da sich die *vollständige* Korrektheit eines Modells formal nicht nachweisen lässt, muss (subjektiv) entschieden werden, welche Aktivitäten notwendig erscheinen und welche nicht. Die Aussage, ein Modell sei „validiert", kann daher nur bedeuten, dass Aktivitäten der Validierung durchgeführt wurden, sie gibt aber keinen Hinweis über die objektive Gültigkeit des Modells.

Ziel der V&V ist daher nicht der *formale Nachweis der Validität* eines Modells, sondern die Bestätigung seiner *Glaubwürdigkeit* („Credibility"). Ein Modell ist nach Carson (1989) glaubwürdig, wenn es vom Auftraggeber als hinreichend genau akzeptiert wird, um als Entscheidungshilfe zu dienen. Einige Autoren verwenden allerdings den Begriff Validität im Sinne dieser Glaubwürdigkeit. So definiert Sargent (1996, S. 56): „Whether the model is valid [...] is a subjective decision based on the results of the various tests and evaluations conducted as part of the model development process".

Da Glaubwürdigkeit eine Frage der Akzeptanz ist, hängt sie von den „akzeptierenden" Personen ab. Damit tritt wieder der subjektive Charakter des V&V-Begriffes hervor. Ziel der V&V muss sein, möglichst systematische Grundlagen für diese Akzeptanzentscheidung zu liefern und nachvollziehbar zu dokumentieren. Da die Glaubwürdigkeit für den Auftraggeber entscheidende Bedeutung hat, muss dieser für die V&V Zeit und Ressourcen im Projekt ansetzen und die entsprechenden Leistungen verfolgen (vgl. Balci 1994).

Damit lassen sich die Ziele der V&V wie folgt zusammenfassen:

- V&V soll fundierte und nachvollziehbare Grundlagen für die Entscheidung über die Glaubwürdigkeit des Modells schaffen und so verhindern, dass aus fälschlicherweise für glaubwürdig erklärten Modellen Entscheidungen abgeleitet werden.
- V&V soll Fehler während der Modellbildung frühzeitig erkennen und damit einerseits Zeit und Geld sparen, andererseits aber auch Fehler schon an ihren (oft leichter erkennbaren) Wurzeln sichtbar machen.
- V&V soll sicherstellen, dass einmal gewonnene Erkenntnisse vollständig und korrekt in die weitere Modellbildung einfließen.
- V&V soll die richtige Anwendung glaubwürdiger Modelle gewährleisten und damit fehlerhafte Schlüsse aus richtigen Modellen verhindern.

1.2 Spezifische Aspekte von Simulationsmodellen für die V&V

Grundsätzlich müssen nicht nur Simulationsmodelle, sondern alle Arten von Modellen verifiziert und validiert werden. In diesem Abschnitt werden einige für Simulationsmodelle typische Eigenschaften diskutiert, die Besonderheiten in Bezug auf die Durchführung von V&V mit sich bringen.

Die Tatsache, dass viele Simulationsmodelle realitätsnah visualisiert werden, birgt die Gefahr, dass ihr Modellcharakter für den Betrachter verloren gehen kann, sie als Realität angenommen werden bzw. dass sie von den eigentlichen Modellinhalten ablenken (Wenzel und Jessen 2001; Rabe 2006). Der Modellcharakter eines visuell ansprechend gestalteten Simulationsmodells ist weniger deutlich als beispielsweise bei einem Differentialgleichungssystem, das jeder Betrachter unmittelbar als Modell erkennt und bewertet. V&V muss sich dieser Gefahr bewusst sein und die erforderliche Distanz zum Modell erzeugen.

Während eine Visualisierung von Simulationsmodellen auf der einen Seite die Gefahr birgt, vom Modellcharakter abzulenken, ist sie gleichzeitig ein wichtiges Hilfsmittel der V&V, da auf Basis der ereignisdiskreten Simulation nahezu beliebige Strukturen und Verhaltensweisen nachgebildet werden können (zur Nutzung der Visualisierung während einer Simulationsstudie vgl. Wenzel 1998). Im Gegensatz zu vielen anderen Modellen sind bei Simulationsmodellen Struktur, Annahmen und Grenzen nicht immer explizit erkennbar (van Horn 1971). Daher bedürfen Simulationsmodelle spezieller Mechanismen zur Darstellung des Verhaltens wie z. B. der Animation, statistischer Auswertungen oder Ereignisprotokolle („Traces"). Der Einsatz dieser Mechanismen bedarf besonderer Sorgfalt, damit aus der Darstellung falsche oder unzureichende Modelleigenschaften erkennbar werden.

Als weitere typische Eigenschaft kommt hinzu, dass Simulation oft gerade für Prozesse verwendet wird, bei denen relevante Größen stochastisch um ihre Mittelwerte schwanken (z. B. zur Nachbildung des Verhaltens eines Materialflusssystems über den Tag mit unterschiedlichen tageszeitabhängigen und stochastisch schwankenden Belastungen). Der Vergleich von Simulationsergebnissen mit statisch kalkulierten Werten ist daher oft nur für vereinfachte Modelle möglich (Page 1991). Um die Eignung eines Simulationsmodells für eine gegebene Fragestellung zu prüfen, müssen dessen Ergebnisse statistisch abgesichert werden. In diesen Zusammenhang gehört auch, dass aus einem einzigen Simulationslauf, der in den Zielkorridor passt, nicht auf die Eignung des modellierten Systems geschlossen werden darf. Diese Gefahr besteht beispielsweise, wenn das Ziel des Simulationsprojektes die richtige Dimensionierung eines Systems ist (vgl. Carson 2002, S. 53). Schon bei kleinsten Änderungen, wie z. B. zeitlich geringfügig anders liegenden Störungen oder marginalen Abweichungen im Produktionsprogramm, könnte das Verhalten desselben Systems weit außerhalb des Zielkorridors liegen.

1.3   Vorgehen bei der Simulation mit V&V

Das Verständnis der Einbindung von V&V in die Simulation bedarf zunächst eines Vorgehensmodells für die Simulation selbst. Die Autoren haben in Anlehnung an die VDI-Richtlinie 3633 Blatt 1 (VDI 2008, Bild 7) ein entsprechendes Simulationsvorgehensmodell entworfen (Spieckermann et al. 2004) sowie zur Diskussion gestellt und es anschließend zu dem hier verwendeten Vorgehensmodell (Abbildung 1) weiterentwickelt.

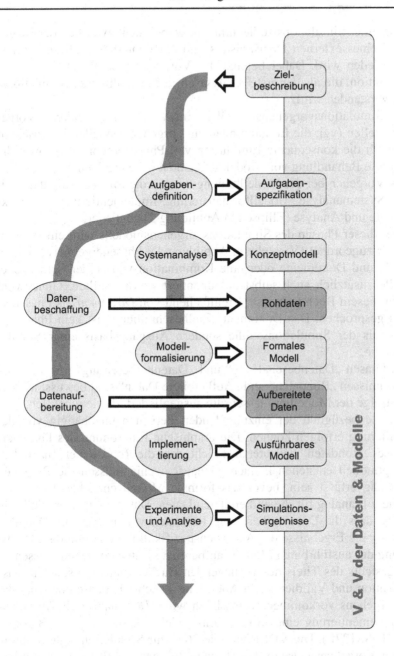

Abb. 1. Vorgehensmodell bei der Simulation mit V&V

Dieses Simulationsvorgehensmodell betrachtet ausgehend von einer gegebenen Zielbeschreibung nur Aufgaben, die typischerweise *nach* der Beauf-

tragung einer Simulationsstudie anfallen, wobei nicht zwischen der Beauftragung eines externen Dienstleisters und einer internen Auftragsvergabe unterschieden wird. Daher beginnt das Vorgehensmodell mit der Aufgabendefinition, die als der erste Analyseschritt innerhalb einer Simulationsstudie verstanden wird.

Das Simulationsvorgehensmodell ist im Vergleich zu anderen Vorgehensmodellen (vgl. die Erläuterungen zu Vorgehensmodellen in Abschnitt 3.2) durch die konsequente Einführung von Phasenergebnissen sowie die gesonderte Behandlung von Modell und Daten gekennzeichnet.

Das Vorgehen bei der Modellbildung wird in die *Phasen* Aufgabendefinition, Systemanalyse, Modellformalisierung, Implementierung sowie Experimente und Analyse (Ellipsen in Abbildung 1) gegliedert.

Jeder dieser Phasen des Simulationsvorgehensmodells wird ein *Phasenergebnis* zugeordnet (Vierecke in Abbildung 1). Phasenergebnisse können Modelle und Dokumente oder eine Kombination von beiden sein, wobei Modelle zusätzlich auch selbst dokumentiert werden sollten. Gleichwohl wird in diesem Buch teilweise vereinfachend von *Dokument* als Phasenergebnis gesprochen. Das Dokument „Zielbeschreibung" ist kein Phasenergebnis aus der Simulationsstudie sondern Ausgangsbasis einer Simulationsstudie.

Die Phasen „Datenbeschaffung" und „Datenaufbereitung" mit den Phasenergebnissen „Rohdaten" und „Aufbereitete Daten" sind bewusst aus der Reihenfolge der Modellierungsschritte ausgegliedert, da sie inhaltlich, zeitlich sowie bezüglich der einzubindenden Personen unabhängig von der Modellierung erfolgen können. Die graphische Einordnung des Phasenergebnisses „Rohdaten" bedeutet also nicht, dass die Rohdaten erst nach dem Konzeptmodell entstehen können. Genauso wenig müssen die Rohdaten vollständig erfasst sein, bevor das formale Modell entstehen kann. Das Gleiche gilt analog für die aufbereiteten Daten. Das Vorgehensmodell sagt nur aus, dass die Datenaufbereitung Rohdaten voraussetzt, die Datenbeschaffung die Ergebnisse der Aufgabenspezifikation nutzt und dass für die Nutzung des ausführbaren Modells aufbereitete Daten vorliegen müssen.

Angesichts des Titels des vorliegenden Buches mag es erstaunen, dass Verifikation und Validierung in Abbildung 1 nicht als Phasen des Simulationsvorgehens vorkommen. Tatsächlich wird V&V häufig als Abschluss der Implementierung eines Simulationsmodells verstanden (vgl. Baron et al. 2001, S. 127f.). Die VDI-Richtlinie 3633 zur Simulation legte in ihrem Bild zur Vorgehensweise in Blatt 1 lange Zeit nahe, dass erst nach den Experimenten validiert wird, auch wenn aus anderen Textpassagen der Richtlinie erkennbar wurde, dass dies so nicht gemeint sein konnte. Die Aussage des Bildes ist erst mit der Ausgabe von 2008 hinsichtlich der Einbindung von V&V präzisiert worden. Die ausschließliche Durchführung von V&V

mit Abschluss der Modellbildung ist wirtschaftlich unsinnig, da sie das frühzeitige Erkennen und Beheben von Fehlern nahezu unmöglich macht. Simulationsmodelle sind in der Regel derart komplex, dass eine nur auf Basis der Endergebnisse erfolgende V&V nicht zuverlässig sein kann.

Die V&V ist folglich in allen Phasen des Modellierungsprozesses durchzuführen (Banks et al. 1988). Daher verzichten die Autoren bewusst auf eine eigene Phase „V&V" und ordnen die V&V der Daten und Modelle *während der ganzen Simulationsstudie* phasenbegleitend ein (vgl. den rechtsseitigen Kasten in Abbildung 1), da *alle* Phasenergebnisse überprüft werden müssen. Sogar die Zielbeschreibung kann, auch wenn ihre Erstellung nicht Gegenstand der Simulationsstudie ist, vor Beginn der Aufgabendefinition unter anderem auf ihre Stimmigkeit und strukturelle Vollständigkeit hin überprüft werden.

V&V ist also kein einmaliger Vorgang bei Projektende und insbesondere kein Vorgang, der nach Erstellung des ausführbaren Simulationsmodells so oft durchgeführt wird, bis das Modell „stimmt". V&V begleitet das Simulationsprojekt vom Beginn bis zum Ende, und V&V-Aktivitäten sind in jeder einzelnen Phase der Modellbildung erforderlich.

Auch für jede einzelne Phase kann (und sollte) V&V keineswegs nur bei Abschluss der Phase erfolgen. Wenn ein sinnvoller, abgeschlossener Zwischenstand erreicht ist, ist dieser sofort zu validieren, um Fehler frühzeitig erkennen und deren Auswirkungen auf den Modellierungsaufwand begrenzen zu können.

Verifikation und Validierung implizieren immer Prüfungen (Tests), die einen Gegenstand der Prüfung erfordern. Daher wird die V&V an den *Ergebnissen* der Phasen durchgeführt und nicht an den Phasen selbst. Dies wird im Simulationsvorgehensmodell durch die Anordnung der „V&V der Daten und Modelle" an den Phasenergebnissen dargestellt (vgl. Abbildung 1). Die konsequente Anwendung von V&V setzt demzufolge eine sorgfältige Dokumentation dieser Phasenergebnisse voraus. Diese Dokumentation ist eine wesentliche Grundlage der Tests. Selbst dort, wo ein Test direkt am laufenden Modell stattfindet (z. B. mit Hilfe der Animation), müssen die Voraussetzungen und Annahmen, gegen die das laufende Modell zu testen ist, dokumentiert vorliegen.

Ein Test überprüft einen bestimmten Aspekt eines Phasenergebnisses. Negative Testergebnisse in einem Modellierungsschritt können ihre Ursache in den Aktivitäten und den eingesetzten Methoden dieser Phase selbst, aber auch in jeder der vorhergehenden Phasen haben. Für eine vollständige Validierung sind dann alle Validierungsaktivitäten zu wiederholen, die auf dem Ergebnis dieser fehlerhaften (ggf. früheren) Phase aufbauen.

Die Ergebnisse der Tests sind zu dokumentieren, da nur dadurch die Validität des Modells später nachvollzogen und bewertet werden kann

(Conwell et al. 2000, S. 823). Aus der V&V entstehen dadurch für jede Phase des Modellbildungsprozesses eigene Berichte, die eine wichtige Basis für eine detaillierte Modell- oder Projektabnahme darstellen. Zusätzlich können diese Berichte aber auch bei jeder Veränderung des ursprünglichen Studienzweckes die Entscheidung, ob das Modell auch für die geänderte Fragestellung gültig ist, wirksam unterstützen.

1.4   Fokus dieses Buches

Dieses Buch konzentriert sich auf den immer noch häufigsten Anwendungsfall der Simulation in Produktion und Logistik in Form einer (planungsbegleitenden) Simulationsstudie. Spezielle Anwendungen wie z. B. verteilte Modelle (vgl. Pohl et al. 2005) oder Modelle, die als Trainingsumgebung dienen sollen (vgl. McLoughlin et al. 2004), bedürfen einer Erweiterung des hier vorgestellten V&V-Ansatzes. Lediglich die betriebsbegleitende Simulation sowie die Nutzung von Simulation zum Test von Steuerungssystemen werden wegen der Ähnlichkeit der Problemstellung und der zunehmend häufigen Anwendung in den Abschnitten 6.2.4 und 6.2.5 kurz behandelt.

V&V befasst sich in erster Linie mit *Eigenschaften* bereits erstellter Modelle (in unterschiedlichen Phasen), aber nicht direkt mit der *Erstellung* dieser Modelle. Das hier vorliegende Buch behandelt den Modellierungsprozess daher nur, soweit es für die Einordnung der V&V in diesen Modellierungsprozess erforderlich ist. Wichtige qualitätssichernde Maßnahmen sind zwar auch vor der Beauftragung sowie nach der Auswertung der Experimente erforderlich (z. B. im Rahmen der Angebotserstellung, bei der Abnahme der Projektergebnisse oder bei der Nachnutzung; vgl. Wenzel et al. 2008). Diese Maßnahmen haben wesentlichen Einfluss auf die V&V, da die Gültigkeit eines Modells nur dann sorgfältig geprüft werden kann, wenn die Untersuchungsziele der Simulation und die Kriterien für die Modellabnahme bereits bei der Beauftragung möglichst umfassend und eindeutig dokumentiert sind. Da es sich hier in erster Linie um die Schaffung der unternehmensspezifischen Voraussetzungen für die Projektabwicklung handelt (z. B. in Gestalt der Zielbeschreibung des beauftragenden Unternehmens oder der Angebotserstellung des potentiellen Auftragnehmers), werden diese Maßnahmen hier nicht weiter betrachtet.

1.5   Aufbau und Zielgruppen dieses Buches

Dieses Buch soll dem Leser eine Hilfestellung bei der systematischen Durchführung von Verifikation und Validierung geben. Zu diesem Zweck wird als Kern dieses Buches ein Vorgehensmodell zur V&V für die Simulation in Produktion und Logistik (V&V-Vorgehensmodell) eingeführt. In Kapitel 6 wird dieses V&V-Vorgehensmodell beschrieben, konkrete V&V-Aktivitäten zeitlich und kausal eingeordnet sowie Handlungshilfen zum Einsatz des Vorgehensmodells gegeben. In den Kapiteln 2 bis 5 werden die erforderlichen Voraussetzungen geschaffen:

- Kapitel 2 definiert die wichtigsten *Begriffe*.
- Kapitel 3 fasst den interdisziplinären *Stand der Technik* zu Vorgehensmodellen, die in Bezug zu V&V in der Simulation stehen, zusammen.
- Kapitel 4 befasst sich mit der *Dokumentation* entlang einer Simulationsstudie und beschreibt vorgeschlagene Strukturen für die in jeder Projektphase entstehenden Dokumente als wesentliche Basis der V&V. Hierzu orientiert es sich an dem in Abschnitt 1.3 vorgestellten Vorgehensmodell zur Simulation.
- Kapitel 5 stellt *V&V-Techniken* vor und gliedert diese in die Phasen des Modellbildungsprozesses ein.

Zusätzlich stellen die Anhänge A1 und A2 in kompakter Form die Dokumentstrukturen aus Kapitel 4 sowie in Ergänzung zu Kapitel 6 konkrete, beispielhafte Fragen der V&V zusammen.

Insgesamt richtet das Buch sich an unterschiedliche *Zielgruppen* vom Simulationsexperten bis zum Wissenschaftler. Die Definitionen (insb. Abschnitte 2.1 und 2.2) sind für alle Zielgruppen von Interesse, da die folgenden Kapitel auf diesen Definitionen aufbauen.

Dem *Manager* bieten das Simulationsvorgehensmodell in Abschnitt 1.3 sowie das V&V-Vorgehensmodell in Abschnitt 6.1 – auch ohne die detaillierte Kenntnis der Dokumentstrukturen und V&V-Elemente – die erforderliche Übersicht über Randbedingungen und Struktur des V&V-Prozesses. Sie unterstützen ihn bei der Beurteilung der Glaubwürdigkeit von Simulationsergebnissen. Die Beschreibung der Rollen im Vorgehensmodell (Abschnitt 2.4) ist eine wertvolle Hilfe bei der Zuordnung der Verantwortlichkeiten im Projektteam.

Dem *Simulationsexperten* bieten in erster Linie die Hinweise zum Vorgehen bei der Simulation (Abschnitt 1.3), zur Dokumentation (Kapitel 4) sowie zum Vorgehen der V&V (Kapitel 6) unmittelbare Handlungshilfen. Diese werden unterstützt durch die Übersicht über die Dokumentstrukturen (Anhang A1), wobei jedoch ausdrücklich die Lektüre des Kapitels 4 empfohlen wird. Entsprechendes gilt für die bei der V&V anwendbaren Fragen (Anhang A2), deren Nutzung das Verständnis des grundsätzlichen Vorgehens (Kapitel 6) voraussetzt. Die Auswahl geeigneter V&V-Techniken wird durch die Systematisierung und Beschreibung der Techniken in Kapitel 5 unterstützt.

Für den *Wissenschaftler* sowie am Detail interessierte Leser sind zusätzlich Vorgehensmodelle mit unterschiedlichen Aufgaben und Anwendungsfeldern (Kapitel 3) vorgestellt, um so auch die Ableitung der hier vorgestellten Vorgehensmodelle nachvollziehen zu können.

Jede Zielgruppe kann einzelne Teile des Buches – bei grundsätzlicher Kenntnis der insbesondere in den beiden Vorgehensmodellen beschriebenen Zusammenhänge – auch als *Nachschlagewerk* nutzen. Dies gilt besonders für die Abschnitte 4.2 (Dokumentstrukturen), 5.2 (Techniken) und 6.3 (V&V-Elemente) sowie für die Anhänge A1 und A2.

2 Definitionen

Für das Verständnis der Vorgehensmodelle und Handlungshilfen, die in den Kapiteln 3 bis 6 vorgestellt werden, ist es hilfreich, einheitliche Begriffe zu verwenden. Als zentrale Grundbegriffe gehören hierzu zunächst die Begriffe Simulation und Experiment. Auch wenn die entsprechenden Definitionen der VDI-Richtlinien diesbezüglich eine gute Ausgangsbasis bieten, berücksichtigen sie doch den wichtigen Aspekt statistisch unabhängiger Wiederholungen nicht im erforderlichen Umfang (VDI 1997a). Diese Begriffe werden daher in Abschnitt 2.1 erläutert.

Im Zusammenhang mit der Verifikation und Validierung für die Simulation in Produktion und Logistik kommen in der Literatur unterschiedliche Begriffe zum Tragen (vgl. Sargent 1982), deren umfassende vergleichende Erläuterung nicht Ziel dieses Buches ist. Daher werden in Abschnitt 2.2 die für den folgenden Text zentralen Begriffe *Verifikation*, *Validierung* und *Test* definiert. In Literaturquellen mit Bezug auf militärische Anwendungen wird der Begriff *Akkreditierung* im engen Zusammenhang mit der Validierung verwendet und teilweise sogar zur Abkürzung „VV&A" verschmolzen. Auch wenn eine unabhängige Akkreditierung für Projekte in der Produktion und Logistik üblicherweise nicht angemessen sein wird, soll doch zumindest der Begriff geklärt werden (Abschnitt 2.2.4).

Jedenfalls steht die Schaffung der Glaubwürdigkeit des Modells im Zentrum der V&V (vgl. Abschnitt 1.1). Hier sind einerseits Aspekte der Angemessenheit eines Modells für die Anwendung zu diskutieren und andererseits Korrektheitskriterien wie z. B. Vollständigkeit, Konsistenz oder auch Genauigkeit zu beachten, die sich sowohl auf das Modell als auch auf den Prozess der Modellbildung beziehen können (Abschnitt 2.3).

Das in Abschnitt 1.3 kurz beschriebene Vorgehensmodell lässt deutlich werden, dass die Modellerstellung ein Prozess ist, für den unterschiedliche Kompetenzen (z. B. Kenntnis der Unternehmensdaten, Erfahrungen in der Systemanalyse, Kenntnis von Simulationswerkzeugen) erforderlich sind. Da in den folgenden Kapiteln auf solche Kompetenzen sowie auf die erforderlichen Verantwortlichkeiten Bezug genommen wird, werden in Abschnitt 2.4 mögliche *Rollen* innerhalb der Vorgehensmodelle zur Simulation kurz beschrieben.

Ergänzend sei noch auf die VDI-Richtlinie 4465 „Modellbildungsprozess" (vgl. Furmans und Wisser 2005) hingewiesen, die sich zur Drucklegung dieses Buches noch in der Entstehung befindet. Sie enthält weitere Begriffserklärungen und Hinweise zu den Prozessschritten der Modellbildung.

2.1 Grundbegriffe der Simulation

Der Begriff *Simulation* wird in der VDI-Richtlinie 3633 definiert als das „Nachbilden eines Systems mit seinen dynamischen Prozessen in einem experimentierbaren Modell, um zu Erkenntnissen zu gelangen, die auf die Wirklichkeit übertragbar sind. [...]" (VDI 2008, Abschnitt 1.4). Kuhn und Rabe (1998, S. 3ff.) haben einzelne Facetten dieses Simulationsbegriffes aus Sicht der Anwendung vertiefend erläutert. Für die Begriffe *System* und *Modell* sei ebenfalls auf die VDI-Richtlinie 3633 Blatt 1 (VDI 2008, Abschnitt 1.4) verwiesen. Diese Richtlinie klärt auch weitere Begriffe aus dem Umfeld der Simulation. Aus der VDI-Richtlinie 3633 „Begriffsdefinitionen" (VDI 1996), die vom VDI ständig erweitert wird und daher bewusst als „Entwurf" deklariert ist, sind weitere Begriffe zu entnehmen, z. B. *Ergebnisinterpretation, Optimierung* oder *Simulationsstudie*.

Ein *Simulationslauf* ist „die Nachbildung des Verhaltens eines Systems mit einem [...] Modell über einen bestimmten (Modell-) Zeitraum [...], wobei gleichzeitig die Werte untersuchungsrelevanter Zustandsgrößen erfasst und ggf. statistisch ausgewertet werden" (VDI 2008, Abschnitt 1.4). Bei einem Simulationslauf wird das Modell also genau einmal über einen bestimmten Zeitraum ausgeführt.

Eine Aussage zur statistischen Sicherheit von Simulationsergebnissen wird erst dann möglich, wenn ein Simulationslauf mit den gleichen Daten und Parametern, aber mit anderen Startwerten für die Programme zur Erzeugung von Zufallszahlen mehrfach wiederholt wird (*Replikation*). Aus der statistischen Auswertung der (typischerweise unterschiedlichen) Ergebnisse dieser Läufe lässt sich auf die Verlässlichkeit der Ergebnisse schließen (vgl. VDI 1997a) und – unter Nutzung statistischer Verfahren – ein verlässlicher Satz an Ergebnisdaten für die gegebenen Daten und Parameter gewinnen. Einen Sonderfall bilden solche Modelle, die kein festes zeitliches Ende vorsehen (Simulation mit offenem Ende). Bei diesen Modellen kann u. U. Aufwand eingespart werden, indem nicht n Simulationsläufe über einen gegebenen Zeitraum ΔT ausgeführt werden, sondern ein einziger Lauf über einen Zeitraum $n*\Delta T$. Die statistische Auswertung erfolgt dann nicht durch Vergleich der n Läufe, sondern durch Vergleich der *n* Zeitabschnitte in dem einzigen durchgeführten Lauf, die als statistisch unabhängig betrachtet werden. Hinweise für die hiermit verbundenen Gefahren gibt die VDI-Richtlinie 3633 in Blatt 3 (VDI 1997a).

Nach VDI ist ein *Simulationsexperiment* die „gezielte empirische Untersuchung des Verhaltens eines Modells durch wiederholte Simulationsläufe mit systematischer Parameter- oder Strukturvariation" (VDI 2008, Abschnitt 1.4). Diese Definition differenziert nicht zwischen der Wiederholung von Simulationsläufen mit gleichen Parametern und unterschiedlichen Startwerten für Zufallszahlen (Replikation) und der Wiederholung von Simulationsläufen mit unterschiedlichen Parametern. Für die statistisch abgesicherte Analyse sind für jeden Parametersatz mehrere Replikationen (ohne Variation der Simulationsparameter, aber mit unterschiedlichen Startwerten für die Zufallszahlengenerierung) durchzuführen.

In diesem Buch wird der Begriff *Simulationslauf* im Sinne der VDI-Richtlinie 3633 Blatt 1 verwendet. Mit dem Begriff *Replikation* werden Simulationsläufe mit identischen Parametern, aber unterschiedlichen Startwerten für die Zufallszahlen bezeichnet. In Anlehnung an die VDI-Richtlinie 3633 Blatt 1 umfasst das *Experiment* dann eine Reihe von Läufen (bzw. Replikationen) mit unterschiedlichen Parametern.

2.2 Grundbegriffe zu VV&T

Verifikation und Validierung sind die zentralen Begriffe dieses Buches und werden daher in den folgenden beiden Abschnitten ausführlich diskutiert. Sowohl Verifikation als auch Validierung setzen die Durchführung von Tests voraus, die sich einerseits auf die Gültigkeit des Modells oder Dokumentes als Phasenergebnis (vgl. Abschnitt 1.3) und andererseits auf den Prozess zur Erstellung dieses Phasenergebnisses beziehen können.

Während sich ein Test immer einer bestimmten Phase (unter Nutzung des – ggf. noch vorläufigen – Phasenergebnisses) zuordnen lässt, ist die eindeutige Zuordnung eines Tests zu den Begriffen Verifikation und Validierung nicht immer möglich: „Model testing is ascertaining whether inaccuracies or errors exist in the model. [...] Testing is conducted to perform either validation or verification or both." (Balci 1998, S. 336). Aus diesem Grund wird der Begriff „Test" im Bezug zur V&V in Abschnitt 2.2.3 unabhängig behandelt.

2.2.1 Verifikation

Die VDI-Richtlinie 3633 definiert die Verifikation (teilweise auch als „Verifizierung" bezeichnet) als den „[...] formalen Nachweis der Korrektheit des Simulationsmodells" (VDI 2008, Abschnitt 6.5.3). In diesem Zusammenhang ist in Analogie zur Softwareerstellung, bei der unter Verifikation der Beweis der Konsistenz zwischen der Programmimplementierung und seiner Spezifikation verstanden wird (vgl. Balzert 2005, S. 476), zu prüfen, ob das erstellte Simulationsprogramm das konzeptionelle Modell (Konzeptmodell) korrekt wiedergibt. (vgl. Schlesinger et al. 1979; Davis 1992). Vielfach wird diese Definition in die Frage „Ist das Modell richtig?" („Are we creating the X right?") zusammengefasst (vgl. Balci 2003).

Es sei darauf hingewiesen (vgl. Page 1991; Balci 1998), dass sich der Korrektheitsnachweis aufgrund der hohen Komplexität von Simulationsmodellen in der Regel formal nicht vollständig führen lässt. Daher sind eine saubere Anwendung der Methoden des Software Engineering und der Einsatz von Programmtestmethoden zwingend.

Balci spricht in diesem Zusammenhang von der hinreichenden Genauigkeit, die erreicht werden muss, wenn ein Modell in ein anderes transformiert wird (Balci 1998, S. 336). Kennzeichnend ist hier einerseits der Hinweis auf die Überführung: Nicht die Korrektheit des Modells als solche wird geprüft, sondern die *Korrektheit der Transformation* („Transformational Accuracy", vgl. Balci 2003) aus einem anderen Modell (z. B. dem Konzeptmodell). Andererseits wird auf *hinreichende Genauigkeit* hingewiesen. Hierdurch wird der Begriff der Verifikation deutlich aufgeweicht, da „hinreichend" immer ein (teilweise) subjektives Kriterium sein wird.

Auf der Basis dieser Definitionen und Aussagen geben die Autoren für dieses Buch folgende Definition:

> Verifikation ist die Überprüfung, ob ein Modell von einer Beschreibungsart in eine andere Beschreibungsart korrekt transformiert wurde.

Plakativ, aber im Sinne der vorherigen Ausführungen auch vereinfachend, lässt sich die Definition in die Frage „Ist das Modell richtig?" fassen. Nach der eigentlichen Bedeutung des Wortes (lat. verificere: wahrmachen) soll das verifizierte Modell als wahr und korrekt, also fehlerfrei, angesehen werden können. Dies ist allerdings eine sehr theoretische Sichtweise, da der Nachweis der vollständigen Korrektheit eines Simulationsmodells im günstigen Fall sehr aufwendig, aber in den meisten Fällen mit dem heutigen Stand der Technik nicht möglich ist.

Da bei einer Simulation die Implementierung des tatsächlichen Programmcodes sicherlich die Tätigkeit ist, die am leichtesten nach konkreten Kriterien bewertet werden kann, wird das Verifizieren häufig auf die *Überprüfung* des Programmcodes beschränkt. Die hier verwendeten Definitionen beziehen sich aber auf alle Vorgänge, die während einer Simulationsstudie durchgeführt werden. Verifizieren bedeutet also eine *Überprüfung* von Phasenergebnissen während des gesamten Simulationsprojektes.

2.2.2 Validierung

Nach der VDI-Richtlinie 3633 ist Validierung eine „Überprüfung der hinreichenden Übereinstimmung von Modell und Originalsystem". Validierung soll sicherstellen, „[...] dass das Modell das Verhalten des realen Systems genau genug und fehlerfrei widerspiegelt: Ist es das richtige Modell für die Aufgabenstellung?" (VDI 2008, Abschnitt 6.6) – „Are we creating the right X?" (vgl. Balci 2003).

Schmidt weist zusätzlich darauf hin, dass „[...] empirisch erhobene Daten aus dem realen System mit Daten verglichen werden müssen, die das abstrakte Modell liefert" (Schmidt 1987, S. 59). Hierzu ist zunächst aber eine Validitätsprüfung dieser erhobenen Daten erforderlich. Ebenso müssen Daten aus realen Systemen, die in das Simulationsmodell einfließen sollen, valide sein. Zur Validierung gehört demnach auch die (teilweise unabhängige) Validierung von erfassten Daten.

Im englischen Sprachraum gelten unter anderem die Publikationen von Balci als Referenz zur Validierung von Simulationsmodellen. Seine Definition, „Model validation is substantiating that within its domain of applicability, the model behaves with satisfactory accuracy consistent with the study objectives" (Balci 1998, S. 336) geht zurück auf eine Definition der Society for Computer Simulation (Schlesinger et al. 1979) und entspricht der Definition des VDI.

Auf dieser Basis geben die Autoren folgende Definition:

> Validierung ist die kontinuierliche Überprüfung, ob die Modelle das Verhalten des abgebildeten Systems hinreichend genau wiedergeben.

Plakativ lässt sich diese Definition in die Frage „Ist es das richtige Modell?" fassen. Validierung überprüft, ob das zur Zielerreichung wichtige *Verhalten* des Modells mit dem des abgebildeten Systems übereinstimmt.

Im Rahmen einer Simulationsstudie werden mehrere Modelle ent-wickelt. Das reale System, das sowohl eine real existierende als auch eine geplante Anlage sein kann, wird zunächst in eine Beschreibung trans-formiert, die Teil der Aufgabenspezifikation ist und damit bereits ein erstes Modell darstellt. Diese Beschreibung wird in ein Konzeptmodell überführt, welches die Grundlage für die Entwicklung des Simulationsmodells ist. Die Validierung begleitet jeden dieser Schritte (vgl. Abbildung 1) und überprüft, ob das entstehende Modell im Hinblick auf das Untersuchungs-ziel *hinreichend* genau ist. Für diese Überprüfung können alle zuvor erstellten Modelle und Dokumente herangezogen werden.

2.2.3 Test

Vom Beginn seiner Entwicklung bis zu seiner Fertigstellung wird das Mo-dell regelmäßig unterschiedlichen Tests unterworfen (Balci 1998). Diese Tests sollen sicherstellen, dass (vgl. Endres 1977):

- das Modell das untersuchte System hinreichend genau wiedergibt (sach-liche Korrektheit).
- das Modell die für die Zielstellung erforderlichen Funktionen beinhaltet (funktionale Korrektheit).
- das Modell die für die Zielstellung erforderlichen Randbedingungen, wie z. B. Rechenzeitverbrauch und verfügbare Schnittstellen erfüllt (technische Korrektheit).

Tests sind Mittel zur Verifikation und Validierung. Dabei lässt sich die Mehrzahl der Tests nicht eindeutig der Verifikation oder Validierung zu-ordnen; dies gilt insbesondere bei fortgeschrittener Modellierung (formales Modell, ausführbares Modell). Wird z. B. als Test ein Vergleich mit ge-messenen Systemdaten durchgeführt, ist bei negativem Ergebnis zu unter-suchen, ob dieses aus falschen Annahmen (Validierung) oder aus einer fehlerhaften Umsetzung korrekter Annahmen (Verifikation) herrührt. Es ist durchaus erwartbar, dass Maßnahmen zur Verifikation Fehler in den Annahmen aufdecken und sich damit nachträglich als Validierungsmaß-nahme erweisen (vgl. Davis 1992, S. 5). Die enge Verbindung mit den er-forderlichen Tests wird in der Literatur teilweise in der Zusammenfassung „Verifikation, Validierung und Test" (VV&T) ausgedrückt.

Ein einziger korrekt angelegter Test mit negativem Ergebnis weist nach, dass das Modell für den Untersuchungszweck nicht verwendet werden kann. Bei positivem Ausgang des Tests ist dagegen nur nachgewiesen, dass das Modell unter den Testbedingungen in der erwarteten Weise rea-giert (Pohl et al. 2005, S. 42); über das Verhalten des Modells unter anderen, eventuell nur geringfügig variierten Bedingungen sagt der Test wenig oder sogar nichts aus (vgl. Carson 2002). Daraus ergibt sich, dass die Gültigkeit eines Modells für das Untersuchungsziel durch einen Test niemals nachgewiesen werden kann. Durch eine Anzahl sorgfältig ausgesuchter Tests kann diese Gültigkeit aber wahrscheinlich gemacht werden.

Die für Verifikation und Validierung erforderlichen Tests lassen sich zumeist nicht formal ableiten. Die Tests sind also nicht nur Mittel zur V&V, sondern müssen selbst auch Gegenstand der V&V sein (van Horn 1971, S. 251): Sind dies die richtigen Tests, um nachzuweisen, dass dieses das richtige Modell ist, und dass das Modell richtig ist?

Zur Durchführung von Tests sind geeignete *Techniken* erforderlich. Solche Techniken sind z. B. der Vergleich mit einem anderen, gültigen Modell, die Beobachtung des Modells in der Animation oder die Überprüfung des Modells in Grenzsituationen. Dabei kann ein Test durchaus mehrere Techniken zugleich verwenden (Sargent 1982). Typisch wäre z. B. die Beobachtung des Modells in der Animation, während es eine Grenzsituation mit gut vorhersagbarem Verhalten durchläuft, oder der Vergleich mit einem anderen Modell, das nur für solche (einfacher beschreibbaren) Grenzsituationen Aussagen liefern kann. Geeignete Techniken sind in Kapitel 5 beschrieben und nach unterschiedlichen Kriterien geordnet.

2.2.4 Akkreditierung

Verifikation und Validierung umfassen Maßnahmen zur Überprüfung des erstellten Simulationsmodells, um die Glaubwürdigkeit des Modells („Credibility", vgl. Abschnitt 1.1) und das Vertrauen in die Simulationsergebnisse hinsichtlich der vorgesehenen Verwendung zu erhöhen. In Ergänzung zur Verifikation und Validierung wird vor allem im militärischen Bereich die *Akkreditierung* als zwingend zur Überprüfung der Glaubwürdigkeit und Aussagekraft eines Simulationsmodells angesehen. Laut Verteidigungsministerium der USA ist Akkreditierung definiert als „official certification that a model, simulation, or federation of models and simulations and its associated data are acceptable for use for a specific purpose" (Department of Defense 2003, S. 10). Mit der Akkreditierung soll also durch eine offizielle, autorisierte Stelle bestätigt werden, dass ein Simulationsmodell gewisse Eigenschaften besitzt und für seinen Bestimmungszweck geeignet ist. Damit handelt es sich bei der Akkreditierung nicht nur um einen Prozess, sondern insbesondere um eine abschließende Entscheidung, die die Nutzbarkeit des Modells bestimmt. Diese Entscheidung wird laut einer Vielzahl von Autoren (vgl. Department of Defense 2003; Pohl et al. 2005; Sargent 2005) von einer von dem eigentlichen V&V-Prozess unab-

hängigen Akkreditierungsstelle gefordert, die neben den V&V-Ergebnis-
sen häufig auch Aspekte der Dokumentation oder Benutzerfreundlichkeit
des Simulationsmodells in die Entscheidung einfließen lässt. „Accreditation requires (a) the measurement and evaluation of qualitative and quantitative elements of an [...] application, (b) expert knowledge, (c) independent evaluation, and (d) comprehensive assessment." (Balci 1998a, S. 47).

Die mit der Akkreditierung zu beantwortende Frage lautet: „Kann das
Modell für einen bestimmten Zweck genutzt werden?" (Berchtold et al.
2002, S. 70). In dieser Frage liegen allerdings auch genau die Grundsatz-
probleme, die mit der Akkreditierung verbunden sind:

1. Was soll mit der Akkreditierung genau abgesichert werden? Welche
   Kriterien müssen erfüllt sein?
2. Bei welchen Abweichungen ist die Gültigkeit und Glaubwürdigkeit
   der Modelle noch gewährleistet?
3. Welche Personen bzw. welcher Personenkreis sind qualifiziert und
   hinreichend unabhängig, um die Akkreditierung eines Modells durchzuführen?

Die Akkreditierung wird vor allem in sicherheitsrelevanten Anwendungen
– wie sie beispielsweise im militärischen Bereich gegeben sind – gefordert.
Die obigen Fragen zeigen jedoch auch, dass ihre praktische Umsetzung
noch mit erheblichen Fragezeichen verknüpft ist. In den in diesem Buch
im Vordergrund stehenden Anwendungen aus dem Bereich Produktion
und Logistik spielt die Akkreditierung so gut wie keine Rolle. Allerdings
kann die abschließende Modellabnahme durch den Auftraggeber (vgl.
Wenzel et al. 2008) als vereinfachte Form einer Akkreditierung verstanden
werden.

Der Vollständigkeit halber sei darauf hingewiesen, dass in der Softwareentwicklung (vgl. Rae et al. 1995; Balci et al. 2002; Balci 2003) angelehnt
an die International Organization for Standardization (ISO) statt „Akkreditierung" der Begriff „Zertifizierung" verwendet wird. Die Akkreditierung
bezieht sich dort auf die Anerkennung der Prüfstelle, bestimmte Prüfauf-
gaben durchzuführen, während die Zertifizierung ein Prozess ist, bei dem
eine dritte Person oder Institution bestätigt, dass ein Produkt, Prozess oder
eine Dienstleistung spezifische Eigenschaften erfüllt.

2.3   V&V-Kriterien für Simulationsmodelle in Produktion und Logistik

Da ein erstelltes Modell das betrachtete Originalsystem nur für einen bestimmten Modellzweck repräsentiert, kann die Modellgültigkeit auch nur hinsichtlich dieses vorher bestimmten, konkreten Modellzwecks beschrieben werden. Box (1987) formuliert sehr anschaulich, dass alle Modelle falsch, aber einige nützlich seien. Gültigkeit muss demnach fragen, ob das Modell eine für den Zweck akzeptable Abbildung des realen Systems ist (Kleijnen 1999).

Die Gültigkeit eines Simulationsmodells hängt maßgeblich von der Glaubwürdigkeit („Credibility", vgl. Abschnitt 1.1) ab, die der Anwender dem Modell zubilligt, und wird damit seitens des Anwenders auf der Basis eigener Akzeptanzkriterien bestimmt. Balci definiert in Abhängigkeit von der Vorgehensweise in einer Simulationsstudie eine Hierarchie von Glaubwürdigkeitsstufen („credibility assessment stages for evaluating the acceptability of simulation results") (Balci 1990, S. 28). In Balci et al. (2000) finden sich über 400 Indikatoren zur Akzeptanzbewertung, die auf der obersten Ebene in

- die Glaubwürdigkeit der Anforderungen („Requirements Credibility"),
- die Glaubwürdigkeit der Anwendung („Application Credibility"),
- die Glaubwürdigkeit der Experimente („Experimentations Credibility"),
- die Projektmanagementqualität („Project Management Quality"),
- die Kosten („Cost") und
- die Risiken („Risk")

gegliedert werden. Allein die Glaubwürdigkeit der Anwendung lässt sich unter anderem wiederum differenzieren in die Glaubwürdigkeit des Konzeptmodells, des Designs, der Implementierung, der Integration und der Daten sowie in die Qualität des Produktes und der Anwendungsdokumentation. Eine umfassende Liste an möglichen Kriterien ist in Balci et al. (2000) nachzulesen. Robinson (2006) diskutiert ausführlich die Anforderungen an ein Konzeptmodell und verweist u. a. auf Willemain (1994), der fünf Qualitätsmerkmale für ein effektives Modell benennt: Validity, Usability, Value to the clients, Feasibility, und Aptness for the client's problem. Sinngemäß entsprechen diesen Qualitätsmerkmalen die Begriffe Validität, Nutzbarkeit, Nutzen für den Anwender, Machbarkeit und Eignung. Eppler (2006) geht unabhängig von der Simulation auf Informationsqualitätskriterien in wissensintensiven Produkten und Prozessen ein und stellt eine umfassende Liste an Informationsqualitätskriterien zusammen, die eine mögliche Basis zur Bewertung der Gültigkeit der zu verwendenden Daten darstellen und in diesem Sinne auch als Akzeptanzkriterien genutzt werden können.

Die Akzeptanzkriterien umfassen also nicht nur V&V-Kriterien, sondern in der Regel auch allgemeine Kriterien bzw. Anforderungen, die sich auf die Produkt-, Prozess- und Projektqualität beziehen (vgl. Balci 2003). An dieser Stelle besteht ein sehr enger Bezug zur Qualität des gesamten Simulationsprojektes, in deren Bewertung beispielsweise Robinson und Pidd (1998) auch Aspekte wie Glaubwürdigkeit sowie fachliche und soziale Kompetenz des Modellierers einbeziehen.

Die eigentlichen V&V-Kriterien lassen sich – wie oben dargestellt – aber nicht nur nach den Ergebnissen der Phasen eines Simulationsprojektes sondern auch nach den zu überprüfenden Inhalten differenzieren. Bossel (2004) unterscheidet beispielsweise vier *inhaltliche* Aspekte, nach denen ein Modell gültig sein kann: Strukturgültigkeit, Verhaltensgültigkeit, empirische Gültigkeit und Anwendungsgültigkeit. Letztere wird beispielsweise bei Sargent (1982) oder auch bei Page (1991) als operationale Validität bezeichnet. Zur Überprüfung der *Strukturgültigkeit* („Structural Testing", vgl. Balci 1998) muss nachgewiesen werden, dass die Wirkungsstruktur des Modells den Strukturbeziehungen des realen Systems entspricht und dass diese Strukturbeziehungen auch tatsächlich für die Problemlösung von Bedeutung sind. Für die *Verhaltensgültigkeit* („Functional Testing", vgl. Balci 1998) ist zu überprüfen, ob das Modell für die Menge aller Anfangswerte und Systemeingabewerte – bezogen auf den Modellzweck – das (qualitativ) gleiche – d. h. adäquate – dynamische Verhalten aufweist wie das reale System. In Erweiterung der Verhaltensgültigkeit beschreibt die *empirische Gültigkeit*, dass im Bereich des Modellzwecks die numerischen und logischen Experimentierergebnisse (in Bezug auf das Verhaltensspektrum des Modells) mit den Mess- und Experimentierergebnissen des realen Systems weitgehend übereinstimmen bzw. dass sie (bei fehlenden Beobachtungen) konsistent und plausibel sind. Der Nachweis der *Anwendungsgültigkeit* bedeutet letztendlich, dass die Modellbeschreibung und die damit verbundenen Untersuchungsmöglichkeiten dem Modellzweck bzw. dem Zweck der Studie, d. h. den Anforderungen der Anwender, entsprechen und dass somit Ergebnisse zur Lösung der Problemstellung vom Modell erzielt werden.

Mittels V&V ist es grundsätzlich nicht möglich, *formal vollständig* zu beweisen, dass ein erstelltes Simulationsmodell gültig ist. Mit V&V kann allerdings das Vertrauen („Confidence") in das erstellte Modell erhöht und damit dem Anwender und dem Simulationsexperten Sicherheit in Bezug auf die Modellnutzung gegeben werden. Robinson (2004, S. 214) ergänzt in diesem Zusammenhang, dass V&V faktisch nicht versucht, die Korrektheit des Modells zu zeigen, sondern nach Fehlern im Modell sucht („The process of verification and validation is no one of trying to demonstrate that the model is correct, but is in fact a process of trying to prove that the model is incorrect"). Für die Beurteilung der Validität des Simulationsmodells für einen vorgesehenen Verwendungszweck ist es daher zweckmäßig, V&V-Kriterien zu benennen (vgl. Pohl et al. 2005). „Es empfiehlt sich, die Auswirkungen des Nichterkennens der Verletzung der einzelnen Validitätskriterien auf die Verwendbarkeit des Simulationsmodells gründlich zu durchdenken (Risikoanalyse). Je kritischer die Folgen der Fehleinschätzung der Erfüllung bzw. Verfehlung eines bestimmten Validitätskriteriums sind, desto niedriger sollte die Restunsicherheit sein, die mit der Bewertung des Kriteriums verbunden ist." (Pohl et al. 2005, S. 205).

V&V-Kriterien sind in der Regel aufgaben- und projektspezifisch zu benennen. Eine Auflistung aller in der Literatur diskutierten Kriterien als Basis einer projektspezifischen Auswahl würde an dieser Stelle zu weit führen und dem Ziel dieses Buches, einen auch an praktischen Erfordernissen orientierten Rahmen für V&V zu bieten, nicht entsprechen. Die Autoren haben daher mit Bezug auf die oben erwähnte Literatur in Tabelle 1 einige aus ihrer Sicht zentrale V&V-Kriterien zusammengestellt. Diese sollen einen Anhaltspunkt für die Durchführung von V&V geben und stellen auch die Basis für die in den folgenden Kapiteln beschriebenen Vorgehensweisen und Anleitungen zu V&V dar. Sie beziehen sich grundsätzlich auf alle während einer Simulationsstudie zu verwendenden Informationen und Daten sowie auf alle erstellten Dokumente und Modelle, besitzen jedoch ggf. spezifische Schwerpunkte in der Verwendung.

Die V&V-Kriterien zur Sicherstellung der Korrektheit eines Modells („Correctness") beziehen sich auf Inhalt und Struktur der Modelle, Dokumente, Informationen und Daten. Zu ihnen gehören primär die V&V-Kriterien Vollständigkeit und Konsistenz, wenn auch in gewissem Maße die V&V-Kriterien Genauigkeit und Aktualität eine Rolle spielen. Die Angemessenheit („Suitability") der Ergebnisse für die vorgesehene Anwendung lässt sich ebenfalls über die V&V-Kriterien Genauigkeit und Aktualität sowie über die V&V-Kriterien Eignung, Plausibilität und Verständlichkeit abfragen. Die Durchführbarkeit („Practicability") eines Projektes auf organisatorischer, technischer und modelltheoretischer Ebene wird im Wesentlichen über die V&V-Kriterien Machbarkeit und Verfügbarkeit abgeleitet.

Tabelle 1 benennt in Spalte 1 das jeweilige V&V-Kriterium und ordnet es in der 2. Spalte seiner grundlegenden Ausrichtung zu. In der 3. Spalte werden inhaltliche Facetten des Kriteriums aufgelistet.

Tabelle 1. V&V-Kriterien für die Simulation in Produktion und Logistik

V&V-Kriterien	Untersuchungsgegenstand	
	Fokus	Beispiele
Vollständigkeit (Completeness)	Korrektheit von Inhalt und Struktur	• strukturelle Überprüfung in Bezug auf fehlende Anforderungen und Informationen • Bestimmung des Grades der Übereinstimung zwischen Anforderungen und Modell
Konsistenz (Consistency)	Korrektheit von Inhalt und Struktur	• Schlüssigkeit der semantischen Zusammenhänge • Schlüssigkeit der Struktur • Durchgängigkeit der Terminologie
Genauigkeit (Accuracy)	Korrektheit von Inhalt und Struktur sowie Angemessenheit des Ergebnisses für die Anwendung	• Fehlerfreie, sorgfältige Modellierung • Wahl des angemessenen Detaillierungsgrades • Richtige Granularität der Daten • Richtige Wahl der Zufallsverteilungen
Aktualität (Currency)	Korrektheit von Inhalt und Struktur sowie Angemessenheit des Ergebnisses für die Anwendung	• Inhaltliche und zeitliche Gültigkeit der Informationen und Daten im Hinblick auf ihre Verwendung • Gültigkeit des Modells für die Aufgabenstellung
Eignung (Applicability)	Angemessenheit des Ergebnisses für die Anwendung	• Passgenauigkeit / Tauglichkeit / Nutzbarkeit des Modells für den Verwendungszweck • Angemessenheit in Bezug auf die Aufgabenstellung • Leistungsfähigkeit des Modells • Nutzen für den Anwender
Plausibilität (Plausibility)	Angemessenheit des Ergebnisses für die Anwendung	• Nachvollziehbarkeit der Zusammenhänge • Schlüssigkeit der Ergebnisse

Tabelle 1. (Fortsetzung)

V&V-Kriterien	Untersuchungsgegenstand	
Verständlichkeit (Clarity)	Angemessenheit des Ergebnisses für die Anwendung	• Nachvollziehbarkeit für den Anwender • Transparenz in der Modellierung • Eindeutigkeit in der Formulierung • Lesbarkeit
Machbarkeit (Feasibility)	Durchführbarkeit	• Technische Umsetzbarkeit der Anforderungen • Erreichbarkeit der geforderten Projektziele • Umsetzbarkeit der zeitlichen Projektplanung
Verfügbarkeit (Accessibility)	Durchführbarkeit	• Möglichkeit des Zugriffs auf die notwendigen Daten und Dokumente • Glaubwürdigkeit der Informations- und Datenquellen • Aufwand der Beschaffung

2.4 Rollen im Vorgehensmodell zur Simulation

Bei der Durchführung einer Simulationsstudie sind – unabhängig davon, ob die Studie unternehmensintern eigenständig durchgeführt, an eine andere Abteilung im eigenen Hause vergeben oder ein externer Dienstleister beauftragt wird – verschiedene Kompetenzen zwingend notwendig. In Abhängigkeit von den Kompetenzen und durchzuführenden Aufgaben lassen sich verschiedene Rollen festlegen, die je nach verwendetem Vorgehensmodell unterschiedlich stark differenziert werden (vgl. Berchtold et al. 2002; Bel Haj Saad et al. 2005).

Für den Kontext dieses Buches werden unter Berücksichtigung des in Abbildung 1 dargestellten Vorgehensmodells für die Simulation und des Stellenwertes von V&V folgende Rollen unterschieden:

• Die *Anwender* sind die späteren Nutzer der Simulationsergebnisse und ggf. auch des Simulationsmodells. In der Regel stehen sie auf Auftraggeberseite bzw. werden durch diesen unterstützt.

- Die *Auftraggeber* als Entscheidungsträger mit Budgetverantwortung finanzieren die Simulationsstudie.
- Die *Fachexperten* besitzen Know-how über das relevante Anwendungsgebiet bzw. das zu untersuchende System und stellen die notwendige Information für die Modellbildung und Simulation bereit. Es ist durchaus möglich, dass je nach Komplexität einer Simulationsstudie auch Experten unterschiedlicher Anwendungsdomänen einbezogen werden müssen.
- Die *IT-Verantwortlichen* der Fachabteilung liefern in Zusammenarbeit mit den Fachexperten die notwendigen unternehmensspezifischen Daten oder stellen die Schnittstellen zu den Datenquellen bereit.
- Die *Projektleiter* sind die Verantwortlichen im Sinne des Projekt- und Qualitätsmanagements sowohl auf der Seite des beauftragenden als auch auf der Seite des beauftragten Unternehmens.
- Die *Simulationsfachleute* kennen sich mit Modellbildung und Simulation aus und haben die Aufgabe, das abzubildende System entsprechend der Vorgaben der Anwender und des Auftraggebers zu modellieren.
- *Softwareexperten* unterstützen die Simulationsfachleute und setzen die notwendigen ergänzenden Programmierungen (z. B. Implementierung von Steuerungen; Verbesserung des Modelllaufzeitverhaltens; Implementierung einer spezifischen Bedienoberfläche) um.
- *V&V-Experten* besitzen Kenntnisse über den Einsatz von V&V-Methoden und übernehmen die Aufgabe der Prüfung des Modells hinsichtlich Korrektheit und Eignung für den vorgegebenen Untersuchungszweck.
- *Beauftragte zur Modellabnahme* (in militärischen Anwendungen: Akkreditierungs- oder Zertifizierungsbeauftragte) prüfen, ob das verifizierte und validierte Modell den Anforderungen des Anwenders entspricht und für das geplanten Einsatzfeld und die geplanten Untersuchungen genutzt werden kann. Typischerweise ist der Beauftragte zur Modellabnahme ein Vertreter des Auftraggebers.

Die obigen Rollen stellen eine mögliche Differenzierung dar. In Abhängigkeit von dem Projektumfang können die Rollen von unterschiedlichen handelnden Personen (Akteuren) oder in Teilen auch in Personalunion von einem einzigen Fachexperten eingenommen werden. Hinsichtlich der projektspezifischen Einbindung und Durchführung von V&V werden allerdings vier grundsätzliche Ansätze (Sargent 2001; aufbauend auf Sargent 1994) unterschieden, die in Bezug auf ihre Unterstützung der späteren Glaubwürdigkeit des Modells und der Simulationsergebnisse sehr unterschiedlich bewertet werden:

- Die Aufgaben der V&V werden von dem Modellentwickler selbst übernommen.
  Bewertung: häufig eingesetzter, aber kritisch einzustufender Ansatz
- Die Durchführung der V&V erfolgt ggf. gemeinsam mit den Modellentwicklern durch den späteren Modellanwender.
  Bewertung: praktikabel und sinnvoll
- Eine unabhängige V&V („Independent V&V" – IV&V) in Anlehnung an den IEEE Standard for Verification and Validation (IEEE 2004) impliziert eine technische („technical"), organisatorische („managerial") und finanzielle („financial") Unabhängigkeit und wird für die Simulation definiert "[...] as a series of technical and management activities performed by someone other than the developer of a system with the objectives of improving the quality of that system, and assuming that the delivered product satisfies the user's operational needs" (Arthur und Nance 2000, S. 860)
  Bewertung: sehr wünschenswert, aber zeit- und kostenintensiv
- Sogenannte V&V-Punktesysteme („Scoring Models") basieren auf der Formulierung von spezifischen Kategorien und deren Gewichtung. Aufgrund der Schwierigkeit der Kategoriebildung und der nur vermeintlichen Objektivität gelten sie jedoch als wenig praktikabel (vgl. Kapitel 3.3).
  Bewertung: im praktischen Einsatz nur wenig nutzbar

Für die Simulation in Produktion und Logistik wird V&V in der Regel vom Modellentwickler gemeinsam mit dem Modellanwender durchgeführt. Die abschließende Modellabnahme sollte jedoch grundsätzlich *nicht* durch die Person erfolgen, die die Modellbildung vorgenommen hat.

3 Bestehende Vorgehensmodelle

Dieses Kapitel befasst sich mit der Einordnung und Analyse von bestehenden *Vorgehensmodellen zu V&V in der Simulation*. Ein Schwerpunkt der Betrachtungen liegt dabei auf dem Bereich Produktion und Logistik. Diese Fokussierung erscheint im Kontext des vorliegenden Buches selbstverständlich, bedarf aber bei näherer Betrachtung der Erläuterung: Zum einen gilt es, Vorgehensmodelle für Simulationsstudien und Vorgehensmodelle für V&V zu unterscheiden, zum anderen haben Verifikation und Validierung auch eine wichtige Bedeutung außerhalb der Simulation in Produktion und Logistik. Das Ziel dieses Kapitels ist, sowohl Simulationsvorgehensmodelle als auch V&V-Vorgehensmodelle einzuordnen und abzugrenzen (Abschnitt 3.1). Ferner werden die umfangreichen Vorarbeiten im Überblick dargestellt, die es mit Bezug zu Simulation und ihrer Anwendung (Abschnitte 3.2 und 3.3) sowie aus anderen Disziplinen gibt (Abschnitt 3.4).

Da den Vorarbeiten von Brade (2003) für die in diesem Buch erarbeiteten Vorgehensmodelle eine besondere Rolle zukommt, werden sie in Abschnitt 3.5 vertieft dargestellt. In Abschnitt 3.6 werden dann einige zentrale Erkenntnisse zusammengefasst, die sich aus der Analyse der Vorarbeiten ergeben.

3.1   Einordnung von Vorgehensmodellen

In der Simulationsliteratur gibt es eine Vielzahl von Vorgehensmodellen *für Simulationsstudien*. Die größte Bedeutung im deutschen Sprachraum hat (für den Bereich Produktion und Logistik) dabei der in der VDI-Richtlinie 3633 Blatt 1 enthaltene Ansatz (VDI 2008). In der englischsprachigen Literatur gibt es eine Reihe vergleichbarer Ansätze (vgl. u. a. Banks et al. 2005, S. 14; Law 2007, S. 66). Ein wesentlicher Zweck dieser Simulationsvorgehensmodelle ist, Anwendern Hinweise für eine fachgerechte Durchführung von Simulationsstudien zu geben. Die Rolle von V&V bei der Projektdurchführung wird im Rahmen der Darstellungen dieser Modelle in der Regel erwähnt und in unterschiedlichem Maße gewürdigt.

Im Unterschied dazu geben die in diesem Kapitel betrachteten Vorgehensmodelle für V&V (im Folgenden als V&V-Vorgehensmodelle bezeichnet) Hinweise zur fachgerechten Durchführung von V&V-Aktivitäten im Rahmen von Simulationsstudien. Die Simulationsvorgehensmodelle beschreiben demnach alle Aktivitäten, die zu einer Simulationsstudie gehören; die V&V-Vorgehensmodelle konzentrieren sich vorwiegend auf Aktivitäten, die in unmittelbarem Zusammenhang mit V&V stehen.

Für den angemessenen Umgang mit V&V sind *beide* Arten von Vorgehensmodellen gleichermaßen wichtig. In Simulationsvorgehensmodellen müssen die V&V-Aktivitäten als ein wesentliches Element der Projektbearbeitung umfassend berücksichtigt sein. Die V&V-Vorgehensmodelle enthalten in Ergänzung dazu (konkrete) Hinweise zur Durchführung dieser Aktivitäten.

Der Gesamtkontext von V&V geht allerdings deutlich über den in diesem Buch behandelten Anwendungsbereich der Simulation in Produktion und Logistik hinaus. So spielen V&V-Vorgehensmodelle insbesondere im Bereich der Simulation militärischer Anwendungen eine große Rolle. Ferner gibt es Vorgehensmodelle, die auf V&V-Aktivitäten Bezug nehmen, in zahlreichen (wissenschaftlichen) Disziplinen. Dazu gehören etwa die quantitative Betriebswirtschaftslehre und insbesondere die Informatik. Die in diesem Kontext relevanten Vorgehensmodelle beziehen sich nicht ausschließlich auf Simulation, sondern betrachten beispielsweise die Modellbildung im Operations Research oder den Softwareentwicklungsprozess.

Einige dieser Ansätze, beispielsweise das V-Modell oder das V-Modell XT (vgl. Bel Haj Saad et al. 2005) aus dem Software Engineering, besitzen ebenfalls eine große Relevanz für die Entwicklung von Simulationsmodellen und werden daher in diesem Kapitel skizziert. Andere Ansätze können im Rahmen dieses Buches nur kurze Erwähnung finden.

Das vorrangige Ziel der folgenden Abschnitte ist, einen Überblick über V&V-Vorgehensmodelle zu vermitteln und den Bezug zu einigen Vorgehensmodellen aus den Bereichen Simulation, Operations Research und Software Engineering herzustellen. Dementsprechend werden in Abschnitt 3.4 einige V&V-Vorgehensmodelle diskutiert. Zuvor ist jedoch ein Blick auf Vorgehensmodelle für Simulation erforderlich, da diese Modelle Anknüpfungspunkt und Rahmen für V&V-Vorgehensmodelle darstellen. Dabei wird sich auch zeigen, dass in einigen Simulationsvorgehensmodellen V&V *nicht* die erforderliche Rolle einnimmt. Der vierte Abschnitt dieses Kapitels schließlich wirft einen „Blick über den Zaun" auf V&V in Vorgehensmodellen aus anderen Bereichen.

3.2   Simulationsvorgehensmodelle und V&V

In der Literatur gibt es zahlreiche Vorgehensmodelle, die die für die Durchführung einer Simulationsstudie erforderlichen Schritte beschreiben und einordnen. Entsprechende Darstellungen finden sich in Lehrbüchern zur Simulation (vgl. Banks et al. 2005, S. 14-17; Law 2007, S. 66-70; Hoover und Perry 1990, S. 14-34), in Richtlinien und Normen (vgl. USGAO 1979; IEEE 2003; VDI 2008) sowie in Beiträgen zu Zeitschriften und Tagungen (vgl. Nance und Balci, 1987; Sargent 1982).

   Die Komplexität und der Umfang dieser Vorgehensmodelle sind durchaus unterschiedlich. Wie Banks et al. (1988) ausführen, finden sich aber die folgenden fünf Elemente (teilweise mit deutlich abweichenden Bezeichnungen) in fast allen Modellen wieder:

- Aufgabenanalyse
- Modellformulierung
- Modellimplementierung
- Modellüberprüfung
- Modellanwendung

Zur Modellformulierung gehören je nach Vorgehensmodell beispielsweise die Bildung eines Konzeptmodells oder eines formalen Modells. Dagegen werden die V&V-Aktivitäten unter der Modellüberprüfung zusammengefasst. Experimente sowie Auswertungen gehören zur Modellanwendung.

   Während sich also fast alle Bestandteile der in der Literatur beschriebenen Vorgehensmodelle den fünf genannten Elementen zuordnen lassen, unterscheiden sich die Modelle deutlich in ihrer Komplexität und auch – und das ist an dieser Stelle vor allem relevant – im Hinblick auf die Berücksichtigung von V&V-Tätigkeiten. Dies soll an der graphischen Repräsentation von drei Simulationsvorgehensmodellen aus der Literatur deutlich gemacht werden.

   Das in Abbildung 2 wiedergegebene erste Beispiel ist ein komplexes Vorgehensmodell mit deutlich mehr als den genannten fünf Elementen. Zu erkennen sind zusätzliche Elemente wie etwa der Bezug zur Entscheidungsunterstützung („Decision Support"), die Auswahl der Lösungsmethode („Solution Technique") und zahlreiche Validierungsaspekte („Model Validation", „Data Validation" etc.).

   Eine demgegenüber stark vereinfachte Version, die gleichwohl die oben genannten Elemente enthält, stammt von Sargent (1982), wobei auch hier zahlreiche V&V-Aktivitäten in das in Abbildung 3 dargestellte Modell integriert sind.

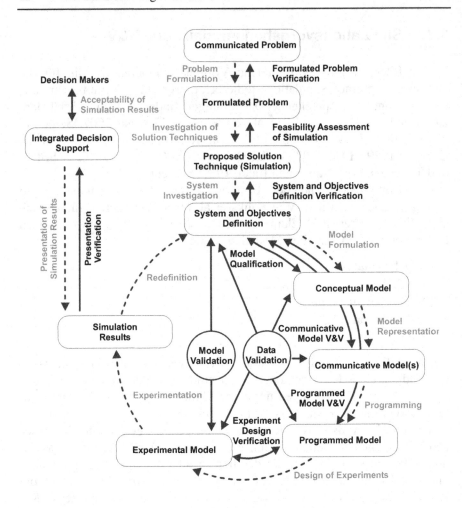

Abb. 2. Vorgehensmodell Simulation (nach Balci 1989)

Ein drittes Beispiel ist die VDI-Richtlinie 3633 Blatt 1 (VDI 2008). Abbildung 4 zeigt die Darstellung des dort enthaltenen Vorgehensmodells. Auch in diesem Vorgehensmodell lassen sich die wesentlichen fünf Elemente identifizieren. V&V ist hier nicht als eigenes Element, sondern als begleitende Aktivität enthalten, die ggf. iterativ durchzuführen ist.

Die VDI-Richtlinie 3633 Blatt 1 hat für die Simulationsanwendung in Produktion und Logistik im deutschsprachigen Raum eine erhebliche Bedeutung. Dafür spricht ihre Erwähnung in zahlreichen weiterführenden Arbeiten (vgl. Reinhardt 2003; Schumacher und Wenzel 2000) ebenso wie der Umstand, dass insbesondere auf Blatt 1 der Richtlinie in einer Vielzahl von Ausschreibungsunterlagen von Unternehmen wie Audi, BMW oder

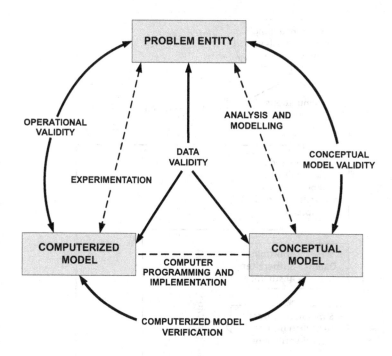

Abb. 3. Vorgehensmodell Simulation (nach Sargent 1982)

VW Bezug genommen wird. Aus diesem Grund kommt der angemessenen Behandlung von V&V in dieser Richtlinie eine besondere Bedeutung zu. Mit der neuesten Auflage hat der VDI Kritik an älteren Versionen (vgl. Spieckermann et al. 2004) aufgegriffen und die Darstellung von V&V erweitert.

Unabhängig vom unterschiedlichen Umfang der Berücksichtigung von V&V-Aktivitäten in den drei Beispielen für Simulationsvorgehensmodelle wird in allen gezeigten Fällen lediglich auf die Durchführung von V&V als Bestandteil der Vorgehensweise hingewiesen. Simulationsvorgehensmodelle zeigen also in aller Regel nur, *dass* V&V Bestandteil einer Studie ist. Sie zeigen aber nicht, *wie* die Durchführung erfolgen soll. Dieses Defizit hat zur Entwicklung der im nächsten Abschnitt diskutierten Vorgehensmodelle für V&V beigetragen.

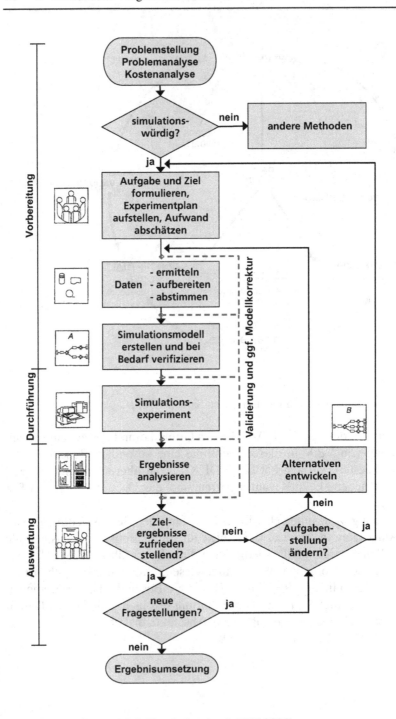

Abb. 4. Vorgehensmodell Simulation (nach VDI 2008)

3.3   Modelle zur V&V in der Simulation

Eine wichtige Aufgabe von V&V-Vorgehensmodellen ist, Hinweise für eine fachgerechte Verifikation und Validierung im Rahmen von Simulationsstudien zu geben. Im Vordergrund steht dabei die zusammenhängende Darstellung einer *Vorgehensweise* sowie die Anlehnung an bzw. Integration in ein Vorgehensmodell für Simulation. In den einzelnen Phasen eines V&V-Vorgehensmodells kommen in der Regel ausgewählte *V&V-Techniken* zum Einsatz.

In der Literatur finden sich Darstellungen sowohl zu V&V-Vorgehensmodellen wie etwa in Sargent (1982), Chew und Sullivan (2000) sowie Brade (2003) als auch Überblicksdarstellungen zu V&V-Techniken (vgl. Balci 1998; Kleijnen 1995; Sargent 1996). Dieser Abschnitt beschränkt sich im Folgenden auf die Diskussion von ausgewählten V&V-Vorgehensmodellen. Für einen Überblick über V&V-Techniken sei auf Kapitel 5 verwiesen.

Einer der ersten Vorschläge, der als eine mehrstufige Vorgehensweise zur Verifikation von Simulationsmodellen interpretiert werden kann, stammt von Naylor und Finger (1967). Ausgehend von einigen grundsätzlichen wissenschaftsphilosophischen Überlegungen zur Verifizierbarkeit von Erkenntnissen schlagen sie eine dreistufige Vorgehensweise vor: im ersten Schritt sind Annahmen über das im Modell abzubildende reale System zu formulieren, im zweiten Schritt sind diese Annahmen in sich, z. B. auf Widerspruchsfreiheit, zu überprüfen. Diese beiden Schritte hängen nicht unmittelbar mit dem Modell zusammen und können vor der Modellbildung erfolgen. Dagegen erfordert der dritte Schritt, die Überprüfung des Modellverhaltens im Hinblick auf die formulierten Annahmen, das Vorhandensein eines Modells.

Im Unterschied zu den eher grundsätzlichen und qualitativen Überlegungen von Naylor und Finger (1967) schlägt Gass (1977) vor, einzelne Elemente des Modellerstellungsprozesses auf einer Skala quantitativ zu bewerten. Zu den aufgeführten Elementen gehören unter anderem die Modelldefinition, die Modellstruktur, die Modelldaten, die Modellvalidierung und die Modellherkunft. Dabei bezieht sich Gass (1977) nicht explizit auf ein bestimmtes Simulationsvorgehensmodell, sondern legt ein solches implizit zugrunde. Jedenfalls lassen sich die im Abschnitt 3.2 erwähnten charakteristischen Elemente eines Simulationsvorgehensmodells klar zuordnen. Für jedes dieser Elemente wird eine Einstufung auf einer Skala – beispielsweise von eins (niedrig) bis fünf (hoch) – vorgenommen. Aus dieser Bewertung ergeben sich dann ein Vertrauensniveau für das gesamte Modell und ein Hinweis auf die Eignung der Modellergebnisse als

Entscheidungsgrundlage. Sargent (1996) kritisiert an diesem seiner Aussage nach selten verwendeten Ansatz, dass die Grundlagen für die Einstufung auf einer Skala subjektiv seien, gleichzeitig aber durch die quantitative Bewertung Objektivität suggeriert werde.

Shannon (1981) orientiert sich an Vorgehensschritten von Zeigler (1976, S. 27) und weist auf typische Fehlerquellen in den einzelnen Phasen hin. Dazu gehören seiner Ansicht nach in den frühen Phasen der Modellbildung falsch gewählte Systemgrenzen oder nicht berücksichtigte Parameter und in den späteren Phasen beispielsweise Implementierungsfehler oder Fehler bei der Auslegung der Experimente.

Im Bericht des amerikanischen General Accounting Office, einer Behörde, die in etwa mit dem deutschen Bundesrechnungshof vergleichbar ist, wird neben einem Simulationsvorgehensmodell eine Reihe von zu überprüfenden Kriterien benannt (USGAO 1979). Dazu gehören die Dokumentation, theoretische Validität, Datenvalidität, operationale Validität, Modellverifikation, Wartbarkeit und Anwendbarkeit. Dabei bezieht sich der Begriff der theoretischen Validität auf die Angemessenheit des Abstraktionsschrittes vom realen System zum Modellkonzept, während die operationale Validität die angemessene Abbildung des realen Systems durch das implementierte Modell beschreibt. Ein sehr ähnlicher Ansatz (mit leicht abweichender Terminologie) findet sich in Sargent (1982).

Generell sind es in den achtziger, gerade aber auch in den neunziger Jahren des letzten Jahrhunderts die amerikanischen Regierungsbehörden, und hier insbesondere das amerikanische Verteidigungsministerium (DoD – Department of Defense) mit seinem Büro für Modellierung und Simulation (DMSO – Defense Modeling and Simulation Office), die zum Ausgangspunkt umfangreicher Arbeiten zu V&V im Allgemeinen und zu V&V-Vorgehensmodellen im Speziellen werden. Maßgebend dafür sind die umfangreichen Investitionen die im militärischen Bereich für (die unterschiedlichsten) Simulationen getätigt werden (vgl. Balci et al. 2002; Brade 2003, S. 2; Davis 1992). Das DMSO betrachtet den V&V-Prozess als Bestandteil eines umfassenden verallgemeinerten Problemlösungsprozesses. Neben dem V&V-Prozess beschreibt der Problemlösungsprozess u. a. auch ein Simulationsvorgehensmodell (Modeling & Simulation Development / Preparation Process) sowie einen Akkreditierungsprozess (DMSO 2007). Die wesentlichen Elemente des projektbegleitenden V&V-Prozesses sind die Verifikation der Anforderungen („Verify Requirements"), die Entwicklung eines auf die Aufgabenstellung und die Anforderungen abgestimmten V&V-Plans („Develop V&V-Plan") sowie die Durchführung der „angemessenen" V&V-Aktivitäten („Perform V&V Activities Appropriate for M&S Category"). Zu jedem einzelnen Element gibt es im Rahmen einer Richtlinie (VV&A Recommended Practices

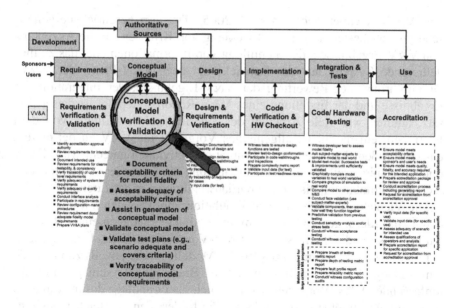

Abb. 5. Simulationsvorgehensmodell und VV&A-Aktivitäten (nach Chew und Sullivan 2000)

Guide) umfangreiche Handlungsanweisungen und Empfehlungen (DMSO 2007a).

Aufbauend auf diesen (fortlaufenden) Arbeiten des amerikanischen Militärs präsentieren Chew und Sullivan (2000) eine Reihe detaillierter, im Rahmen eines V&V-Prozesses durchzuführender Aktivitäten, die in Abbildung 5 verdeutlicht werden.

Der Modellierungsprozess umfasst im Wesentlichen die im vorangegangenen Abschnitt identifizierten „Elemente" eines Simulationsvorgehensmodells, differenziert aber die Modellbildung noch weiter. Der V&V-Prozess ist eng an dieses Vorgehensmodell angelehnt. Bemerkenswert ist, dass zu jeder Phase im V&V-Prozess eine Liste mit einzelnen durchzuführenden Aktivitäten angegeben wird.

Ein generischer V&V-Prozess, der mit dem vom DMSO vorgeschlagenen Prozess vergleichbar ist, ist aus einem Forschungsprojekt europäischer Verteidigungsministerien hervorgegangen: Innerhalb der West European Armaments Group (WEAG) gibt es unter der Bezeichnung THALES (Technological Arrangement for Laboratories for Defence European Studies) gemeinsame Forschungsprogramme. Ziel des WEAG THALES Joint Programme 11.20 war die Erarbeitung eines Rahmens für Verifikation, Validierung und Akkreditierung von Simulationen – kurz als

REVVA bezeichnet (Jacquart et al. 2005). Der dort beschriebene generische Prozess besteht aus der Entwicklung von Kriterien für die Akzeptanz von V&V-Ergebnissen, der Sammlung von Informationen über das zu modellierende System, aus der Entwicklung eines V&V-Plans, der V&V-Durchführung, der Bewertung der V&V-Ergebnisse, der Integration der Ergebnisse und der Erstellung eines V&V-Reports. Geprägt ist dieser Ansatz, ähnlich wie viele Arbeiten des amerikanischen Militärs, von dem Bestreben, ein möglichst allgemeines Vorgehen für V&V zu definieren, das der großen Bandbreite von Simulationsaktivitäten gerecht wird. Diese reicht beispielsweise von der Entwicklung umfassender, verteilter Gefechtsfeldsimulatoren bis zu Standardanwendungen in der Logistik.

Die Vielzahl unterschiedlicher Simulationsapplikationen mit jeweils anderen Anforderungen an V&V-Umfang und -Tiefe ist auch eine Erklärung dafür, dass in die umfassenden V&V-Vorgehensmodelle Überlegungen zum *Tailoring*, d. h. zum Anpassen der Modelle an die jeweils zu prüfende Anwendung, Eingang gefunden haben. Brade (2003) schlägt ein sehr umfassendes V&V-Vorgehen vor, das auch die Grundlage des in Kapitel 6 diskutierten Vorgehensmodells bildet. Er fordert den Abgleich jedes einzelnen Ergebnisses einer Projektphase mit den Ergebnissen aller vorangegangenen Phasen. Gleichzeitig weist er aber auf die Möglichkeit hin, bei bestimmten Anwendungen auf einzelne Schritte dieses Prozesses zu verzichten (vgl. Abschnitt 3.5 für eine eingehende Diskussion des Modells von Brade sowie Abschnitt 6.2 für weitergehende Ausführungen zum Tailoring von V&V-Vorgehensmodellen).

Wie umfassend und vielfältig die Aktivitäten zu V&V vor allem im militärischen Bereich mittlerweile insgesamt geworden sind, lässt sich unter anderem daran erkennen, dass es unter der Bezeichnung „Combined Convention on International VV&A Standardization Endeavors (CConVV&A)" seit 2004 Bestrebungen gibt, die Arbeiten der REVVA-Gruppe, des DMSO und anderer Gremien zu harmonisieren (Brade et al. 2005). Weitere Standardisierungsbemühungen für V&V gibt es auch im Zusammenhang mit verteilten Simulationen: In der Richtlinie IEEE 1516.3 (2003) des amerikanischen „Institute of Electrical and Electronics Engineers" ist mit dem FEDEP (Federation Development and Execution Process) ein Vorgehensmodell für die Entwicklung verteilter Simulationen enthalten. Seit Dezember 2006 gibt es bei der IEEE mittlerweile ein Projekt zur Erarbeitung der Richtlinie IEEE 1516.4, die unter dem Titel „Verification, Validation and Accreditation of a Federation, an Overlay to the High Level Architecture Federation Development and Execution Process" eine standardisierte, an die Entwicklung verteilter Simulationen angepasste Vorgehensweise für V&V entwickeln soll.

Zusammenfassend bleibt zu bemerken, dass die in diesem Abschnitt wiedergegebenen Vorgehensmodelle sich in ihrem Detaillierungsgrad und Blickwinkel zum Teil erheblich unterscheiden. Die Ansätze des DMSO und der REVVA-Gruppe sind Meta-Modelle, die beschreiben, wie ein V&V-Prozess grundsätzlich strukturiert werden sollte. Die übrigen Ansätze beschreiben konkrete Vorgehensmodelle, wobei sich die jeweiligen Darstellungen in Detaillierungsgrad und Umfang teilweise sehr deutlich unterscheiden. Allen Vorgehensmodellen ist gemeinsam, dass sie nicht auf den Anwendungsbereich Simulation in Produktion und Logistik eingeschränkt oder ursprünglich für diesen konzipiert worden sind. Gleichwohl befassen sich die bislang beschriebenen Modelle mit V&V *für Simulation* und unterscheiden sich insofern von den Ansätzen, die im nächsten Abschnitt dargestellt werden.

3.4   Modelle zur V&V aus anderen Disziplinen

Simulation im Allgemeinen sowie Simulation in Produktion und Logistik im Speziellen sind ihrem Wesen nach interdisziplinär und an einer Nahtstelle von Operations Research, Mathematik, Statistik, der Informatik und den Ingenieurwissenschaften einzuordnen. Fast alle diese Disziplinen befassen sich (in unterschiedlichem Umfang) mit Fragen der Verifikation und Validierung ihrer Anwendungen, Verfahren oder Modelle. Die Betrachtung, was sich davon in welchem Maß auf V&V in der Simulation übertragen lässt, ist somit notwendig und konsequent. Da es in einigen Bereichen (etwa im Software Engineering) Arbeiten zu Vorgehensmodellen, Verifikation und Validierung gibt, die für sich genommen weit über den Umfang dieses Buches hinausgehen, kann und soll dieser Abschnitt hier nur einen kurzen Einblick in die jeweiligen Aktivitäten vermitteln.

Operations Research (OR) ist als betriebswirtschaftliche Fachdisziplin schon allein deswegen zur Auseinandersetzung mit der Validierung von Simulationsmodellen verpflichtet, weil die Simulation in einigen Quellen als Teilgebiet des OR gesehen wird (vgl. Domschke und Drexl 2004, S. 223). In der Tat findet sich eine hohe Übereinstimmung zwischen Vorgehensmodellen für die Modellbildung im OR und den dazu gehörenden Überlegungen zur Modellvalidierung einerseits sowie den in den beiden vorangegangenen Abschnitten beschriebenen Vorgehensmodellen für Simulation und für V&V in der Simulation andererseits. Beispielsweise diskutieren Landry et al. (1983) einen Ansatz für die Validierung von OR-Modellen im Allgemeinen. Sie lehnen sich dabei an das von Sargent (1982) vorgeschlagene Vorgehensmodell für die Validierung von Simulationsmodellen an. Auch das Vorgehensmodell von Oral und Kettani (1993) sowie andere in einem Sonderheft des European Journal of Operational Research aus dem Jahr 1993 diskutierten Ansätze weisen eine große Ähnlichkeit mit den im Kontext der Validierung von Simulationsmodellen erläuterten Aspekten auf (Landry und Oral 1993). Unterschiede oder Erweiterungen liegen dabei weniger in den Vorgehensmodellen für Modellierung und Validierung als vielmehr in der intensiveren Betrachtung von Fragen nach der Legitimität der Modelle und der gewählten Modellierungsmethode (vgl. Landry et al. 1996).

In der Informatik gibt es eine ganze Reihe von Modellen für die Softwareentwicklung. Ganz ähnlich wie bei den Vorgehensmodellen für die Simulation geht V&V in unterschiedlichem Umfang in die einzelnen Modelle der Softwareentwicklung ein. Ein erstes auf Benington (1956) zurückgehendes Modell, das *Wasserfallmodell*, stellt den Softwareentwicklungsprozess als einen sequentiellen Ablauf mit den Schritten Planung, Anforderungsanalyse, Entwurf, Implementierung, Test und Betrieb dar. Royce (1970) hat das streng sequentielle Modell dann um Rückkopplungsschleifen erweitert. Das sogenannte *V-Modell* von Boehm (1979) erweitert das Wasserfallmodell um Aspekte der Verifikation und Validierung. So werden in diesem Modell einzelnen Aktivitäten des Entwicklungsprozesses V&V-Schritte gegenübergestellt. Beispielsweise wird die Erfüllung der Anforderungsdefinition im Rahmen des Abnahmetests oder die Einhaltung des Grobentwurfes im Rahmen des Systemtests geprüft. Das *Prototypen-Modell* der Softwareentwicklung versteht sich als Ergänzung zu dem *Wasserfallmodell* oder dem *V-Modell*. Es sieht vor, in frühen Phasen des Prozesses bereits lauffähige Elemente (Prototypen) des Gesamtprodukts zu erstellen und dem Anwender frühzeitig vorzustellen (vgl. Budde et al. 1992). Das *evolutionäre, inkrementelle Modell* geht von der Umsetzung von Mindestanforderungen in einem Produktkern aus. Anschließend werden die Phasen des *Wasserfallmodells* mit ergänzenden (inkrementellen) Anforderungen erneut durchlaufen. So entwickelt sich das Softwareprodukt in mehreren „evolutionären" Schritten (vgl. dazu und für die Abbildung auf objektorientierte Softwareentwicklung Jacobson et al. 1999; Hesse 1997). Ein ausführlicher Überblick über die Eigenschaften sowie Vor- und Nachteile der hier kurz beschriebenen Vorgehensmodelle für Softwareentwicklung findet sich z. B. in Balzert (1998, S. 97-138).

Das ursprünglich von Boehm (1979) vorgeschlagene V-Modell hat in Deutschland eine besondere Bedeutung, da es in den zurückliegenden Jahren in drei wesentlichen Stufen (V-Modell 92, V-Modell 97 und V-Modell XT) für die Bundeswehr und Bundesbehörden weiterentwickelt wurde und bei Softwareentwicklungsprojekten mit öffentlichen Auftraggebern grundsätzlich Anwendung finden muss (vgl. Bröhl und Dröschel,

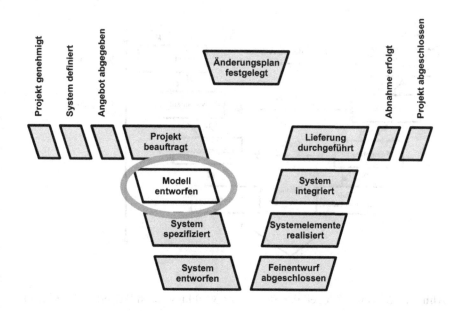

Abb. 6. Entscheidungspunkte im V-Modell mit Erweiterungen (nach Wang 2005)

1993; Versteegen 1996; KBSt 2006a). Das Institut für Technik Intelligenter Systeme e.V. (ITIS) an der Universität der Bundeswehr in München hat eine ausführliche Gegenüberstellung des erstmals im Jahr 2004 vorgestellten V-Modells XT mit einem Vorgehensmodell für Modellbildung und Simulation vorgenommen (Bel Haj Saad et al. 2005, S. 39-49). Wichtige Erkenntnisse dieses Vergleiches sind, dass das V-Modell und die Simulationsvorgehensmodelle grundsätzlich aufeinander abgebildet werden können, es allerdings für spezielle simulationsspezifische Aufgaben (Modellformalisierung, Simulationsexperimente und Ergebnisinterpretation) keine angemessenen Entsprechungen im V-Modell XT gibt. Das ITIS schlägt zwei Erweiterungen des V-Modells vor, mit denen es dann auch auf die Entwicklung von Simulationsapplikationen angewendet werden kann (Bel Haj Saad et al. 2005, S. 64-67, sowie Wang 2005).

Abbildung 6 zeigt exemplarisch die im V-Modell XT aus Sicht eines Auftraggebers zu berücksichtigenden wesentlichen Entscheidungspunkte unter Ergänzung des für die Entwicklung von Simulationsmodellen erforderlichen und im ursprünglichen V-Modell nicht enthaltenen Punktes „Modell entworfen".

Im Hinblick auf V&V lehnt sich das V-Modell XT an das V-Modell an, das wiederum über mehrere Zwischenstufen auf das Wasserfallmodell zurückgeht. Demnach erfolgt V&V in umgekehrter Reihenfolge zur Zerle-

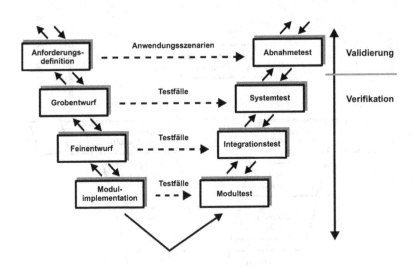

Abb. 7. V&V im V-Modell der Softwareentwicklung (nach Balzert 1998, S. 101)

gung der Aufgabenstellung (vgl. Abbildung 7 sowie Balzert 1998, S. 101ff.; KBSt 2006a, S. 1-28): Zunächst werden die implementierten Module getestet. Dann werden die Module integriert und mit dem Feinentwurf abgeglichen. Anschließend wird das Gesamtsystem gegen Testfälle überprüft, die sich aus dem Grobentwurf ergeben. Der Abnahmetest erfolgt schließlich durch eine Gegenüberstellung mit Anwendungsszenarien gemäß Anforderungsdefinition.

Einige der in Abschnitt 3.3 diskutierten V&V-Vorgehensmodelle orientieren sich an Zwischenprodukten aus unterschiedlichen Projektphasen und nicht nur an den Ergebnissen der Implementierung. Diesem Grundgedanken entspricht allerdings eher der im V-Modell XT verwendete Prüf- bzw. Qualitätssicherungsbegriff als das aus Abbildung 7 hervorgehende Verständnis von V&V: Das V-Modell XT definiert für alle Projektphasen Produkte, für die formale und inhaltliche Vorgaben gemacht werden. Die Abhängigkeiten der Produkte voneinander definieren Regeln für produktübergreifende inhaltliche Konsistenz (KBSt 2006a, S. 1-22 - 1-23). Auf dieser Basis sind dann projektbegleitende Prüfpläne aufzustellen, die sich näherungsweise mit dem vergleichen lassen, was z. B. Brade (2003) oder Chew und Sullivan (2000) für Simulationsanwendungen vorschlagen. Die in KBSt (2006c), S. 6-42 - 6-53, enthaltenen Hinweise zur Prüfung der einzelnen Produkte des V-Modells sind überwiegend qualitativer Natur und bestehen unter anderem aus einer Reihe exemplarischer Fragen, die im Rahmen der Überprüfung gestellt werden sollen.

3.5   Das V&V-Vorgehensmodell von Brade

Wie in der Einleitung dieses Kapitels erläutert, stellt das *V&V-Vorgehens-modell von Brade* (2003) einen wichtigen Ausgangspunkt für das in Kapitel 6 vorgestellte V&V-Vorgehensmodell für Simulation in Produktion und Logistik dar. Aus diesem Grund sowie um Gemeinsamkeiten und Weiterentwicklungen verstehen zu können, wird das Modell von Brade in diesem Abschnitt herausgehoben und ausführlich diskutiert.

Ähnlich wie die in Abschnitt 3.3 vorgestellten V&V-Vorgehensmodelle beschreibt auch Brade ein Vorgehen zur schrittweisen Verifikation und Validierung von Modellen und Simulationsergebnissen. Auch sein V&V-Vorgehensmodell basiert auf einem Phasenmodell der Modellierung, wobei jede der Modellierungsphasen Zwischenergebnisse („Intermediate Results") erzeugt. Brade unterscheidet die Phasen

- Problem Definition (Ergebnis: Structured Problem Description),
- System Analysis (Ergebnis: Conceptual Model),
- Formalization (Ergebnis: Formal Model),
- Implementation (Ergebnis: Executable Model) und
- Experimentation (Ergebnis: Simulation Results).

Die Zwischenergebnisse bilden – zusammen mit zusätzlich einzubringenden Angaben – die Eingangsinformation für die nachfolgende Phase. So bildet z. B. die „Structured Problem Description" als Ergebnis der „Problem Definition" zusammen mit weiteren Angaben über das System die Eingangsinformation der „System Analysis".

Ein wesentlicher Aspekt des Vorgehens ist die Orientierung der V&V an diesen Zwischenergebnissen. Brade teilt die V&V in Phasen ein, die den Zwischenergebnissen der Modellbildung unmittelbar zugeordnet sind und von „1" (V&V of the Structured Problem Description) bis „5" (V&V of the Simulation Results) durchgezählt werden. Zentraler Anspruch des Modells von Brade ist, dass jedes Phasenergebnis nicht nur *in sich* oder *gegen* bzw. *gemeinsam* mit dem Ergebnis der unmittelbar vorausgehenden Phase zu prüfen ist, sondern dass jedes Phasenergebnis zusätzlich mit *allen* Ergebnissen der vorangegangen Phasen geprüft werden soll. So ist z. B. das Ergebnis der Formalisierung, das „Formal Model", in sich (z. B. auf syntaktische Korrektheit) zu prüfen. Zusätzlich ist das „Formal Model" mit dem „Conceptual Model" (auf korrekte Umsetzung) und mit der „Problem Definition" („auf geeignete Umsetzung der Anforderungen") zu prüfen.

Die einzelnen Teilprüfungen für ein Phasenergebnis bezeichnet Brade als Subphasen („Sub Phases") und nummeriert sie – beginnend bei der Prüfung des Phasenergebnisses in sich – ebenfalls durch. Auf diese Weise

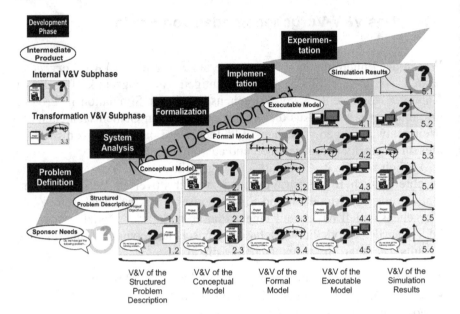

Abb. 8. Vorschlag von Brade zu Verifikation und Validierung im Verlauf eines Simulationsprojektes (Brade 2003, S. 62)

bekommen die Teilprüfungen z. B. die Nummern 3.1 („Formal Model" in sich), 3.2 („Formal Model" und „Conceptual Model") sowie 3.3 („Formal Model" und „Structured Problem Description") zugewiesen. Die Anzahl der erforderlichen Teilprüfungen erhöht sich dementsprechend mit jeder V&V-Phase um eins. Ordnet man die Phasen graphisch von links nach rechts und stellt darüber die Subphasen dar, so entsteht die in Abbildung 8 gezeigte Dreiecksform.

Das Vorgehensmodell setzt – aufgrund seiner starken Orientierung an den Zwischenergebnissen – eine hinreichend sorgfältige Dokumentation aller Zwischenergebnisse voraus und bedingt dadurch eine möglichst konkrete Inhaltsangabe für jedes der benannten Dokumente.

Durch seine Orientierung an Zwischenergebnissen macht dieses Vorgehensmodell deutlich, dass eine systematische Vorgehensweise eine zentrale Vorbedingung für strukturierte Verifikation und Validierung ist und sowohl V&V als auch Dokumentation keinesfalls erst begonnen werden dürfen, wenn ein ausführbares Modell vorliegt.

3.6   Ableitungen aus den vorhandenen Modellen

Eine zusammenfassende Betrachtung der in diesem Kapitel diskutierten Vorgehensweisen zeigt viele Gemeinsamkeiten, macht aber auch einige wichtige Unterschiede deutlich. Bei allen diskutierten Simulationsvorgehensmodellen lassen sich im Kern vergleichbare Schritte identifizieren. Ferner findet V&V zumindest grundsätzlich Eingang in die Modelle. Der Umfang der Berücksichtigung von V&V weicht allerdings stark voneinander ab: Er reicht von der beiläufigen Erwähnung bis zur Ableitung von Vorgehensmodellen für V&V, die die Simulationsvorgehensmodelle ergänzen.

Auch in diesem Buch wird der Standpunkt vertreten, dass Verifikation und Validierung projektbegleitende Aktivitäten sind. In Anlehnung an Arbeiten wie z. B. Brade (2003) und in Erweiterung zur VDI (2008) ergibt sich daher die folgende Strukturierung (vgl. auch Abschnitt 1.5):

1. Formulierung eines Simulationsvorgehensmodells, das als Bezugsrahmen die Schritte von Simulationsstudien darstellt,
2. Formulierung von Zwischenergebnissen, die im Rahmen der Durchführung einer Simulationsstudie zu erarbeiten sind,
3. Formulierung eines V&V-Vorgehensmodells, das die Vorgehensweise bei V&V in geeigneter Weise unterstützt.

Dabei sind die besonderen Gegebenheiten von Simulationsstudien in Produktion und Logistik zu berücksichtigen. Der typische Umfang dieser Studien rechtfertigt sicher nur in sehr seltenen Fällen Vorgehensmodelle der Komplexität eines V-Modell XT oder V&V-Aktivitäten, wie sie das deutsche oder das amerikanische Militär fordern. Eine operationale Konkretisierung über die in der VDI (2008) dargestellten Hinweise hinaus erscheint gleichwohl geboten. Die Strukturierung im Sinne der Schritte 1., 2. und 3. vorzunehmen und gleichzeitig die Simulationspraxis in Produktion und Logistik in den Mittelpunkt zu stellen, ist der Anspruch der folgenden Kapitel, insbesondere von Kapitel 4 und 6.

4 Simulationsvorgehensmodell und Dokument-strukturen als Arbeitsgrundlage

Die Basis für die Strukturierung der in Kapitel 6 beschriebenen V&V-Aktivitäten bildet das in Abschnitt 1.3 beschriebene Simulationsvorgehensmodell (Abbildung 1). Es teilt das Vorgehen grundsätzlich in Phasen ein, denen jeweils spezifische Phasenergebnisse zugeordnet sind. In diesem Kapitel werden zunächst die Einteilung der Simulationsstudie in Phasen sowie die Bezüge der Phasenergebnisse untereinander näher diskutiert. Anschließend werden konkrete Vorschläge für die Struktur der die Phasenergebnisse beschreibenden Dokumente präsentiert und ausführlich erläutert. Diese Vorschläge berücksichtigen einige der in der Literatur aufgeführten Vorschläge zur Dokumentation (vgl. Liebl 1995, S. 233-236; Bel Haj Saad 2005, S. 102-195) und orientieren sich an dem in Produktion und Logistik spezifisch anfallenden Dokumentationsbedarf. Das wesentliche Ziel dieses Kapitels ist, dem Leser Hinweise für eine durchgängige und strukturierte Dokumentation einer Simulationsstudie zu geben. Eine solche auch die Zwischenergebnisse umfassende Dokumentation ist Voraussetzung für eine wirksame projektbegleitende V&V (vgl. Abschnitt 3.6).

4.1 Simulationsvorgehensmodell

Das in Abschnitt 1.3 beschriebene Simulationsvorgehensmodell definiert die Phasen und Phasenergebnisse einer Simulationsstudie und setzt diese in Beziehung. Ein wichtiges Charakteristikum dieses Vorgehensmodells ist die Trennung von Modell und Daten, da für die Simulation in Produktion und Logistik die Daten regelmäßig eine spezifische Behandlung erfahren und ein beträchtlicher Teil des Aufwandes in die Beschaffung und Aufbereitung geeigneter Daten fließt. Die Angaben gehen hier in eine Größenordnung von bis zu 50 % des gesamten Projektaufwandes (vgl. Kosturiak und Gregor 1995, S. 108; Baron et al. 2001, S. 132). Unter anderem deshalb erscheint es zweckmäßig, die im Rahmen der Datenbeschaffung und -aufbereitung zur Verfügung gestellten Datenbestände gezielt zu überprüfen und letztlich einen eigenständigen Prozess der Verifikation und Validierung von Daten zu definieren. Dies gilt schon deshalb, weil aus realen Systemen beschaffte Produktions- und Logistikdaten häufig für die gestellte Simulationsaufgabe nicht hinreichend aggregiert oder nicht vollständig sind. Darüber hinaus werden Daten oft aus mehreren IT-Systemen oder Aufzeichnungen beschafft, so dass die Gefahr von Dateninkonsistenzen besteht. Derartige Unstimmigkeiten und Fehler in den Daten lassen sich unabhängig von einem Simulationsmodell und zumindest teilweise parallel zu anderen Modellierungsaufgaben überprüfen (vgl. Spieckermann et al. 2004).

In Abschnitt 4.1.1 werden zunächst die Phasen der Modellbildung erläutert und in Beziehung gesetzt. Die Einordnung der Daten in das Vorgehensmodell erfolgt in Abschnitt 4.1.2. Wie sich die Phasenergebnisse zusammensetzen und wie sie im Verlauf einer Phase entstehen wird in Abschnitt 4.1.3 diskutiert.

Die folgende Beschreibung des Vorgehensmodells konzentriert sich auf die *Ergebnisse* der Phasen, nicht auf die *Durchführung* der Phasen selbst. Selbstverständlich ist für ein glaubwürdiges und angemessenes Modell eine sorgfältige und systematische Durchführung der Phasen erforderlich. V&V-Aktivitäten beziehen sich jedoch auf Phasenergebnisse und nicht auf die Arbeit in den Phasen. Daher ist die Durchführung der Phasen nicht Gegenstand dieses Buches. Entsprechende Hinweise zum systematischen Vorgehen in den Phasen – beispielsweise in Form von Checklisten – finden sich beispielsweise bei Wenzel et al. (2008).

4.1.1 Einteilung der Modellbildung in Phasen

Für die Durchführung einer Simulationsstudie gibt es in der Literatur unterschiedliche Vorgehensmodelle (vgl. hierzu die Behandlung von Simulationsvorgehensmodellen in Abschnitt 3.2). Ihr Betrachtungsfeld reicht von den zu Beginn der Simulationsstudie vorliegenden Anforderungen und Randbedingungen bis hin zu den Aussagen, die sich aus Experimenten mit einem ausführbaren (programmierten, implementierten) Simulationsmodell ergeben. Alle Vorgehensmodelle dienen dem Zweck, den Prozess der Modellentwicklung so zu strukturieren, dass mit Hilfe eines systematischen Vorgehens Fehler nach Möglichkeit von vorn herein vermieden werden.

Das in Abschnitt 1.3 beschriebene Simulationsvorgehensmodell beinhaltet eine Reihe von Phasen. Wie im Folgenden deutlich wird, ändert sich von Phase zu Phase die Beschaffenheit der Ergebnisse. Ferner sind je nach Phase unterschiedliche Rollen (vgl. Abschnitt 2.5) einzubinden.

Die *Aufgabendefinition* als erste Phase dient zunächst einer Präzisierung und Vervollständigung der vom Auftraggeber entwickelten Zielbeschreibung. Das Ergebnis dieser Phase – die Aufgabenspezifikation – ist dadurch gekennzeichnet, dass eine von Auftraggeber und Auftragnehmer gemeinsam verstandene und getragene detaillierte Beschreibung der Aufgabe vorliegt. Hierzu sind grundsätzlich für jede Rolle mindestens ein Projektbeteiligter auf beiden Seiten einzubinden.

> Im Rahmen der Aufgabendefinition wird eine abgestimmte Aufgabenspezifikation erstellt, die nach Meinung aller Beteiligten das zu lösende Problem beschreibt und zugleich mit den vorgesehenen Mitteln und im vorgesehenen Zeit- und Kostenrahmen umsetzbar ist.

Die Aufgabendefinition konkretisiert und ergänzt die bestehenden Inhalte aus Zielbeschreibung, Lasten- und Pflichtenheften sowie aus Angeboten. Sie erzeugt das gemeinsame Grundverständnis, ob die gestellte Aufgabe lösbar ist und wie sie gelöst werden soll.

Die *Systemanalyse* leitet aus dem realen (oder geplanten) System das Konzeptmodell ab. Hier werden die wesentlichen Voraussetzungen für ein an den Zielen der Studie orientiertes und effizientes Simulationsmodell geschaffen. Ziel der Systemanalyse ist die Festlegung, welche Elemente des realen Systems in welcher Genauigkeit und mit welchen Mechanismen zu modellieren sind. Werden irrelevante Aspekte berücksichtigt oder nebensächliche Aspekte zu detailliert abgebildet, so sinkt die Effizienz sowohl der Modellbildung als auch der Modellausführung. Umgekehrt folgt aus der Vernachlässigung von Zusammenhängen, die für den Untersuchungszweck wesentlich sind, ein für die Aufgabenstellung nicht geeignetes Modell. Dadurch entsteht die Gefahr, dass mit dem Simulationsmodell die Aufgabe nicht gelöst werden kann oder dass unzulässige Schlussfolgerungen abgeleitet werden.

Der Begriff des Konzeptmodells (konzeptionelles Modell, konzeptuelles Modell) ist in der Literatur nicht eindeutig definiert. Grundsätzlich gilt, dass das Konzeptmodell einen Übergang bildet von der Beschreibung, welche Aufgabenstellung durch die Simulationsstudie gelöst werden soll, hin zu der Definition, was zu modellieren ist und wie dies geschehen soll (vgl. Robinson 2006). In der Literatur finden sich hier unterschiedliche Zwischenstufen und Teilergebnisse, wie z. B. die Unterscheidung zwischen nur gedachtem (also nicht kommunizierbarem) „Conceptual Model" und dessen expliziter Umsetzung in ein „Communicative Model" (Abbildung 2 sowie Balci 1989) bzw. eine „Project Specification" (Robinson 2004).

Übereinstimmung herrscht bei allen Ansätzen darin, dass das Konzeptmodell keine Aussagen darüber machen muss, wie es als ausführbares Modell in einem Simulationswerkzeug oder einer Simulationssprache zu implementieren ist. Robinson (2004, S. 65) definiert das Konzeptmodell wie folgt: „The conceptual model is a non-software- specific description of the simulation model that is to be developed, describing the objectives, inputs, outputs, content, assumptions and simplifications of the model". In der Praxis wird das Konzeptmodell allerdings in vielen Fällen nicht völlig unabhängig von der zu verwendenden Simulationssoftware sein. Simulationswerkzeuge beruhen auf einem oder mehreren Modellierungskonzepten (vgl. Wenzel 1998), die Denkweise und Vorgehen des Simulationsfachmanns beeinflussen und damit in der Regel auch Einfluss auf das Konzeptmodell haben werden.

Die Systemanalyse ist – wie die Aufgabendefinition – eine gemeinsame Aufgabe von Auftraggeber und Auftragnehmer. Um das hierfür erforderliche gemeinsame Verständnis auf eine sichere Basis zu stellen, muss das Konzeptmodell hinreichend dokumentiert sein. Die Beschreibungsmittel müssen so gewählt werden, dass das Konzeptmodell für alle Projektbeteiligten verständlich ist.

> In der Systemanalyse wird eine Dokumentation des zu entwickelnden Simulationsmodells mit seinen Zielsetzungen, Eingaben, Ausgaben, Elementen und Beziehungen, Annahmen und Vereinfachungen erarbeitet. Das so entstehende Konzeptmodell bildet den Übergang von der Beschreibung, welche Aufgabe gelöst werden soll, zu der von allen Beteiligten akzeptierten Beschreibung, wie diese Aufgabe zu lösen ist, und beschreibt sowohl den Umfang des Modells als auch die erforderliche Detaillierung.

Die *Modellformalisierung* überführt das Konzeptmodell in das formale Modell, das sich idealerweise ohne weitere fachliche Klärungen implementieren lassen sollte. Zugleich ist das formale Modell grundsätzlich noch unabhängig von den zu verwendenden Simulationswerkzeugen (Pohl et al. 2005, S. 78).

In der Praxis wird ein vollständig formales Modell, das diesen beiden Anforderungen genügt, nur selten entstehen. Eine weitgehende Formalisierung kann bereits im Konzeptmodell erfolgt sein, und wird häufig auch das Modellierungskonzept der eingesetzten Software berücksichtigen. Einige Autoren sehen gar keine Modellformalisierung als eigenen Schritt vor (vgl. Balci 1990; Robinson 2004). Im Sinne der V&V ist diese Phase trotzdem von großer Bedeutung, da hier ein bestimmter Grad der Formalisierung explizit gefordert wird und dementsprechend auch überprüft werden kann.

Keinesfalls darf die nicht immer eindeutige Abgrenzung zwischen Konzeptmodell, formalem und ausführbarem Modell ebenso wie eine gewisse Unschärfe bei der Bestimmung des für eine Simulationsstudie vertretbaren

Umfangs der Formalisierung als Anlass dienen, auf den Formalisierungs-
schritt zu verzichten. Es wird in den wenigsten Fällen ausreichend sein, direkt von der fachlichen Spezifikation zur Modellimplementierung überzu-
gehen. Komplexe Algorithmen oder umfangreiche Datenstrukturen sind
mit Hilfe geeigneter Beschreibungsmittel (z. B. Pseudo-Code, Struktogramme, Entity-Relationship-Diagramme, Unified Modeling Language) so
vorab zu durchdenken, dass eine gute technische Basis für die Abbildung
auf ein Simulationswerkzeug entsteht. Es ist eine der wichtigen Aufgaben
der Modellformalisierung zu gewährleisten, dass die im Konzeptmodell
eher aus fachlicher Sicht beschriebenen Abläufe auch wirklich implementierbar werden.

Vielfach kann das gleiche Beschreibungsmittel, z. B. ein Struktogramm,
sowohl für das Konzeptmodell, das formale Modell als auch das ausführbare Modell verwendet werden, wobei nur die Detaillierung angepasst
wird. Andere, deskriptive Beschreibungsmittel sind für ein Konzeptmodell
sehr gut geeignet, aber für ein formales Modell weniger gut verwendbar
(für eine Gegenüberstellung unterschiedlicher Ansätze und weitere Literatur vgl. Heavey und Ryan 2006).

Die Formalisierung von im Konzeptmodell beschriebenen Sachverhal-
ten lässt oft weitere Annahmen und gelegentlich auch zusätzliche Vereinfachungen erforderlich werden, die streng betrachtet eine erneute Systemanalyse bedeuten würden. Wenn diese aus pragmatischen Gründen nicht
explizit ausgeführt wird, so ist unbedingt zu beachten, dass die Annahmen
und Vereinfachungen dokumentiert werden und dass in geeigneter Weise
ein gemeinsames Verständnis über deren Zulässigkeit zwischen allen Projektbeteiligten hergestellt wird.

> Während der Modellformalisierung werden die Elemente und Be-
> ziehungen des Konzeptmodells weiter in Richtung eines formalen
> Entwurfes entwickelt, so dass eine Implementierung durch Simula-
> tionsfachleute und Softwareexperten ohne weitere Analyse und ohne
> ergänzende Abstimmung mit den Fachexperten möglich ist.

Bei der *Implementierung* entsteht das ausführbare Modell (Simulationsmodell, Computermodell). Unter Implementierung ist dabei nicht notwendigerweise die Nutzung einer Programmiersprache zu verstehen; die Art
der Implementierung hängt von dem Modellierungskonzept des verwendeten Simulationswerkzeuges ab. So können z. B. vordefinierte Bausteine
zum Einsatz kommen. Parallel zur Implementierung sind alle Aspekte, die
sich nicht direkt und unmittelbar verständlich aus dem ausführbaren Modell ergeben, separat zu dokumentieren. Beispiele hierfür sind die werk-
zeugbedingte Codierung der Zustände eines Fahrzeuges als Zahlenwerte

oder das hilfsweise Abbilden eines (nicht verfügbaren) Maschinenzustandes durch einen anderen, etwa eines Rüstvorganges als Pause.

Als erste wesentliche Aufgabe ist das ausführbare Modell so zu strukturieren und gegebenenfalls zu ergänzen, dass eine effiziente Umsetzung des formalen Modells in die Modellierungskonzepte des Simulationswerkzeuges möglich ist (Robinson 2004). Hier entsteht also eine auf das Simulationswerkzeug zugeschnittene Modellbeschreibung. Nach dieser Vorbereitung erfolgt die eigentliche Umsetzung in die Beschreibungsmittel des Simulationswerkzeuges, die – soweit erforderlich – durch eine Ergänzung der Dokumentation begleitet wird.

> Im Rahmen der Implementierung wird die Umsetzung des formalen Modells unter Berücksichtigung der Eigenschaften des ausgewählten Simulationswerkzeuges vorbereitet und durchgeführt. Die Implementierung erfolgt durch Simulationsfachleute oder Softwareexperten.

In der Phase *„Experimente und Analyse"* entsteht der wesentliche Nutzen aus der Simulationsstudie. Hierfür sind die Verfügbarkeit sowohl des ausführbaren Modells als auch der aufbereiteten Daten (vgl. Abschnitt 4.1.2) Voraussetzung. Die Phase umfasst mehrere Schritte, die iterativ und in engem Zusammenhang durchgeführt werden:

- Die Festlegung von Experimentplänen und von Hypothesen über das zu untersuchende System, die überprüft werden sollen. Diese Aufgabe ist gemeinsam durch Simulationsfachleute und Fachexperten durchzuführen.
- Die Durchführung der Experimente und die geordnete Ablage der Ergebnisse in Zusammenhang mit der Experimentbeschreibung. Durchführung und Dokumentation der Experimente können in der Regel durch die Simulationsfachleute durchgeführt werden.
- Die Analyse der Ergebnisse, auch unter Berücksichtigung der erwarteten Abhängigkeiten der Ergebnisse von den Parametern. Diese Analyse wird in der Regel durch Simulationsfachleute vorgenommen.
- Die Ableitung von Schlussfolgerungen für das reale System, die z. B. Hypothesen bestätigen oder widerlegen können, quantitative Aussagen liefern oder Hinweise zur Verbesserung des Systems im Sinne der Zielbeschreibung liefern. Hierzu ist wieder die Einbindung der Fachexperten, eventuell auch der Auftraggeber und Anwender, erforderlich.

Die Schlussfolgerungen können zu veränderten oder erweiterten Fragestellungen führen, was im einfachsten Fall zu neuen Hypothesen und Experimenten, im komplexesten Fall zu einer veränderten Zielbeschreibung und damit zu einer Iteration der gesamten Simulationsstudie führen kann.

In der Phase „Experimente und Analyse" werden das ausführbare Modell und die aufbereiteten Daten zusammengeführt. Auf der Basis von Experimentplänen werden Hypothesen bestätigt oder widerlegt und quantitative Ergebnisse aufgezeichnet und analysiert. Hieraus werden Schlussfolgerungen für das reale System abgeleitet.

Das in diesem Abschnitt diskutierte Vorgehen bei einer Simulationsstudie darf keinesfalls als sequentiell interpretiert werden, auch wenn es aus Gründen der Vereinfachung so dargestellt ist. Das Vorgehen ist grundsätzlich iterativ und die in Abbildung 1 in Abschnitt 1.3 angedeuteten „Flussrichtungen" zeigen lediglich die Richtung der Modellentwicklung an. Insbesondere können V&V-Aktivitäten den Schritt zurück zu einer davor liegenden Phase und das nochmalige Durchlaufen mehrerer Phasen erforderlich machen, wie noch zu zeigen sein wird.

4.1.2 Die Behandlung von Daten in einer Simulationsstudie

Die Behandlung von Daten im Simulationsvorgehensmodell lässt sich in die Datenbeschaffung und die Datenaufbereitung unterteilen. Diese Unterteilung folgt den vorgeschlagenen Rollen (vgl. Abschnitt 2.4), da für die Datenbeschaffung in erster Linie die IT-Verantwortlichen und Fachexperten zuständig sind, für die Datenaufbereitung aber die Simulationsfachleute.

In der Phase „*Datenbeschaffung*" werden Daten bereitgestellt, die für die Simulationsstudie Verwendung finden sollen. Diese Daten können beispielsweise aus Aufzeichnungen von Produktionsdaten stammen oder Planungsdaten des Unternehmens sein.

Als Voraussetzung für die Datenbeschaffung müssen Art und Umfang der bereitzustellenden Daten hinreichend spezifiziert sein, z. B. in der Aufgabenspezifikation. Für die IT-Verantwortlichen oder Fachexperten, die die Daten auf Basis dieser Spezifikation operativ zur Verfügung stellen, ist allerdings nicht zwangsläufig relevant, in welcher Weise die Daten für das Simulationsmodell verwendet werden sollen. Beispielsweise kann aus Vergangenheitsdaten über Störungen eine statistische Verteilung abgeleitet werden, mit der die Störungen im Modell zufällig generiert werden sollen. Die Aufgabe der Datenbeschaffung ist in diesem Fall nur die zuverlässige Beschaffung der Stördaten, wobei sich die Zuverlässigkeit z. B. an statistisch relevanten Zeiträumen der Erfassung (unterschiedliche Störungen müssen hinreichend oft aufgetreten sein) und der präzisen Erfassung von Störungsbeginn und -ende festmachen lässt.

> Bei der Datenbeschaffung stellen Fachexperten und IT-Verantwortliche Daten für das reale oder geplante System bereit. Art und Umfang der erforderlichen Daten ergeben sich aus Aufgabenspezifikation und Konzeptmodell, während umgekehrt die Beschaffbarkeit von Daten das Konzeptmodell beeinflussen kann. Als Ergebnis der Phase entstehen Rohdaten, die in Bezug auf ihre Struktur und Formate möglichst unmittelbar aus den Datenquellen hervorgehen.

Die Phase „*Datenaufbereitung*" hat die Aufgabe, die Rohdaten so aufzubereiten, dass diese für das ausführbare Modell und damit für die Phase „Experimente und Analyse" nutzbar sind. Diese Aufbereitung kann z. B. die Filterung relevanter Daten beinhalten, die Transformation von Daten in eine andere Struktur oder die Erzeugung von statistischen Verteilungen aus aufgezeichneten Daten. In der Regel wird die Datenaufbereitung von Simulationsfachleuten durchgeführt, da diese die Zielformate und deren Bedeutung – insbesondere bei statistischen Größen – kennen und für die Aufbereitung die genaue Kenntnis der Verwendung der Daten im Modell relevant ist.

> Bei der Datenaufbereitung überführen Simulationsfachleute Rohdaten in eine für das ausführbare Modell verwendbare Form und validieren die Eignung dieser Daten für die gegebene Aufgabenstellung. Als Ergebnis stehen die aufbereiteten Daten für Experimente und Analyse bereit.

In dem vorgeschlagenen Simulationsvorgehensmodell weisen Daten und Modell vielfältige Bezüge auf. Einerseits enthalten die Phasenergebnisse „Rohdaten" und „Aufbereitete Daten", Informationen aus anderen Phasenergebnissen, wie z. B. der Aufgabenspezifikation oder dem Konzeptmodell. Andererseits werden wesentliche Aussagen über Rohdaten auch an anderer Stelle gemacht, z. B.:

- in der Zielbeschreibung (Berücksichtigung eines bestimmten Geschäftsjahres oder bestimmter Produkte gewünscht)
- in der Aufgabenspezifikation (Informations- und Datenquellen, Verantwortlichkeit für die Beschaffung)
- im Konzeptmodell (anzulegende Datentabellen)

Analoges gilt für die aufbereiteten Daten. Umgekehrt enthalten Daten immer auch ein „Modellverständnis", d. h. die Beschaffung und Aufbereitung von Daten wird ganz ohne Kenntnis der Aufgabenstellung und des Konzeptmodells kaum möglich sein. Informationen können mit einem gewissen Freiraum auf der Modell- oder Datenseite abgelegt werden.

Eine weitergehende Detaillierung der Phasen „Datenbeschaffung" und „Datenaufbereitung" in Zieldefinition, Informationsidentifikation, Erhebungsplanung, Erhebung, Datenerfassung, Datenstrukturierung, statistische Datenanalyse und Datennutzbarkeitsprüfung findet sich bei Bernhard und Wenzel (2005) sowie Bernhard et al. (2007). Eine ausführliche Behandlung von Datenbeschaffung und Datenanalyse mit dem Schwerpunkt der statistischen Behandlung von Daten findet sich beispielsweise bei Robinson (2004).

4.1.3 Zusammensetzung und Entstehung von Phasenergebnissen

Die Dokumentation eines Phasenergebnisses umfasst nicht ein einziges Dokument, das erst bei Abschluss einer Phase entsteht. Vielmehr ist ein Phasenergebnis in der Regel in eine Vielzahl von Teilergebnissen strukturiert (Abbildung 9). Teilergebnisse können dokumentierenden Charakter haben, wobei es sich z. B. um Textdateien, Handzeichnungen oder manu-

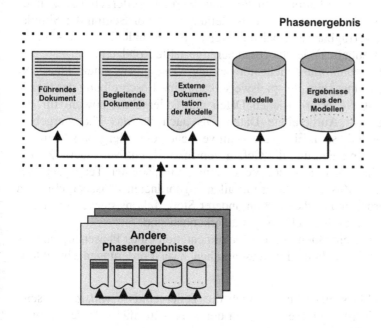

Abb. 9. Elemente von Phasenergebnissen

elle Aufzeichnungen handeln kann. Hinzu kommen weitere Teilergebnisse wie Modelle, Tabellenkalkulationsblätter oder Datenbanken. Beispielsweise hat die Phase „Implementierung" als Bestandteil ihres Phasenergebnisses offenbar das eigentliche Simulationsmodell, eine Beschreibung der Implementierung, aber möglicherweise auch Ergebnisdaten (z. B. aus Testläufen). Auch in anderen Phasen entstehen Daten oder weitere Modelle. So können beispielsweise Teile des Konzeptmodells als Prozessmodell beschrieben werden, um eine gut kommunizierbare und doch weitgehend eindeutige Ablaufbeschreibung zu erhalten (vgl. Rabe 2006), oder die Struktur der ausführbaren Daten kann über ein Entity-Relationship-Modell dargestellt werden (zur Darstellung dieser Art der Datenmodellierung im Kontext der Simulation vgl. Becker et al. 2000, S. 38f.).

Während einer Phase wachsen die entsprechenden Teilergebnisse mit dem Kenntnis- und Entwicklungsstand. Teilergebnisse können etwa zunächst nur aus einer Skizze, einer Stichwortsammlung oder einer Gliederung bestehen und dann im Verlauf der Phase vervollständigt werden.

Darüber hinaus können einzelne Teilergebnisse bereits *vor* Beginn einer Phase vorhanden sein. Dies gilt insbesondere dann, wenn eine Phase weitgehend auf dem Ergebnis einer anderen Phase aufbaut. Beispielsweise wird die Zielbeschreibung intensiv für die Aufgabendefinition genutzt, wodurch naturgemäß wesentliche Informationen der Zielbeschreibung auch in der Aufgabenspezifikation enthalten sein werden. Teilergebnisse können damit sogar schon vor der Auftragserteilung, also vor Beginn der Simulationsstudie, verfügbar sein, beispielsweise als Bestandteile eines Angebotes oder Lastenheftes oder als vorab bereitgestellte Rohdaten.

Ein Teilergebnis muss nicht notwendigerweise genau einem Phasenergebnis zugeordnet sein. Beispielsweise kann eine Beschreibung der für die Simulationsstudie erforderlichen Daten ein Teilergebnis sowohl für das Phasenergebnis „Aufbereitete Daten" als auch für das Phasenergebnis „Konzeptmodell" sein. Ein gemeinsam verwendetes Teilergebnis kann Redundanzen vermeiden und die Gefahr von Inkonsistenz verringern. Zu beachten ist allerdings, dass jede Veränderung eines solchen Teilergebnisses konsequent im Zusammenhang mit allen zugeordneten Phasenergebnissen geprüft werden muss, da sonst an anderer Stelle Inkonsistenzen entstehen können, die wesentlich schwieriger zu erkennen sind.

Wenn in diesem Buch von der Dokumentation eines Phasenergebnisses die Rede ist, sind damit im Wesentlichen zwei Forderungen charakterisiert:

- Bei Abschluss einer Phase sollen die Teilergebnisse *vollständig* sein, d. h. alle Teilergebnisse existieren und sind – für diese Phase – hinreichend detailliert ausgearbeitet.

- Alle Teilergebnisse sind physisch oder organisatorisch zusammengeführt (z. B. in einem Ordner) oder durch Verweise untereinander ver-
netzt, so dass jederzeit alle zu einem Phasenergebnis gehörenden Teilergebnisse schnell und vollständig aufgefunden werden können.

Die physische oder organisatorische Zusammenführung der Teilergebnisse
wird in vielen Fällen durch unternehmensspezifische Festlegungen zur
Ablage von Dokumenten oder Dateien beeinflusst sein. Daher wird in diesem Buch auf entsprechende Vorgaben verzichtet.

Dagegen lassen sich durchaus allgemeine Hinweise geben, welche Angaben bei welchem Phasenergebnis normalerweise vorliegen und damit
auch *dokumentiert* werden sollen. Um effizient nachvollziehen zu können,
ob alle diese Angaben – soweit konkret erforderlich – behandelt worden
sind, schlagen die Autoren die Erstellung eines spezifischen Teilergebnisses vor, das als *führendes Dokument* bezeichnet wird (vgl. Abbildung 9).

Als Hilfestellung für den Leser beschreiben die Autoren im Folgenden
für jede der acht Phasen des Simulationsvorgehensmodells eine *Dokumentstruktur* als Muster. Diese Dokumentstruktur soll die Erstellung der
Dokumentation des Phasenergebnisses und insbesondere die Erstellung eines sogenannten *führenden* Dokumentes unterstützen. Zu beachten ist,
dass diese (Muster-)Dokumentstruktur für konkrete Simulationsstudien
möglicherweise angepasst werden muss.

Auch das führende Dokument kann analog zu der in Abbildung 9 dargestellten Form aus mehreren physischen Dokumenten gebildet werden. Gefordert wird demnach nicht zwangsläufig ein einziges Textdokument mit
der vorgegebenen Struktur. Für die Nachvollziehbarkeit des Phasenergebnisses wird dringend empfohlen, die in der Dokumentstruktur vorgegebenen Inhalte in dem führenden Dokument zu beschreiben oder dort einen
klaren Verweis abzulegen, wo der entsprechende Inhalt zu finden ist.

4.2 Dokumentstrukturen

Für jede der in Abschnitt 4.1 beschriebenen Phasen wird im Folgenden
eine konkrete Dokumentstruktur für das führende Dokument des jeweiligen *Phasenergebnisses* vorgeschlagen. Der Aufbau der Dokumentstrukturen ist für alle Phasen grundsätzlich identisch: Jede einzelne Dokumentstruktur ist in mit Nummern versehene *Kapitel* gegliedert. Innerhalb jedes
Kapitels sind *Abschnitte* vorgeschlagen. Die Kapitel sind aus Sicht der
Autoren verbindliche Bestandteile des Dokumentes. Für die vorgegebenen
Abschnitte der Kapitel wird dagegen kein Anspruch auf Vollständigkeit
erhoben, da in Abhängigkeit von der jeweiligen Aufgabenstellung eine Er-

gänzung notwendig werden kann. Umgekehrt können im Einzelfall Abschnitte entfallen, die im Kontext des speziellen Projektes nicht erforderlich sind. Auch ist die Reihenfolge, in der die Abschnitte in dem Kapitel erscheinen, nicht zwingend.

Aus diesem Grund ist die folgende Beschreibung der Dokumentkapitel nicht streng in Dokumentabschnitte gegliedert. Vielmehr werden die Kapitel jeweils im Zusammenhang erläutert. Ein zusammenhängender Vorschlag für die Kapitel und Abschnitte ist im Anhang A2 abgedruckt. Soweit im Text auf die im Anhang aufgeführten Abschnitte direkt Bezug genommen wird, sind diese kursiv gesetzt, damit sie sich einfacher auffinden lassen.

Das in Abbildung 10 dargestellte Beispiel einer Dokumentstruktur enthält noch weitere Informationen, die ebenfalls nur als Vorschlag dienen und firmen- oder projektspezifisch angepasst werden können. Im *Kopf* der Tabelle befinden sich administrative Informationen. Grundsätzlich wird empfohlen, zumindest die Zugehörigkeit des führenden Dokumentes zu einem spezifischen Projekt oder Modell, eine eindeutige Identifikation der Version dieses Modells – z. B. über fortlaufende Nummern oder Datumsangaben – sowie die verantwortlichen Teammitglieder zu benennen. Die beiden rechten Spalten unterstützen bereits den Prozess der V&V. Die Spalte „*relevant*" gibt die Möglichkeit, während der Durchführung der Phase zu dokumentieren, dass diese Information – für das spezifische Projekt! – nicht als relevant betrachtet wird. In diesem Fall ist in dem führenden Dokument eine kurze Begründung empfehlenswert. Beispiele sind der Wegfall des Abschnittes „Einbeziehung des Betriebsrates", wenn keine mitarbeiterrelevanten Daten betrachtet werden müssen, oder des Abschnittes „Zu untersuchende Systemvarianten", wenn nur der Funktionsnachweis für ein genau definiertes System erbracht werden soll. Die Spalte „*geprüft*" unterstützt einen allerersten Schritt der V&V, für die jeder Abschnitt des führenden Dokumentes bezüglich seiner Existenz sowie der V&V-Kriterien wie Vollständigkeit oder Plausibilität untersucht wird (vgl. Abschnitt 2.5 und die Angaben zu intrinsischen Prüfungen je Phase in Abschnitt 6.3). Für die Abschnitte, deren Relevanz verneint wird, ist bei der V&V nur die Plausibilität der entsprechenden Begründung zu prüfen.

In den folgenden Abschnitten 4.2.1 bis 4.2.6 werden die Dokumentstrukturen in der Reihenfolge behandelt, in der sie im Simulationsvorgehensmodell enthalten sind. Die den Daten zugeordneten Dokumentstrukturen, die aus der Reihenfolge der Modellierungsschritte ausgegliedert sind, werden in den anschließenden Abschnitten 4.2.7 und 4.2.8 dargestellt.

Dokument: Zielbeschreibung

Projekt:
Dokumenten-Nummer:
Erstellt durch:
Datum:
Versions-Nummer:

Kapitel	relevant	geprüft
1. Ausgangssituation		
Gegebenheiten beim Auftraggeber	☐	☐
Problemstellung, Anwendungsziele und Untersuchungszweck	☐	☐
2. Projektumfang		
Benennung und grobe Funktionsweise des zu betrachtenden Systems	☐	☐
Zweck und wesentliche Ziele der Simulation	☐	☐
Zu untersuchende Systemvarianten	☐	☐
Erwartete Ergebnisaussagen	☐	☐
Geplante Modellnutzung	☐	☐
3. Randbedingungen		
Zeitpunkt(e) der Ergebnisbereitstellung	☐	☐
Projektplan	☐	☐
Budgetvorgaben	☐	☐
Einbeziehung externer Partner	☐	☐
Einbeziehung des Betriebsrates	☐	☐
Erste Kriterien für Abnahme	☐	☐
Anforderungen an Modelldokumentation und Präsentationen	☐	☐
Hard- und Softwarerestriktionen		☐

Abb. 10. Dokumentstruktur am Beispiel der Zielbeschreibung

Da in einer Simulationsstudie oftmals mehrere *Varianten* eines Systems untersucht werden, müssen auch diese Varianten dokumentiert werden.

Die Dokumentation von Varianten erfolgt teilweise durch entsprechende Abschnitte in den führenden Dokumenten. Zusätzlich müssen Abschnitte der führenden Dokumente für jede einzelne Variante ausgearbeitet werden. Da sich die Dokumente zu den Varianten in ihrer Struktur nicht unterscheiden, wird hierauf im Rahmen der folgenden Beschreibung von Dokumentstrukturen nicht eingegangen.

4.2.1 Zielbeschreibung

Ausgangsbasis einer Simulationsstudie ist eine mehr oder weniger umfangreiche Zielbeschreibung, die seitens des auftraggebenden Unternehmens bereits vor der Beauftragung – ggf. in Form eines Lastenheftes (VDI 1997) oder einer Ausschreibung – vorliegt oder in Zusammenarbeit mit dem noch zu beauftragenden Unternehmen sukzessive entwickelt wird. Üblicherweise wird sie durch das Angebot des potentiellen Auftragnehmers ergänzt (zur Angebotserstellung für Simulationsstudien vgl. Wenzel et al. 2008, S. 69-87). Die folgende Beschreibung beschränkt sich daher auch auf die Darstellung der möglichen Inhalte eines Dokumentes „Zielbeschreibung". Sie geht jedoch nicht darauf ein, in welchem der oben angesprochenen Einzeldokumente welche Inhalte aufgeführt sein können.

Die drei Kapitel des Dokumentes „Zielbeschreibung" umfassen eine Beschreibung der für das beabsichtigte Projekt relevanten Ausgangssituation, eine Erläuterung des inhaltlichen Projektumfanges sowie die Darstellung der unternehmensspezifischen Randbedingungen z. B. hinsichtlich Zeit, Kosten, Organisation und einzusetzender Technik.

Ausgangssituation

Die Ausgangssituation eines Projektes und damit auch einer Simulationsstudie ist im Wesentlichen durch die *Gegebenheiten beim Auftraggeber,* d. h. die Situation, in der sich der Auftraggeber zum Zeitpunkt des Projektbeginns befindet, charakterisiert. Beispiele für die Ausgangssituation sind der geplante Bau einer neuen Werkshalle, die bevorstehende Erweiterung eines Lagers oder die geplante Einführung einer neuen Produktvariante. Darüber hinaus sind die Bedingungen beim Auftraggeber, die erfüllt sein müssen, damit ein Projekt überhaupt durchgeführt werden kann, kurz zu beschreiben. Hierzu können beispielsweise der Abschluss eines internen Planungsprojektes oder die Zulieferung von Daten eines weiteren Projektpartners zählen. In Ergänzung erfolgt eine Darstellung von *Problemstellung, Anwendungszielen und Untersuchungszweck.* Diese konkretisieren die Ausgangssituation im Hinblick auf die mit der geplanten Untersuchung verbundenen Aufgabenstellungen wie z. B. Funktionsnachweis des geplanten Systems, Dimensionierung des Lagers oder Grenzleistungsbetrachtung nach Einführung der neuen Produktvariante. Mit dem Untersuchungszweck wird auch die Notwendigkeit des geplanten Projektes und des Einsatzes der Simulation als Problemlösungsmethode aus Anwendersicht argumentiert (zur „Adäquanz von Simulationsmodellen" vgl. Liebl 1995, zur Simulationswürdigkeit einer Fragestellung vgl. VDI 2008 und Wenzel et al. 2008, S. 14-16). Eine präzise Formulierung der Problemstellung und des Untersuchungszwecks bietet in einer frühen Phase des Simulationsprojektes eine gute Möglichkeit, auch die Notwendigkeit der einzusetzenden Lösungsmethode zu prüfen. Oft stellt sich nämlich gerade bei der expliziten Formulierung der Projektziele heraus, dass die sich daraus im Detail ergebenden Fragen mit Simulation nicht oder nur eingeschränkt beantwortet werden können, z. B. weil es sich eher um eine planerische Aufgabenstellung handelt.

Projektumfang

Zur Vorbereitung eines Projektes ist der inhaltliche Projektumfang festzulegen. Hierzu gehören im Rahmen einer Simulationsstudie an erster Stelle die *Benennung und grobe Funktionsweise des zu betrachtenden Systems*. Die Benennung umfasst die Konkretisierung des in der Ausgangssituation formulierten Untersuchungszwecks in Bezug auf den Betrachtungsgegenstand und seine Systemgrenzen (z. B. das Hochregallager, aber nicht das Kleinteilelager). Zum Verständnis innerhalb des späteren Projektteams ist es hilfreich, wenn die Funktionsweise des zu betrachtenden Systems ebenfalls kurz umrissen wird. Darüber hinaus sind *Zweck und wesentliche Ziele der Simulation* anzugeben. Die Ziele sind dabei konkret und – wenn möglich – messbar zu formulieren. Unpräzise Zieldefinitionen wie „Finden einer optimalen Lösung" sind unzureichend und lassen keine Aussagen über die erforderlichen Untersuchungen zu. Die Ziele müssen sich vielmehr auf den in der Ausgangssituation bereits benannten Untersuchungszweck beziehen, diesen im Hinblick auf mögliche Fragestellungen detaillieren und damit auf die während der Experimentphase am späteren Simulationsmodell erforderlichen Parameteränderungen und Strukturvarianten hinweisen. Soll z. B. die Grenzleistung nach Einführung der neuen Produktvariante untersucht werden, können hier die konkret zu untersuchenden Produktvarianten mit ihren jeweils zu produzierenden Anteilen aufgeschlüsselt werden. Sollte der Auftraggeber bei der Neu-, Um- oder Erweiterungsplanung eines Systems verschiedene Systemvarianten analysieren und vergleichen wollen, sind diese unter dem Punkt *zu untersuchende Systemvarianten* zu benennen und grob zu skizzieren.

Darüber hinaus wird die inhaltliche Beschreibung zum Projektumfang durch die erwarteten Ergebnisaussagen und die geplante Modellnutzung ergänzt. Die *erwarteten Ergebnisaussagen* beziehen sich auf die vom Anwender gewünschten Aussagen bezüglich seiner Aufgabe wie beispielsweise die Beantwortung der Frage, welche Systemvariante im Hinblick auf Durchsatz und Auslastung besser ist oder wie das Lager in Bezug auf die Lagerplätze und die Regalbediengeräte ausgelegt werden muss. Günstig ist, wenn schon erste konkrete Aussagen zu den benötigten Auswertungen (z. B. Beurteilung anhand der Auslastung und der Spielzeiten der Regalbediengeräte) sowie zur gewünschten Ergebnisdarstellung gemacht werden können, da neben der Anzahl der Ergebnisse auch ihre Darstellung (z. B. in Form einer 3D-Animation) den Projektumfang beeinflussen kann. Die *geplante Modellnutzung* wird durch die späteren Anwender und den Einsatzbereich der Modelle und Ergebnisse (z. B. Nutzung in der Planung oder im laufenden Betrieb) bestimmt. In diesem Zusammenhang sind auch Aspekte der Wiederverwendung des Modells oder einzelner Modellteile zu dokumentieren (vgl. Lehmann et al. 2000, Pidd 2002, Wenzel et al. 2008, S. 153-167). Die Wiederverwendung kann sich beispielsweise auf eine – bereits zum Projektzeitpunkt bekannte – spätere Nutzung des Simulationsmodells beziehen.

Randbedingungen

Die Randbedingungen für die Abwicklung des Projektes können organisatorischer, finanzieller, informationeller, formaler und technischer Art sein: Die *Zeitpunkt(e) der Ergebnisbereitstellung* umfassen die Benennung der Anzahl und ggf. Festlegung der Zeitpunkte notwendiger Zwischenpräsentationen einschließlich des Umfangs und der Art der jeweils geforderten Ergebnisse sowie des Liefertermins der Endergebnisse. Letzterer ist in vielen Fällen durch bestehende Restriktionen des Unternehmens vorgegeben (Beginn oder Ende der Werksferien, spätester Start der Ausschreibung oder der Inbetriebnahme). Der *Projektplan* konkretisiert – soweit in der Phase der Projektplanung möglich – unter Berücksichtigung dieser Eckdaten Starttermin, Laufzeit und Meilensteine des geplanten Projektes. Unter dem Punkt *Budgetvorgaben* werden die finanziellen Rahmenbedingungen des Projektes zusammengefasst (z. B. die verfügbaren Mittel für die Vergabe von Leistungen oder die intern zur Verfügung stehenden Ressourcen). Allerdings werden Projektplan und Budgetvorgaben dem Auftragnehmer in vielen Fällen nicht zur Verfügung stehen. Der Auftraggeber muss sie jedoch für sich und seine Projektvorbereitung dokumentieren.

Neben den rein projektmanagementbezogenen Randbedingungen spielen auch informationelle Randbedingungen eine entscheidende Rolle: Wer muss als zusätzliche externe Fachkompetenz in das Projekt einbezogen werden (*Einbeziehung externer Partner*)? Dabei kann es sich beispielsweise um Planungskompetenz handeln, über die weder die beauftragende Fachabteilung noch der Simulationsspezialist im konkreten Fall verfügen. Es kann aber auch um spezifische Kenntnisse von IT-Systemen gehen, aus denen Angaben gewonnen werden sollen. Wenn für die Untersuchung des Systems personenspezifische Daten notwendig sind, kann die *Einbeziehung des Betriebsrates* erforderlich werden, da die Erfassung dieser Daten zustimmungspflichtig gemäß Betriebsverfassungsgesetz ist. Formale Randbedingungen beziehen sich auf die Benennung *erster Kriterien für die Abnahme*, die teilweise aus einem vorliegenden Angebot entnommen werden können und festschreiben, wann und unter welchen Bedingungen die Projektergebnisse akzeptiert werden können. Sie beziehen sich sowohl auf Kriterien für die Modell- und Ergebnisabnahme als auch auf Abnahmekriterien für das gesamte Projekt und beinhalten ggf. auch Übergabemodalitäten für Modelle und Ergebnisse. Die *Anforderungen an Modelldokumentation und Präsentationen* umfassen zusätzlich die Bestimmung von Detaillierungsgrad und Umfang der Dokumentation sowie Art und Zielgruppen der Präsentationen. Technische Randbedingungen beziehen sich vor allem auf die Festlegung von *Hard- und Softwarerestriktionen;* hierzu gehören beispielsweise die Vorgabe des Einsatzes eines spezifischen Simulationswerkzeuges oder einer bestimmten Version eines Simulationswerkzeuges. Auch die Festlegung eines Betriebssystems kann Modellerstellung und spätere Modellnutzung beeinflussen und muss daher nach Möglichkeit bereits bei der Zielbeschreibung erfolgen.

4.2.2 Aufgabenspezifikation

Die Aufgabenspezifikation als Ergebnis der Phase „Aufgabendefinition" ist das erste Dokument, das im Rahmen der eigentlichen Simulationsstudie entsteht. Sie ist insbesondere das erste *gemeinsame* Dokument aller Projektpartner. Ihre inhaltliche Abstimmung mit allen Projektpartnern sowie die anschließende Abnahme sind von hoher Wichtigkeit für den weiteren Projektverlauf. Inhaltlich konkretisiert die Aufgabenspezifikation die oben erläuterte Zielbeschreibung im Sinne eines innerhalb des Projektteams abgestimmten Projektinhaltes und -vorgehens und bildet die Basis für alle folgenden Projektschritte.

Zielbeschreibung und Aufgabenstellung

Eine pragmatische Vorgehensweise in diesem ersten Kapitel der Aufgabenspezifikation ist, die Inhalte des Dokumentes „Zielbeschreibung" zu
übernehmen, diese zu vervollständigen und im Hinblick auf ggf. veränder-
te Gegebenheiten und Randbedingungen zu aktualisieren (*Vervollständigung und Aktualisierung der Inhalte aus der „Zielbeschreibung"*). Dies
kann sich beispielsweise auf die Benennung zusätzlicher Untersuchungsziele und die Messbarkeit der Zielerreichung beziehen. Ferner können hier
die Meilensteine, der Zeitrahmen oder die Modell- und Projektabnahme-
bedingungen konkretisiert werden.

Dieses erste Kapitel zur Aufgabenspezifikation ist insbesondere in Bezug auf die Angaben zu Form und Umfang der Dokumentation (oder auch
der zu verwendenden Dokumentationssoftware und Ordnerstruktur) sowie
zur geplanten Vorgehensweise in Bezug auf die Verifikation und Validierung (*Vorgaben zu Dokumentation und V&V)* zu ergänzen. Die Vorgaben
für V&V definieren die (möglichst messbaren) Abnahme- bzw. Akzeptanzkriterien für die erfolgreiche Durchführbarkeit des Projektes. Diese
Kriterien stellen (quantitative und qualitative) Maße für die Beurteilung
der Glaubwürdigkeit der Simulationsergebnisse bereit. Sie beziehen sich
insbesondere auf die Erfüllung der in den folgenden Kapiteln der Aufgabenspezifikation konkretisierten Anforderungen hinsichtlich Modell und
Modellbildung. Darüber hinaus können die Kriterien Zielvorgaben für einzelne Kenngrößen im Modell (z. B. eine geforderte Auslastung von mindestens 90 %), Qualitätsaspekte zum Simulationswerkzeug und zum Modell (z. B. Laufzeit- und Speicherplatzverhalten, Bedienbarkeit oder auch
visuelle Gestaltung) oder sogar projektmanagementspezifische Kriterien
(z. B. Einhaltung von Terminen) umfassen (vgl. hierzu auch Balci 2003;
Robinson 2004, S. 206; Wenzel et al. 2008, S. 118).

Beschreibung des zu untersuchenden Systems

Die Beschreibung des zu untersuchenden Systems basiert auf den in der
Zielbeschreibung gemachten Angaben zur Benennung und Funktionsweise
des betrachteten Systems und konkretisiert diese in Bezug auf die *Beschreibung des Untersuchungsgegenstandes.* Hierzu gehören das zu untersuchende System mit seiner Struktur, den relevanten Systemkomponenten
sowie den Systemgrenzen und die grobe Darstellung des Systemverhaltens
(ggf. einschließlich der Benennung von Steuerungsregeln). Aufgrund der
einleitend beschriebenen großen Bedeutung der Aufgabenspezifikation als
erstem gemeinsamen Projektdokument sollte die Darstellung des Untersuchungsgegenstandes wie auch die Abgrenzung nicht zu untersuchender

Aspekte möglichst so umfassend erfolgen, dass eine klare, verständliche und akzeptierte Ausgangsbasis für alle folgenden Projektphasen entsteht. Das schließt auch – soweit zu diesem Projektzeitpunkt schon bekannt – die *Beschreibung sonstiger relevanter Systemeigenschaften* (z. B. in Bezug auf saisonale Schwankungen, Schichtmodelle, Arbeitszeitmodelle) ein. Aus diesen Angaben und unter Verwendung der Aussagen aus dem Dokument „Zielbeschreibung" lassen sich erste *Anforderungen an den Detaillierungs- grad des Simulationsmodells* ableiten, so dass in Teilen bereits festgelegt werden kann, welche Systemkomponenten weggelassen oder vereinfacht werden können und welcher Detaillierungsgrad der zu modellierenden Systemkomponenten für die Aufgabenstellung angemessen ist.

Aufbauend auf den in der Zielbeschreibung angegebenen Untersu- chungszweck und den dort formulierten wesentlichen Untersuchungszie- len, müssen Anforderungen an die *Variierbarkeit von Parametern und Strukturen* im Rahmen der späteren Experimentdurchführung sowie (so- weit im konkreten Projekt relevant) die *Beschreibung von zu untersuchen- den Systemvarianten* erarbeitet werden. Während sich erstere auf systema- tische Parameter- und Strukturvariationen unter Verwendung eines Mo- dells beziehen, erfordern letztere mehr oder weniger unabhängige Modell- varianten, die im Rahmen des Modellbildungsprozesses entstehen. Der Spezifikation von System- und Strukturvarianten kommt an dieser Stelle insofern besondere Bedeutung zu, als es erfahrungsgemäß vergleichsweise einfach ist, Varianten zu einem frühen Zeitpunkt des Modellbildungspro- zesses zu berücksichtigen. Je später Varianten festgelegt werden, umso aufwendiger werden in der Regel die dann erforderlichen Modellanpas- sungen. Jede Systemvariante ist im Umfang und in der Detaillierung mit der gleichen Sorgfalt zu beschreiben. Wichtig ist insbesondere, dass die Unterschiede zwischen den Systemvarianten deutlich werden.

Notwendige Informationen und Daten

Wesentlich für die Modellbildung und Simulation ist die Angabe der not- wendigen Informationen und Daten, da die Ergebnisse der Simulation nur so gut sein können wie die Eingangsdaten, die das Modell verwendet. Da- her ist die *Benennung der notwendigen Informationen und Daten und ihrer Verwendung* in einer frühen Phase des Modellbildungsprozesses von nicht zu unterschätzendem Wert. Zu erfassende Informationen und Daten bezie- hen sich laut VDI-Richtlinie 3633 Blatt 1 (VDI 2008) auf die Technik (z. B. Geschwindigkeiten oder Kapazitäten einer Förderstrecke), die Orga- nisation (z. B. Arbeitszeitmodelle oder Steuerungsstrategien) sowie die Sy- stemlast (z. B. Auftragsdaten, Produktionsprogramme). Für die Informati- ons- und Datenbeschaffung sind darüber hinaus Angaben zu den jeweiligen *Informations- und Datenquellen* (soweit bekannt auch Expertenwissen, Schnittstellen, Art und Verfügbarkeit) sowie zu den innerhalb des Projektes bestehenden *Verantwortlichkeiten für die Informations- und Datenbeschaffung* zwingend erforderlich. Letztere können sich je nach Informations- und Datenquelle unterscheiden. Spezielle Abteilungen wie IT, Produktion oder Arbeitsvorbereitung können genauso zuständig sein wie ein Werkstudent, der eine Datenerhebung in Form einer Messung primär für dieses Projekt durchführen soll. Unabhängig davon, ob es sich um eine primäre (unmittelbar für das Projekt durchgeführte) oder sekundäre (unter Verwendung bereits vorliegenden Datenmaterials erfolgende) Informations- oder Datenbeschaffung handelt, sind auch die *Anforderungen an Datenqualität und Granularität* festzulegen. Während bei einer primären Datenerhebung allerdings Qualität und Granularität der Daten durch das Projektteam in gewissem Rahmen beeinflusst werden können, liegt bei der Verwendung sekundärer Datenquellen die Qualität und Granularität des Datenmaterials fest. Insbesondere in letzterem Fall sind zusätzlich *Umfang, Aktualität und ggf. notwendige Aktualisierungszyklen der Daten* zu benennen. Dies betrifft z. B. die Einordnung (Einzeldatum vs. Massendaten) und den Aktualitätsgrad der Daten (Zeitpunkt der Datenerhebung) sowie die ggf. bestehende Notwendigkeit der Datenaktualisierung im Projektverlauf (einmalig, mehrfach, regelmäßig). Ein projektinternes Datenänderungsmanagement muss sicherstellen, dass Datenänderungen jeweils allen betroffenen Projektbeteiligten bekannt gemacht werden. In Ergänzung zu den obigen Punkten weist der Unterpunkt *Benennung fehlender Informationen und Hinweis auf Datenapproximation oder -generierung* auf notwendige, aber absehbar fehlende Daten hin. An dieser Stelle müssen damit auch Annahmen für nicht beschaffbare Daten formuliert oder spezifische Datenerhebungsmethoden (z. B. Multimomentaufnahmen) oder statistische Datenanalysen (z. B. Prognoseverfahren) begründet werden. Sollte die *Berücksichtigung von Schnittstellenstandards* z. B. bei der Verwendung der Datenquellen relevant sein, sind auch die jeweiligen Standardschnittstellenbeschreibungen oder bei einigen Unternehmen zu berücksichtigende sogenannte Schnittstellenkontrakte anzugeben.

Geplante Modellnutzung

In Analogie zu den vorherigen Kapiteln konkretisiert auch dieses Kapitel die bereits in der Zielformulierung gemachten Angaben. Hinsichtlich der geplanten Modellnutzung werden *Zeitraum der Nutzung, Anwenderkreis und -qualifikation* sowie *Art der Modellnutzung* erläutert. Zeitraum und Art der Modell- und Ergebnisnutzung (bei der Planungsunterstützung, im Rahmen der Inbetriebnahme beispielsweise durch Emulation oder im operativen Betrieb) bestimmen den Zweck des Modells und definieren die Mindestanforderungen an den Gültigkeitszeitraum. Sie beeinflussen zusammen mit den Anforderungen des Anwenders bzw. der Zielgruppe, für die das Modell zur Verfügung gestellt werden soll und die z. B. festlegen, welche Experimentier- und Auswertungsfunktionalitäten sie benötigen, direkt den Abbildungsumfang und den Detaillierungsgrad des zu erstellenden Modells sowie seine Bedienfunktionalitäten (vgl. dazu die ergänzenden Ausführungen in den Abschnitten 6.2.4 und 6.2.5).

Lösungsweg und -methode

Lösungsweg und -methode umfassen zum einen projektspezifische Angaben wie eine detaillierte *Vorgehensbeschreibung einschließlich Projektschritten und Terminplan* unter Berücksichtigung der in der Zielbeschreibung formulierten übergeordneten Projektvorgaben. Im Einzelnen sind hier konkrete Arbeitsschritte – soweit noch nicht in der Zielbeschreibung erfolgt – chronologisch in Bezug zueinander zu setzen und eine klare *Aufgabenverteilung im Projektteam* auf Personenebene und zwischen den Projektpartnern zu regeln. Hierzu zählt beispielsweise die konkrete Benennung, welcher Projektpartner die Gesamtverantwortung für die Datenbeschaffung trägt oder welche Abteilung, ggf. sogar welcher Mitarbeiter oder welche Mitarbeiterin welche notwendigen Einzeldaten ermitteln soll. In diesem Zusammenhang sind auch die *einzusetzende(n) Lösungsmethode(n)* wie analytische Berechnungsverfahren, Simulations- oder Optimierungsverfahren ggf. auch getrennt für Teilprobleme, zu benennen und die *einzusetzende Hard- und Software* (z. B. zu verwendendes Simulationswerkzeug) oder alternativ die bestehenden Anforderungen an die einzusetzende Hard- und Software darzulegen. Aspekte, die in der Zielbeschreibung bereits vereinbart sind, müssen bei der Festschreibung der Aufgabenspezifikation ggf. nur noch bestätigt werden.

Anforderungen an Modell und Modellbildung

In dem abschließenden Kapitel der Aufgabenspezifikation sind die Anforderungen an das Modell und daraus abgeleitet an die Modellbildung selbst zu formulieren. Die *allgemeinen Anforderungen an das Modell* umfassen spezifische Eigenschaften, die das Modell erfüllen soll (z. B. Laufzeit- oder Speicherplatzverhalten, Wiederverwendbarkeit von Modellteilen), oder konkrete Modellfunktionen (z. B. Bereitstellung spezieller Statistiken oder Vorgabe von eingeschränkten Parameterbereichen). *Modellierungsvorgaben* schreiben in Teilen den Modellbildungsprozess vor und geben beispielsweise an, ob zur Modellerstellung spezifische Bibliotheken zu verwenden sind (vgl. dazu auch Abschnitt 6.2.2), Modellierungskonventionen (z. B. Namenskonventionen) eingehalten werden müssen oder die Erstellung oder Dokumentation von Modellteilen nach konkreten Richtlinien zu erfolgen hat. Auch die Erstellung von Modellteilen unter dem Gesichtspunkt der Wiederverwendung oder die Art und Weise der Hierarchisierung und Submodellbildung können als Anforderungen an die Modellbildung formuliert werden. Die *Anforderungen an Ein- und Ausgabeschnittstellen des Modells* beziehen sich auf Angaben zu möglichen Ein- und Ausgabegrößen des Modells sowie zu den zu verwendenden Datenaustauschformaten. Dazu gehören auch technische Angaben, z. B. zu Telegramm- oder Datenbankschnittstellen. Dieser Teil steht in engem Bezug zu dem Kapitel „Notwendige Informationen und Daten". Im Rahmen der *Anforderungen an Experimentdurchführung und Ergebnisdarstellung* werden ggf. ein erster Experimentplan festgelegt und die innerhalb der Zielbeschreibung gemachten Aussagen zur Ergebnisdarstellung in konkrete Anforderungen (z. B. Sankey-Diagramm zur Darstellung der Transporte pro Tag, Visualisierung der Auslastung einzelner Modellelemente zur Laufzeit, 3D-Animation für bestimmte kritische Situationen) überführt. Dies schließt auch die Benennung der erforderlichen Ausgabegrößen (z. B. Durchsatz oder Auslastung pro Zeiteinheit oder auch Warteschlangenlänge) als Basis für die Ergebnisaufbereitung und -darstellung ein.

4.2.3 Konzeptmodell

Das Konzeptmodell stellt das Ergebnis der ersten der drei Modellierungsstufen (Systemanalyse) innerhalb einer Simulationsstudie dar und konkretisiert die zu untersuchenden Zusammenhänge. Mit Vorlage des Konzeptmodells als Phasenergebnis besitzen alle Projektbeteiligten ein gemeinsames Verständnis darüber, dass sich das Konzeptmodell in dem festgelegten Zeitrahmen, mit dem verfügbaren Budget und den beschaffbaren Informationen über das reale System in ein Simulationsmodell überführen lässt, das für die gemäß Aufgabenstellung erforderlichen Entscheidungen geeignet ist (vgl. Robinson 2004, S. 66f.).

Das Dokument „Konzeptmodell" greift die Inhalte der Aufgabenspezifikation auf und gliedert sich in fünf Kapitel. Das erste Kapitel ergänzt die Aussagen der Aufgabenspezifikation entsprechend der im Projektverlauf erzielten Erkenntnisse und beschreibt die für die Modellbildung relevanten Aspekte des zu untersuchenden Systems. Alle folgenden Kapitel gehen auf das erstellte Konzeptmodell ein. Während im zweiten Kapitel Art und Umfang der innerhalb des Konzeptmodells abgebildeten Systemstruktur beschrieben werden, stellt das dritte Kapitel die modellierten Teilsysteme dar. Die Systemstruktur muss allerdings nicht zwangsläufig zeitlich vor der Beschreibung der Teilsysteme vorliegen. Je nach eingesetzter Analysemethodik (Top-down oder Bottom-up; vgl. VDI 2008, Abschnitt 6.5.1) kann auch zunächst die Modellierung einzelner Teilsysteme und im Anschluss die Abbildung der Gesamtsystemstruktur erfolgen. Das anschließende vierte Kapitel ergänzt das Dokument um eine Beschreibung der der Modellierung zugrundeliegenden Daten.

Für eine effiziente und nachhaltige Modellbildung ist zum einen die Möglichkeit der Wiederverwendung von bereits erstellten Simulationsmodellen zu prüfen, zum anderen ist die Modellbildung auf eine spätere Wiederverwendung von Modellteilen auszurichten (vgl. Wenzel et al. 2008, S. 153-167). Dieser Aspekt ist in einem weiteren Kapitel des Dokumentes „Konzeptmodell" zu erläutern und führt implizit auch zu Verweisen auf zusätzliche für das Konzeptmodell zu verwendende Dokumente.

Bereits an dieser Stelle sei darauf verwiesen, dass eine enge thematische Beziehung zwischen den Dokumenten der ersten Modellierungsstufe und denen der beiden folgenden Modellierungsstufen (formales Modell und ausführbares Modell, vgl. Abschnitte 4.2.4 und 4.2.5) besteht. Daher unterliegen die Dokumente dieser drei Phasenergebnisse der gleichen fünfteiligen Kapitelstruktur. Das unterstreicht den methodischen Charakter der Modellbildung im Sinne der sukzessiven Weiterentwicklung des Konzeptmodells über das formale Modell bis hin zum ausführbaren Modell. Ein pragmatischer und relativ einfach zu handhabender Ansatz kann darin bestehen, das Konzeptmodelldokument in den nachfolgenden Modellbildungsstufen fortzuschreiben.

Aufgabenspezifikation und Systembeschreibung

In dem ersten Kapitel des Dokumentes erfolgt eine für die Aufgabenstellung angemessen detaillierte Beschreibung des zu untersuchenden Systems. Sie basiert im Wesentlichen auf den im Dokument „Aufgabenspezifikation" formulierten Inhalten und Rahmenbedingungen und konkretisiert, aktualisiert und vervollständigt diese entsprechend der sich aus dem Projektverlauf ergebenden Erkenntnisse (*Vervollständigung und Aktualisierung der Inhalte aus der „Aufgabenspezifikation" (insb. Kapitel 1,2,4,6)*). Die Konkretisierung der Inhalte bezieht sich auf die zum Zeitpunkt der Aufgabenstellung nur unzureichend bekannten oder aus zeitlichen Gründen nur eingeschränkt abgestimmten Systemcharakteristika. So soll der *Überblick über die Systemstruktur* und die *Identifikation von Teilsystemen und übergeordneten Prozessen* die ggf. hierarchische Struktur des Systems und eine mögliche Zerlegung in Teilsysteme darlegen. Die *Festlegung der Systemgrenzen* konkretisiert das System hinsichtlich seiner Beziehungen zu angrenzenden, im Rahmen der Modellbildung aber nicht relevanten Bereichen und schließt die Schnittstellen des Austausches von Material, Personen, Energie und Information ein. Die Beschreibung des Systems wird ergänzt um *grundsätzliche Annahmen*, die für die spätere Modellerstellung zu berücksichtigen sind. Sie dienen dazu, nicht genau bekannte oder nur bedingt relevante Charakteristika des realen Systems abbildbar zu machen, und geben klare Vorgaben für die Modellierung. Auch können Annahmen aufwandsreduzierende Vereinfachungen in der Modellbildung zum Ziel haben. Typische Beispiele für solche Vereinfachungen sind die Darstellung eines definierten Bereiches als stark vereinfachte Blackbox, die Vernachlässigung eines technischen Details (z. B. keine Berücksichtigung von Beschleunigung oder Verzögerung bei Regalbediengeräten) oder die Betrachtung von Produktgruppen anstelle einzelner Produkte.

Bei der *Festlegung der Eingabegrößen* (z. B. Zwischenankunftszeiten von Aufträgen, Bandgeschwindigkeiten oder Maschinenkapazitäten) sind die Größen zu benennen, die das Modell als Eingabegrößen verarbeiten soll. Dabei ist auch anzugeben, ob und wenn ja in welchem Intervall und mit welchen Schrittweiten die Werte der Eingabegrößen bei der Experimentdurchführung verändert werden sollen. An dieser Stelle besteht ein enger Bezug zu den Dokumenten „Rohdaten" (vgl. Abschnitt 4.2.7) und „Aufbereitete Daten" (vgl. Abschnitt 4.2.8), da von den hier formulierten Anforderungen die Datenerhebung und -aufbereitung der Eingangsdaten abhängen kann, sowie zum Dokument „Simulationsergebnisse" (vgl. Abschnitt 4.2.6). Bei der *Festlegung erforderlicher Ausgabegrößen* sind ebenso wie bei den Eingabegrößen die aus der Aufgabenspezifikation übernommenen Informationen zu konkretisieren bzw. zu erweitern. Dies kann sich z. B. auf die Benennung von weiteren – in der Aufgabenspezifikation noch nicht aufgeführten, aber für die Experimentdurchführung relevanten – Ausgabegrößen beziehen oder die Konkretisierung des zu betrachtenden Zeitintervalls für eine Ausgabegröße (beispielsweise Durchsatz pro Tag oder pro Monat) beinhalten. Im einfachsten Fall erfolgt lediglich eine Bestätigung der bereits in der Aufgabenspezifikation benannten Ausgabegrößen.

Sinnvoll ist auch, Anforderungen aus der Aufgabenspezifikation an die spätere Visualisierung unter *Art und Umfang der gewünschten Visualisierung* zu konkretisieren. Visualisierungsbeispiele sind 2D- und 3D-Animation oder Gantt-Diagramme, die bereits zur Simulationslaufzeit aktuelle Zustände des Modells anzeigen. Heutige Simulationswerkzeuge bieten eine Bandbreite an Visualisierungsmöglichkeiten, die aber nur angewendet werden können, wenn das Simulationsmodell die erforderlichen Daten zur Verfügung stellt. Eine bereits im Vorfeld getroffene Entscheidung bezüglich der Art und Weise der Ergebnisdarstellung kann je nach eingesetztem

Simulationswerkzeug Konsequenzen auf den Detaillierungsgrad des Modells besitzen. Insofern können die Inhalte der Abschnitte zu Ausgabegrößen und Visualisierung eng miteinander zusammenhängen.

Unter dem Punkt *Beschreibung der Systemvarianten* werden die in der Aufgabenspezifikation aufgeführten Systemvarianten aufgegriffen. Diese sind in gleicher Weise wie das zu untersuchende (Basis-)System zu erläutern, wobei es in vielen Fällen ausreichend sein wird, die Unterschiede der Varianten zum Basissystem zu erläutern. Die Beschreibung der Systemvarianten ist nicht nur an dieser Stelle, sondern in allen weiteren Modellierungsschritten explizit fortzusetzen. Dies betrifft sowohl die Inhalte der Kapitel zum Konzeptmodell als auch die Dokumente zum formalen und ausführbaren Modell. Da sich die Beschreibung der Systemvarianten an der Darstellung des (Basis-)Systems anlehnt, wird aus Übersichtlichkeitsgründen auf Angaben zur Ausarbeitung der Systemvarianten in den weiteren Kapiteln verzichtet.

Modellierung der Systemstruktur

Lässt sich ein zu modellierendes System in einzelne Teilsysteme untergliedern (z. B. Wareneingang, Produktion und Warenausgang), die aber gleichzeitig über teilsystemübergreifende Steuerungsmechanismen verfügen (z. B. eine zentrale Auftragseinlastung und Auftragsverfolgung) muss beschrieben werden, wie diese Struktur in der Modellierung abgebildet werden soll. Wenn die Modellierung Elemente erforderlich macht, die mit mehreren oder allen Teilmodellen zusammenwirken, so sind auch die übergeordneten Prozesse zu spezifizieren.

Die Darstellung der möglichen Strukturierung in Teilmodelle und ihrer Vernetzung erfolgt im Abschnitt *Festlegung von Modellstruktur und Teilmodellen*. Die Strukturierung eines Modells orientiert sich der Einfachheit halber in vielen Fällen an vorgegebenen Strukturen und Funktionsbereichen des realen Systems und muss eine zielgerichtete weitere Modellierung zulassen. Zur Beschreibung der Vernetzung sind insbesondere die zwischen den Teilmodellen auszutauschenden temporären und permanenten Elemente zu definieren. Permanente Elemente bilden beispielsweise in den Teilmodellen gemeinsam zu nutzende Ressourcen (z. B. Gabelstapler) ab, die dauerhaft im Modell enthalten sind. Im Gegensatz dazu existieren temporäre Elemente nur für ein begrenztes Zeitintervall im Modell. Temporäre Elemente stellen sowohl Informationen (z. B. Kunden- oder Fertigungsaufträge) als auch physisch existierende Materialflusselemente (z. B. Paletten) dar.

Der Zusammenhang zwischen den Teilmodellen wird über die *Beschreibung übergeordneter Prozesse im Modell* verdeutlicht. Hierzu zählen beispielsweise übergeordnete Auftragseinsteuerungen oder Ressourcendispositionsregeln. In vielen Produktions- und Logistiksystemen sind diese übergeordneten Steuerungen sehr aufwendig, da mit ihrer Hilfe die Abläufe über unterschiedliche Teilbereiche hinweg koordiniert werden. Da diese Steuerungen in vielen Fällen mehr Einfluss auf das Verhalten des realen Systems und des Modells haben als einzelne Teilsysteme und Teilmodelle, sind in enger Abstimmung zwischen Fachexperten und Simulationsfachleuten der Einfluss der übergeordneten Prozesse auf das Modellverhalten abzuschätzen, der angemessene Detaillierungsgrad zur Modellierung festzulegen und die zu verwendenden übergeordneten Ablaufregeln zu dokumentieren.

Um ein für die Aufgabenstellung adäquates Konzeptmodell zu erhalten, muss schon bei der Modellierung der übergeordneten Systemstruktur der *Detaillierungsgrad der Teilmodelle* bestimmt werden. Beispielsweise kann ein Teilsystem „Hochregallager" als Blackbox über sein Ein- und Auslagerverhalten abgebildet werden, wenn Fachexperten und Simulationsfachleute zu der Einschätzung gelangen, dass die internen Lagerprozesse keinen Einfluss auf die zu untersuchenden Fragestellungen besitzen. Eine stärkere Abstraktion führt in der Regel zu einem niedrigeren Aufwand bei der Modellierung. Da es aber erforderlich sein kann, an bestimmten Stellen innerhalb des Modells den Detaillierungsgrad zu erhöhen, um differenziertere Simulationsergebnisse zu erhalten, ist es unbedingt erforderlich, den jeweils gewählten Detaillierungsgrad sorgfältig zu begründen. Dies dient einerseits zur Kontrolle der Zulässigkeit der Annahmen zur Abstraktion, andererseits zur Vermeidung von später nicht mehr nachvollziehbaren Auswirkungen auf die anschließenden Modellierungsschritte und somit auf die Ergebnisse des gesamten Simulationsprojektes. Die Entscheidung für die gewählte Modellierungsgenauigkeit erfolgt in Abstimmung zwischen Fachexperten und Simulationsfachleuten und ist nachvollziehbar zu dokumentieren, da sie die weiteren Modellierungsstufen entscheidend beeinflusst. Die sich daraus ergebenden Restriktionen für die Anwendbarkeit des Modells sind ebenfalls zu protokollieren. Aussagen zur Wahl des für die Aufgabenstellung geeigneten Detaillierungsgrades wie beispielsweise „[das Modell] muss so abstrakt wie möglich und so detailliert wie nötig sein." (ASIM97, S. 7) sowie die immer wieder diskutierte Problematik einer zu großen oder zu geringen Modellgenauigkeit (vgl. Pidd 2004, S. 245-246) machen deutlich, warum in diesem Zusammenhang davon die Rede ist, dass Simulation Kunst und Wissenschaft sei (vgl. Shannon 1998).

Abhängig vom gewählten Detaillierungsgrad sind auch bestehende organisatorische Restriktionen innerhalb des zu modellierenden Systems abzubilden. Beispielsweise können sich Schichtmodelle und Arbeits-, oder Pausenzeiten auf die Simulationsergebnisse auswirken. Schichtmodelle sind dann zu berücksichtigen, wenn in Teilbereichen des realen Systems in unterschiedlichen Schichten gearbeitet wird und sich daraus ein absehbarer Einfluss auf das Verhalten von Puffern ergibt. Ist dagegen die durch die Simulation zu beantwortende Fragestellung unabhängig von Schichtmodellen, sind diese zu vernachlässigen. Der Abschnitt *Beschreibung organisatorischer Restriktionen* fasst die systemspezifischen Vorgaben auf Organisationsebene zusammen.

Die Beziehungen des Konzeptmodells zu seiner Umwelt sind in der *Beschreibung der Schnittstellen nach außen* dokumentiert. Dabei wird festgelegt, welche Informationen, wie beispielsweise Systemlasten, von außen (an den Quellen) in das Modell einfließen müssen und wie die Umwelt temporäre Elemente beim Verlassen des Modells (an den Senken) beeinflusst. In diesem Zusammenhang werden bereits erste Randbedingungen der Datenübernahme, beispielsweise aus Tabellen oder Datenbanken, definiert und Anforderungen an die erforderliche Aufbereitung von Daten (z. B. Art der Auftragseinplanung) formuliert. Dieser Aspekt steht in direkter Wechselbeziehung mit den Ausführungen zu den Anforderungen an die Eingabegrößen innerhalb des ersten Kapitels „Aufgabenspezifikation und Systembeschreibung" sowie mit den Ausführungen zu den Modelldaten des vierten Kapitels „Systematische Zusammenstellung der erforderlichen Modelldaten" innerhalb des Dokumentes „Konzeptmodell".

Modellierung der Teilsysteme

Während das vorangegangene Kapitel zum Dokument „Konzeptmodell" den Schwerpunkt auf die Modellstruktur insgesamt sowie auf modellübergreifende Sachverhalte legt, konzentriert sich dieses Kapitel auf die Beschreibung der Abbildung der einzelnen zuvor identifizierten Teilsysteme als Konzeptmodell. Im Rahmen der *Teilmodellbeschreibung* werden die Elemente des Teilmodells, ihre Vernetzung und die sich daraus ableitende Teilmodellstruktur unter Berücksichtigung der Vorgaben aus der ggf. bereits vorliegenden Beschreibung der übergeordneten Modellstruktur erläutert. In diesem Zusammenhang sind auch die ggf. bereits dort spezifizierten Elemente zu berücksichtigen. Als Beispiel sei hier ein Fertigungsauftrag genannt, der durch eine in der übergeordneten Modellstruktur abzubildenden Auftragssteuerung eingelastet und in die Teilmodelle übernommen wird und mit den teilmodellspezifischen Arbeitsplänen abgeglichen werden muss. Neben der Beschreibung des Modellaufbaus erfolgt für jedes Teilmodell auch die *Beschreibung der Prozesse in den Teilmodellen*. Diese beinhalten z. B. die Erläuterung von Zuordnungsregeln für Ressourcen oder von Ablauflogiken für entscheidungsrelevante Zustände an Kreuzungspunkten in der Fördertechnik. Je nach Größe und erforderlicher Detaillierung des Teilmodells kann dieser Abschnitt sehr umfangreich werden. Wichtig ist, dass alle zu modellierenden Prozesse benannt und spezifiziert werden. Nur so ist eine Abstimmung zwischen Fachexperten und Simulationsfachleuten über die Abläufe möglich, und nur so entsteht eine hinreichende Grundlage für die folgenden Phasen der Modellierung.

In dem Abschnitt *Beschreibung der Schnittstellen* der Teilmodelle wird festgelegt, ob und (wenn ja) welche Schnittstellen zwischen den einzelnen Teilmodellen erforderlich sind und wie diese zu spezifizieren sind, um die Wechselwirkungen zwischen den Modellen geeignet abzubilden. Mögliche Schnittstellen können sich sowohl auf der Ebene der physischen Modellelemente (z. B. im Materialfluss) als auch auf der Ebene der logischen Abläufe (z. B. Informationen zur Maschinenbelegung oder zur Freigabe von Transportkapazitäten) befinden.

Ein weiterer wichtiger Aspekt bei der Konzeption der Teilmodelle ist, dass die Umsetzung der Vorgaben zum geforderten Detaillierungsgrad der Teilmodelle dokumentiert und auch die ggf. daraus abgeleiteten *Annahmen und Vereinfachungen* für das jeweilige Teilmodell schriftlich fixiert werden.

Systematische Zusammenstellung der erforderlichen Modelldaten

Dieses Kapitel umfasst im *Abgleich mit Kapitel 3 der „Aufgabenspezifikation"* und den in den vorherigen Kapiteln dieses Dokumentes formulierten Anforderungen an die Modelldaten eine systematische Auflistung und Erläuterung aller erforderlichen Daten für die Modellierung. Es steht in engem Bezug zu den Dokumenten „Rohdaten" und „Aufbereitete Daten", so dass ggf. ein fließender Übergang zu diesen Datendokumenten besteht (vgl. Abschnitte 4.2.7 und 4.2.8).

Da die Systemkomponenten (z. B. Förderstrecken, Gabelstapler oder Maschinen) oder die Funktionen (z. B. Transportieren oder Montieren) des abzubildenden Systems durch die im Konzeptmodell enthaltenen Modellelemente (Objekte, Einheiten, Entitäten) repräsentiert werden, müssen zu allen Klassen bzw. Typen von Modellelementen (Entitätstypen) die jeweiligen Attribute benannt und die jeweiligen Ein- und Ausgabegrößen gekennzeichnet werden. Die Zusammenstellung der erforderlichen Modelldaten kann systematisch z. B. in Form von *Datentabellen und Kennzeichnung von Eingabe- und Ausgabegrößen* erfolgen. In den Tabellen werden dann die Attribute als Spaltenüberschriften aufgeführt. Zu jedem Attribut werden seine Bedeutung und ggf. bereits Datentyp, Wertebereiche und Einheiten spezifiziert. Die Zusammenstellung bezieht sich nicht auf jedes einzelne im Konzeptmodell vorkommende Modellelement, sondern auf die Klassen von Modellelementen, von denen spezifische Modellelemente abgeleitet werden können. Beispielhaft sei hier die Modellelementklasse „Förderstrecke" genannt, von der ausgehend spezifische Modellelemente, wie „Förderstrecke 1" und „Förderstrecke 2" abgeleitet werden können. In der Zusammenstellung werden die spezifischen Attribute wie z. B. Geschwindigkeit und Länge erläutert, aber keine spezifischen Parameterwerte beschrieben.

In Ergänzung zu den Datentabellen und unter Berücksichtigung der bereits benannten Ausgabegrößen werden im Abschnitt *Erforderliche Auswertungen und Messpunkte* Angaben über die erforderlichen Auswertungen dokumentiert. Insbesondere sind die im Konzeptmodell notwendigen Messpunkte für die Ermittlung der entsprechenden Ergebnisdaten je Zeitintervall zu spezifizieren. Während bestimmte Kennwerte wie Durchsatz pro Zeiteinheit, Durchlaufzeit je Auftrag, Auslastung von Maschinen, Anzahl von Aufträgen oder die Belegung von Puffern typisch für zahlreiche Studien in Produktion und Logistik sind, wird es immer wieder ergänzende projektspezifische Größen geben, die aufgezeichnet werden sollen. Genauso wichtig wie die Benennung der Größen ist aber auch die Festlegung des Umfangs der Datenaufzeichnung selbst. Wesentliches Unterscheidungsmerkmal ist die Häufigkeit der Beobachtung der Kennwerte: Lediglich ein Wert pro Simulationslauf soll ermittelt werden (z. B. der gesamte Durchsatz des Systems im Simulationszeitraum), es sind mehrere Werte gefordert (minimale, maximale und durchschnittliche Belegung eines Puffers) oder Zeitreihen müssen dargestellt werden (Verlauf der Pufferbelegung während der Simulationszeit, Belegung einer Maschine mit Aufträgen z. B. als Gantt-Diagramm). Wenn Zeitreihen gefordert sind, ist festzulegen, ob eine ereignisorientierte Aufzeichnung erforderlich ist (z. B. Protokollierung eines Pufferfüllstands mit jeder Änderung der Belegung) oder ob es ausreichend ist, die Werte zu definierten (festen) Zeitpunkten zu ermitteln.

Wiederverwendbare Komponenten

Die Identifikation von wiederverwendbaren Modellkomponenten muss aus zwei Perspektiven betrachtet werden, wobei ggf. beide Sichtweisen relevant für ein Projekt sein können:

1. *Entwicklung* von wiederverwendbaren Modellkomponenten für eine spätere Nutzung
2. *Nutzung* bereits entwickelter Modellkomponenten

Werden im Rahmen einer Modellierungsaufgabe Modellkomponenten oder Teilmodelle entwickelt, kann es ein wichtiges Ziel der Modellierung sein, diese Modellkomponenten oder Teilmodelle so zur Verfügung zu stellen, dass sie auch in zukünftigen Simulationsprojekten eingesetzt werden können. Eine *Benennung von wiederverwendbaren Modellkomponenten* muss bereits während der Konzeptphase erfolgen, da Anforderungen an eine spätere Wiederverwendung die Spezifikation einer – mehr oder weniger – allgemeingültigen Modellkomponente erfordern. Insbesondere können sich erhöhte Anforderungen an die Gestaltung der Schnittstellen und an die Parametrisierbarkeit ergeben (für eine weiterführende Diskussion der Problematik der Wiederverwendung vgl. Pidd 2002).

Die Strukturierung des Konzeptmodells erfordert auch die *Benennung von mehrfach verwendbaren Modellkomponenten*, die in der aktuellen Studie an mehreren Stellen genutzt werden können. Dies können zum einen erst in der Studie zu entwickelnde Modellkomponenten sein (d. h. Entwicklung *und* mehrfache Nutzung treten in der gleichen Studie auf) oder auch bereits vorhandene Komponenten aus anderen Studien oder aus Bibliotheken. Als Beispiel sei eine mehrfach vorkommende Montagezelle genannt. Unterscheiden sich die Zellen nur durch ihre Bearbeitungs-, Stör- und Rüstzeiten, so können bei einem geeigneten Modellierungsansatz alle entsprechenden Zellen durch eine Komponente abgebildet werden.

Ferner ist zu prüfen, ob *möglicherweise nutzbare existierende (Teil-)Modelle* aus anderen Studien oder aus bereits entwickelten Bibliotheken vorliegen, auf deren Dokumentationen dann im Rahmen des Konzeptmodells geeignet zu verweisen ist.

4.2.4 Formales Modell

Die Erstellung des (in der Regel noch vom Simulationswerkzeug unabhängigen) formalen Modells bezeichnet innerhalb der Modellbildung die Modellierungsphase, in der das Konzeptmodell ganz oder in Teilen formalisiert wird (zur Notwendigkeit der Formalisierung vgl. Abschnitt 4.1.1).

Wie bereits in Abschnitt 4.2.3 erwähnt wird über diese Formalisierung das Konzeptmodelldokument um einen (zumindest teilweise) formalen Entwurf erweitert und fortgeschrieben. Im Folgenden werden nur die wesentlichen Unterschiede zwischen den Dokumenten dargestellt, da eine nochmalige Erläuterung aller Inhalte keine neuen Aspekte beinhalten würde.

Aufgabenspezifikation und Systembeschreibung

Das erste Kapitel baut auf den Informationen aus der Systembeschreibung des Dokumentes „Konzeptmodell" (*Übernahme und Ergänzung der Inhalte aus dem „Konzeptmodell" (Kapitel 1)*) auf. In der Regel werden die

Inhalte zur Systembeschreibung übernommen und fortgeschrieben bzw. entsprechend neuer Erkenntnisse aus dem Projektverlauf aktualisiert. Umfassende Änderungen hinsichtlich der Systembeschreibung sind zum jetzigen Zeitpunkt der Dokumentation nicht mehr zu erwarten bzw. weisen im Allgemeinen auf eine ungenügende Bearbeitung der vorherigen Projektphasen hin. Als Basis für die Erstellung des formalen Modells sind *verwendete Beschreibungsmittel zur Spezifikation* wie Ablaufdiagramme, Struktogramme, Entscheidungstabellen, Entity-Relationship-Diagramme oder auch formale Beschreibungsmittel wie Unified Modeling Language (UML) abzustimmen und zu dokumentieren. Ergänzend ist auch die *weitere zu verwendende Software* wie Datenbanken, Tabellenkalkulationsprogramme oder Schnittstellensoftware anzugeben und hinsichtlich der softwarespezifischen Hardwarevoraussetzungen zu konkretisieren.

Modellierung der Systemstruktur

Im Dokument „Konzeptmodell" wird die zu modellierende übergeordnete Systemstruktur beschrieben. Diese Beschreibung stellt die Basis für die Formalisierung der zu modellierenden Systemstruktur in dem formalen Modell dar (*Übernahme und Formalisierung der Inhalte aus dem „Konzeptmodell" (Kapitel 2)*). In diesem Zusammenhang erfolgt insbesondere eine formale Beschreibung der spezifizierten und zu implementierenden übergeordneten Ablauflogiken des zu modellierenden Systems (*Formale Spezifikation übergeordneter Prozesse*). Dies kann sich beispielsweise auf eine Präzisierung der im Konzeptmodell beschriebenen Strategien beziehen, die z. B. mit Hilfe von Pseudocode, Ablaufdiagrammen oder Entscheidungstabellen (semi-)formal abgebildet werden. Grundsätzlich gibt es in dieser Phase große Gemeinsamkeiten mit dem Entwurf im Software Engineering (vgl. Balzert 2000, S. 1023ff.).

Auch die im Konzeptmodell benannten Modellschnittstellen sind jetzt auf syntaktischer und semantischer Ebene formal zu beschreiben (*Formale Spezifikation der Schnittstellen nach außen*), wie z. B. Schnittstellen für den Telegrammaustausch zwischen dem Simulationsmodell und einem externen IT-System oder für den Zugriff auf eine Unternehmensdatenbank. In diesem Zusammenhang müssen auch Protokolle und Abfragen formal spezifiziert werden.

Modellierung der Teilsysteme

Basierend auf einer *Übernahme und Formalisierung der Inhalte aus dem „Konzeptmodell" (Kapitel 3)* erfolgt die Formalisierung der Teilmodelle in Analogie zur Formalisierung der übergeordneten Modellstruktur. Bei der

Verwendung von Simulationswerkzeugen mit Standardbibliotheken für die Modellierung entfällt im Allgemeinen der Entwurf der einzelnen Modellelemente und ihrer logischen Funktionen, da diese in den Standardbibliotheken hinterlegt sind. Nichtsdestotrotz kann es erforderlich sein, die logischen Zusammenhänge der zu verwendenden Modellelemente zu formalisieren bzw. entsprechende Dokumentationen über die Modellelemente und die gewünschten Logiken einzubinden. Dies gilt insbesondere, da innerhalb jedes der im Konzeptmodell gebildeten Teilmodelle Abläufe vorkommen können, die eine erhebliche Komplexität aufweisen. Ist das der Fall, dann ist mit der gleichen Begründung wie bei den übergeordneten Strukturen ein sorgfältiger Algorithmenentwurf notwendig.

Die formale Spezifikation umfasst darüber hinaus die Schnittstellen zwischen den Teilmodellen (*Formale Spezifikation der Schnittstellen zwischen den Teilmodellen*). Sie schreibt detailliert fest, welche Informationen in welcher Form zwischen den Teilmodellen ausgetauscht werden müssen. Auch kann sie die Formalisierung der Teilmodellschnittstellen zur Umwelt (nach außen) umfassen. Hier kann beispielsweise das Quellen- und Senkenverhalten der Teilmodelle beschrieben und definiert werden. Ferner ist ggf. zu spezifizieren, welche Daten in welchen Formaten z. B. aus Betriebsdatenbanken eingelesen werden sollen (*Formale Spezifikation weiterer Teilmodellschnittstellen*).

Ein im Konzeptmodell noch nicht explizit erwähnter Dokumentationsaspekt umfasst die *Definition der zu visualisierenden Elemente und Abläufe*. Hier sind Form und Umfang der Visualisierung festzulegen. Dazu gehört die Vorgabe, welche Elemente oder Abläufe überhaupt und (wenn ja) wie visualisiert werden sollen und welche Anforderungen an die Gestaltung von Graphikobjekten bestehen. Ferner sind an dieser Stelle die zu verwendenden Bibliotheken oder Datenbestände zur Gewinnung der in der Simulation einzusetzenden geometrischen Elemente zu beschreiben. Wenn dreidimensionale Graphikobjekte verwendet werden sollen, ist darüber hinaus ggf. die Aufbereitung vorhandener Graphikelemente durch spezielle Algorithmen zu dokumentieren.

Die abschließende Beschreibung der *bei der Formalisierung getroffenen zusätzlichen Annahmen und Vereinfachungen* ergänzt die entsprechende Dokumentation aus dem Konzeptmodell. In der Phase der Formalisierung beziehen sich diese insbesondere auf die während des Entwurfes der Ablauflogiken formulierten Annahmen wie die Festlegung von Initialwerten oder Vereinfachungen in der Ablauflogik.

Systematische Zusammenstellung der erforderlichen Modelldaten

Die Dokumentation der formalisierten Datenelemente erfolgt auf der Basis von Kapitel 4 des Dokumentes „Konzeptmodell" (*Übernahme und Ergänzung der Inhalte aus dem „Konzeptmodell" (Kapitel 4)*). Die wesentliche Erweiterung im formalen Modell liegt in der formalen *Festlegung von Datenstrukturen und Datentypen* sowohl für die Eingabe- als auch für die Ausgabegrößen. Beispielhaft sei hier die formale Beschreibung der Eingabegrößen für ein spurgeführtes fahrerloses Transportsystem (FTS) genannt, das innerhalb des Konzeptmodells durch einen Beladungszustand, eine Geschwindigkeit und eine Transportkapazität beschrieben wird. Im Zuge der Formalisierung sind die zu implementierenden Datenstrukturen (z. B. Festlegung einer Listenstruktur zur Verwaltung von Aufträgen, Spezifikation eines Datenfeldes zur Zuordnung von Artikeln auf Lagerplätze) festzuschreiben und den im Konzeptmodell aufgeführten Attributen der Modellelemente die Datenelemente mit Datentypen und Wertebereichen zuzuordnen. So wird beispielsweise dem Attribut Beladungszustand der Datentyp „Boolean" (Beladen: ja/nein), der Geschwindigkeit der Datentyp „Float" (Gleitkommadarstellung) und der Kapazität der Datentyp „Integer" (ganze Zahl) zugewiesen. Zusätzlich können auch Prüfungen spezifiziert werden, die auf einzelnen Attributen oder auch attributübergreifend gelten sollen. Die formale Festlegung von Datenstrukturen und Datentypen steht in enger Beziehung zu den Rohdaten und den aufbereiteten Daten (vgl. Abschnitte 4.2.7 und 4.2.8).

Wiederverwendbare Komponenten

Analog zu den vorherigen Kapiteln dieses Dokumentes werden im Hinblick auf die Identifikation wiederverwendbarer Komponenten die Informationen aus dem entsprechenden Kapitel des Dokumentes „Konzeptmodell" übernommen und ergänzt (*Übernahme und Ergänzung der Inhalte aus dem „Konzeptmodell" (Kapitel 5)*). Kerninhalt des Kapitels sind die *Festlegung und Spezifikation der zu verwendenden existierenden (Teil-) Modelle*. Insbesondere ist Wert auf eine formale Beschreibung der Schnittstellen zur Integration von (ggf. auch extern zu beschaffenden) Standardmodellelementen und Teilmodellen zu legen. Bei extern zur Verfügung gestellten Modellelementen und Modellen ist darauf zu achten, dass eine hinreichende Schnittstellenspezifikation und -dokumentation der Funktionsbeschreibung vorliegt und mitgeliefert wird.

4.2.5 Ausführbares Modell

Das ausführbare (Simulations-)Modell ist die Weiterentwicklung und Umsetzung des Konzeptmodells und des formalen Modells unter Verwendung eines Simulationswerkzeuges. Dies impliziert, dass die Erstellung des ausführbaren Modells als dritte Modellierungsstufe unmittelbar auf den Ergebnissen der vorherigen Projektphasen aufbaut. Das Dokument „Ausführbares Modell" schreibt daher auch die Dokumente der vorherigen Modellierungsstufen (Konzeptmodell, formales Modell) fort und ergänzt die Aspekte der simulationswerkzeugspezifischen Umsetzung. Das Phasenergebnis umfasst alle in der Phase „Implementierung" erstellten und verwendeten Teilergebnisse einschließlich der entwickelten Simulationsmodelle und verwendeten Daten (vgl. Abschnitt 4.2.8).

Aufgabenspezifikation und Systembeschreibung

Mit der *Übernahme und Ergänzung der Inhalte aus dem „formalen Modell" (Kapitel 1)* wird die Systembeschreibung geprüft und ggf. hinsichtlich unpräziser oder fehlender Angaben aktualisiert. Wie bereits in Abschnitt 4.2.2 erläutert wird in der Aufgabenspezifikation zwar häufig das zu verwendende Simulationswerkzeug mit der zugehörigen Hardware festgelegt, die erste und zweite Modellierungsstufe sollten im Allgemeinen jedoch werkzeugunabhängig sein. Daher werden auch erst im Rahmen des Dokumentes „Ausführbares Modell" die *Modellierungs- und Implementierungsvorgaben* konkretisiert. Dabei sind die bereits in Kapitel 6 des Dokumentes „Aufgabenspezifikation", (Abschnitt 4.2.2) formulierten Anforderungen an die Modellierung (z. B. Modellierungskonventionen, Verwendung von Bibliotheken) zu berücksichtigen und um die Implementierungsvorgaben wie z. B. die Strukturierung und Kommentierung des Quellcodes zu ergänzen. Die Modellierungs- und Implementierungsvorgaben folgen in der Regel den allgemeinen Vorgaben zur Algorithmenentwicklung im Software Engineering wie beispielsweise hohe Effizienz und leichte Änderbarkeit.

Des Weiteren muss die *verwendete Hard- und Software* in jedem Fall bestätigt und ggf. konkretisiert werden (Version des Simulationswerkzeuges, Art der Lizenz, ggf. verwendete Bibliotheken, Bereitstellung spezifischer Funktionalitäten wie z. B. 3D-Animation). Die verwendete Version des Simulationswerkzeuges kann ausschlaggebend für den konkreten Ablauf der Prozesse innerhalb eines Simulationsmodells sein. Es kann durchaus vorkommen, dass Fehler nach dem Aktualisieren der Software nicht mehr auftreten, bestimmte Funktionen anders realisiert sind oder im Extremfall gar nicht mehr unterstützt werden. Auch unterliegen kommerzielle

Simulationswerkzeuge heutzutage einer umfassenden Lizenzpolitik, so dass z. B. bestimmte Lizenzen das Bearbeiten eines Modells aufgrund der Begrenzung der Modellgröße einschränken.

Ferner ist zu dokumentieren, welche Hardware mit welcher Leistung (Arbeitsspeicher, Prozessorleistung) für die Ausführung des Modells erforderlich ist. Dabei muss z. B. geklärt werden, ob das Modell ein Netzwerk für die Ausführung benötigt oder auf einem einzelnen Rechner ausführbar sein soll.

Modellierung der Systemstruktur

Die Beschreibung der zu modellierenden Systemstruktur basiert auf den festgelegten Angaben im Dokument „Formales Modell". Daher sind die dort dokumentierten Inhalte zu übernehmen und zu erweitern (*Übernahme und Ergänzung der Inhalte aus dem „formalen Modell" (Kapitel 2)*). Ein Hauptaugenmerk bei der Dokumentation ist auf die Beschreibung der zu implementierenden Steuerung zu legen, die in der Regel über simulationswerkzeugspezifische Beschreibungsmittel wie Entscheidungstabellen, Programmier- oder Skriptsprachen umzusetzen ist. In diesen Fällen sind die bereits formalisierten Steuerungsregeln in der simulationswerkzeugspezifischen Beschreibungssprache zu implementieren und hinsichtlich ihrer Besonderheiten zu dokumentieren (*Beschreibung der Implementierung der Modellstruktur mit dem ausgewählten Simulationswerkzeug*). Im Allgemeinen sind an dieser Stelle die Modellierungsentscheidungen bei der Umsetzung des ausführbaren Modells zu dokumentieren. Dazu gehört u. a. auch die Begründung für die Verwendung von Modellelementen mit spezifischen Attributen und Parameterwerten. An dieser Stelle kann auch festgehalten werden, welche „Tricks und Kniffe" der Implementierung zugrunde liegen, wie beispielsweise die Verwendung von fördertechnischen Verzweigungselementen für die Zuordnung von Personen auf Warteschlangen oder die Nutzung eines Querverschiebewagens als Aufzug.

Da auch bei der *Beschreibung der Umsetzung der Schnittstellen mit dem ausgewählten Simulationswerkzeug* ggf. zusätzliche werkzeugspezifische technische Eigenschaften (z. B. Verwendung spezifischer Dateiformate, spezielle Einschränkungen bei den im Simulationswerkzeug verfügbaren Datenbank- oder Telegrammschnittstellen) berücksichtigt werden müssen, sind diese separat zu dokumentieren. Ist das Simulationswerkzeug bei der Erstellung des formalen Modells bereits bekannt, können werkzeugspezifische Restriktionen bereits in die Dokumentation zur Erstellung des formalen Modells einfließen.

Modellierung der Teilsysteme

Ausgehend von einer *Übernahme und Ergänzung der Inhalte aus dem „formalen Modell" (Kapitel 3)* werden an dieser Stelle zusätzlich spezielle Aspekte zur Umsetzung der Teilmodelle dokumentiert. Dies betrifft in Analogie zur Modellstruktur die vom formalen Modell übernommenen simulationswerkzeugunabhängigen Inhalte, die nun auf zu verwendende Modellelemente und interne Ablauflogiken abgebildet werden müssen (*Beschreibung der Implementierung der Teilmodelle mit dem ausgewählten Simulationswerkzeug*). Hierbei muss die Dokumentation der jeweils individuellen „Modellierungstricks" erfolgen. Ergänzend sind auch die vom formalen Modell abweichenden notwendigen Anpassungen an die vom Simulationswerkzeug bereitgestellten Schnittstellen detailliert darzustellen (*Beschreibung der Umsetzung der Schnittstellen mit dem ausgewählten Simulationswerkzeug*). Falls für die im formalen Modell festgelegten Visualisierungen spezifische Implementierungen notwendig sind, ist auch die Abbildung der zu visualisierenden Elemente und Abläufe mit Hilfe der Funktionalitäten des Simulationswerkzeuges oder weiterer ergänzender Visualisierungssoftware zu spezifizieren. Dabei müssen die ggf. erforderlichen softwaretechnischen Maßnahmen beschrieben werden (*Beschreibung der Umsetzung der Visualisierung*).

Die Dokumentation wird um die *bei der Umsetzung in das Simulationswerkzeug getroffenen zusätzlichen Annahmen* ergänzt. Diese können sich beispielsweise ergeben, wenn sich mit dem gewählten Simulationswerkzeug oder der zu nutzenden Version bestimmte Abläufe, die im formalen Modell beschrieben sind, in der vorgegebenen Art und Weise nicht direkt umsetzen lassen.

Systematische Zusammenstellung der erforderlichen Modelldaten

Die Beschreibung der Datenelemente des ausführbaren Modells basiert ebenfalls auf den im Dokument „Formales Modell" gemachten Angaben (*Übernahme und Ergänzung der Inhalte aus dem „formalen Modell" (Kapitel 4)*). Sie müssen lediglich um spezifische Informationen hinsichtlich der *Beschreibung der Implementierung der Datenstrukturen* erweitert und bezüglich der im formalen Modell angegebenen und vom Simulationswerkzeug tatsächlich bereitgestellten Datentypen konkretisiert werden. Dazu gehören auch Angaben zur softwaretechnischen Umsetzung auf Basis des verwendeten Simulationswerkzeuges mit seiner spezifischen Programmier- oder Skriptsprache.

Wiederverwendbare Komponenten

Die bisher dokumentierten Inhalte zur Wiederverwendung müssen an dieser Stelle lediglich entsprechend der simulationswerkzeugspezifischen Restriktionen ergänzt werden (*Übernahme und Ergänzung der Inhalte aus dem „formalen Modell" (Kapitel 5)*). Darüber hinaus ist die Dokumentation für die bei der Implementierung konkret verwendeten externen Teilmodelle und Bibliotheken um *Verweise auf externe Dokumentationen verwendeter Teilmodelle oder Bibliotheken* zu vervollständigen. Die sorgfältige Dokumentation auch wiederverwendeter Teilmodelle, Modellelemente und Funktionen ist wesentlich, da auch diese Modellteile einer hinreichenden Validierung unterzogen werden müssen und nur mit entsprechender Dokumentation ihrerseits in Folgeprojekten verwendbar sind (zur Validierung von wiederverwendeten Komponenten vgl. u. a. Pidd 2002 sowie Kapitel 6.2.2).

4.2.6 Simulationsergebnisse

Der Modellbildungsprozess ist kein Selbstzweck. Er zielt vielmehr darauf ab, die in der Zielbeschreibung umrissenen und in der Aufgabenspezifikation präzisierten Zwecke einer Simulationsstudie zu erfüllen (vgl. die Abschnitte 4.2.1 und 4.2.2). Ganz wesentlich dafür sind die mit dem ausführbaren Modell erzeugten Simulationsergebnisse. Insofern kommt der Dokumentation der Simulationsergebnisse eine zentrale Rolle innerhalb einer Simulationsstudie zu. Sie muss den Bogen spannen von der Beschreibung der Annahmen und Vereinfachungen, die Einfluss auf die Ergebnisse haben können, über die Beschreibung der Experimentplanung bis zur Darstellung der erzielten Ergebnisse.

Entsprechend den Erläuterungen in Abschnitt 4.1.3 besteht die Dokumentation der Simulationsergebnisse nicht aus *einem* in sich geschlossenen Dokument, sondern führt im Verlauf der Phase unterschiedliche, teilweise aufeinander aufbauende Dokumente zusammen. So wird eine Fassung der Experimentpläne als Detaillierung der entsprechenden Angaben in der Aufgabenspezifikation *vor* der Durchführung der Experimente erstellt. Die eigentliche Darstellung der im Zusammenhang mit Eingangsdaten und ausführbarem Modell erzielten Ergebnisse erfolgt dann zu einem späteren Zeitpunkt *nach* der Experimentdurchführung. Unter Umständen ist ein Teil der Dokumentation auch in einer anderen Form (beispielsweise in einer Präsentation anstelle einer Tabelle oder eines Fließtextes) oder an anderer Stelle (z. B. Ergebnisdaten als Daten aus Modellen in einer Datenbank) abgelegt. Jedenfalls werden dann (nach Experimentdurchführung) die Ergebnisdaten als Daten aus Modellen (vgl. Abbildung 9) Bestandteil des Phasenergebnisses „Simulationsergebnisse".

Annahmen

In diesem ersten Kapitel erfolgt zunächst die *Übernahme der Annahmen und Vereinfachungen aus dem „ausführbaren Modell" (Kapitel 1 und 3)*. Die übernommenen Inhalte umfassen sowohl grundsätzliche Annahmen, die sich auf das Modell oder die Daten beziehen können, als auch Annahmen im Detail, die z. B. mit einzelnen abzubildenden Systemkomponenten zusammenhängen. Die zusammenfassende Darstellung dieser (bereits getroffenen und auch dokumentierten Annahmen) ist erforderlich, da insbesondere die Dokumentation der Simulationsergebnisse unter Umständen isoliert (also ohne Berücksichtigung von Dokumenten aus anderen Phasen des Simulationsprojektes) gelesen wird und die Ergebnisse nur im Zusammenhang mit den zugrunde liegenden Annahmen verständlich vermittelbar sind. Gerade Entscheidungsträger werden den Modellbildungsprozess nicht in jedem Fall nachvollziehen, sich aber für die Ergebnisse interessieren. Aber auch über das Projektende hinaus kann die Darstellung der Annahmen in einem engen Zusammenhang mit den Simulationsergebnissen sehr wichtig sein, wenn sich beispielsweise das betrachtete reale System nicht so verhält, wie es aus den Simulationsergebnissen hervorgeht, und die Abweichungen auf Differenzen zwischen ursprünglichen Annahmen und tatsächlich eingetretener Situation zurückgehen.

Simulationsergebnisse ergeben sich aus dem Zusammenspiel eines ausführbaren Modells mit aufbereiteten Daten (vgl. Abschnitte 4.1.1 und 4.1.2). Dementsprechend müssen die *verwendete Datenbasis und die verwendeten Modellversionen* Bestandteile der Dokumentation sein. Wie auch bei den übrigen Annahmen gilt, dass Ergebnisse nur vor dem Hintergrund der verwendeten Eingangsdaten sinnvoll interpretierbar sind. Ferner kann es nachträglich erforderlich werden, einzelne Experimente zu wiederholen. Das ist nur möglich, wenn eindeutig nachvollziehbar ist, welche Version des ausführbaren Modells mit welchen Daten für das jeweilige Experiment zu kombinieren ist.

Simulationsmodelle in Produktion und Logistik sind in der Mehrzahl der Fälle stochastische Modelle. Das Modellverhalten wird also durch Zufallsvariablen beeinflusst. Ein einzelner Simulationslauf mit einem stochastischen Modell erzeugt nur eine Stichprobe für jede beobachtete Ergebnisgröße. Daher muss festgelegt werden, welcher Stichprobenumfang (Simulationsdauer und Anzahl von Simulationsläufen) erforderlich ist, damit mit einer bestimmten Sicherheit eine Aussage über die Ergebnisgrößen abgeleitet werden kann. Umgekehrt ist es bei gegebenem Stichprobenumfang erforderlich zu bestimmen, mit welcher statistischen Unsicherheit die Ergebnisse behaftet sind.

Der Einfluss von Simulationsdauer und Stichprobenumfang wird an einem Beispiel von Law (2007, S. 548-549) veranschaulicht: In dem dort beschriebenen Fall wird ein Analyst mit einer Wahrscheinlichkeit von 48 % von einem stochastischen Simulationsmodell zu einer falschen Aussage geführt. Das geschieht nicht, weil das Modell falsch ist, sondern die Simulationsdauer nicht hinreichend lang gewählt ist und die Ergebnisse nicht hinreichend statistisch abgesichert werden.

Diese Überlegungen zu stochastischen Modellen verdeutlichen, warum der Abschnitt *Anzahl der (unabhängigen) Simulationsläufe pro Parametersatz und Simulationszeitraum der einzelnen Simulationsläufe* erforderlich ist. Im Einzelnen wird dort dokumentiert, wie die benötigte Anzahl der Replikationen und der Stichprobenumfang für die zu beobachtenden Größen ermittelt wird sowie über welchen Zeitraum sich die Modellbetrachtung erstrecken muss (für weitere Ausführungen vgl. Wenzel et al. 2008, S. 139-148; Robinson 2004, S. 151-162, Alexopoulos und Seila 1998, S. 233ff.).

Für die *Beschreibung des Einschwingverhaltens* des Simulationsmodells ist nicht nur das Verhalten selbst zu dokumentieren, sondern auch anzugeben, mit welchen Verfahren und anhand welcher Kenngrößen die Länge der Einschwingphase im konkreten Fall bestimmt wird (vgl. VDI 1997a, und Liebl 1995, S. 156-168). Wird angenommen, dass das Modell kein Einschwingverhalten aufweist, ist diese Annahme zu begründen.

Experimentpläne

Für eine systematische Durchführung von Simulationsexperimenten müssen Experimentpläne aufgestellt und dokumentiert werden. Diese Pläne sind so zu gestalten, dass die Beantwortung der an die Simulation gestellten Fragen mit möglichst wenig Aufwand durchgeführt werden kann (vgl. VDI 1997a). Gleichzeitig wird mit der Durchführung der Experimente nach einem definierten Plan gewährleistet, dass sich der Anwender nicht nur von einem Experiment und seinen jeweiligen Ergebnissen zu dem jeweiligen Folgeexperiment führen lässt. Das Risiko einer solchen (ungeplanten) Vorgehensweise ist, dass relevante Parameterkonstellationen nie betrachtet werden, weil sie nicht auf dem Suchpfad des Anwenders liegen (vgl. Witte et al. 1994, S. 223).

Bei der Erstellung der Experimentpläne müssen zunächst die Vorgaben aus der Phase „Aufgabendefinition" in Form der *Übernahme der entsprechenden Anforderungen aus der „Aufgabenspezifikation" (Kapitel 6)* einfließen.

Auf der Grundlage dieser Vorgaben erfolgt zunächst die *Festlegung der zu variierenden Parameter und der zu betrachtenden Wertebereiche*. Dabei kann es sich sowohl um quantitative Parameter (Auftragsanzahl im betrachteten Zeitraum, Bearbeitungszeiten aus Arbeitsplänen, Störzeiten) als auch um qualitative Parameter (Strategiealternativen, Strukturvarianten) handeln. Die Angabe der Wertebereiche der Parameter dient dem Zweck, den Experimentumfang einzugrenzen. Da bereits im Konzeptmodell festgelegt wird, welche Eingabegrößen insgesamt im Modell variierbar sind (vgl. Abschnitt 4.2.3), handelt es sich bei den hier angegebenen Parametern und Wertebereichen um eine Auswahl und Beschränkung der Eingabegrößen aus dem Konzeptmodell.

Der generelle Rahmen zur Aufzeichnung von Ergebnisdaten ist durch die Ausführungen in Kapitel 6 der Aufgabenspezifikation (vgl. Abschnitt 4.2.2) sowie durch die in Kapitel 1 und 4 des Konzeptmodells festgelegten Ausgabegrößen, Auswertungen und Messpunkte (vgl. Abschnitt 4.2.3) bestimmt. Im Abschnitt *Umfang der Ergebnisaufzeichnung* des Dokumentes „Simulationsergebnisse" ist festzuhalten, welche Ausgabegrößen in welcher Darstellung (z. B. graphische oder tabellarische Aufbereitung) zur Auswertung der Experimente verwendet werden.

Im Abschnitt *Durchzuführende Experimente* werden die eigentlichen Experimentpläne beschrieben. Für die systematische Erstellung von Experimentplänen, beispielsweise mit Hilfe von Verfahren wie faktorieller oder teilfaktorieller Versuchsplanung, sei auf die VDI-Richtlinie 3633 Blatt 3 (VDI 1997a) oder auf Law (2007, S. 622-643), verwiesen. Selbstverständlich sind die vorgesehenen Experimente auch dann zu spezifizieren, wenn – wie in vielen Fällen üblich – die Planung nicht mit (semi-)formalen Verfahren erfolgt. Dabei müssen für jedes Experiment zumindest eine Bezeichnung, eine kurze Beschreibung und die wesentlichen Parameter mit den zu untersuchenden Werten festgehalten werden. Ergänzend sind die Durchführungsreihenfolge und ggf. Abbruchkriterien zu dokumentieren.

In dem abschließenden Abschnitt *Erwartete Abhängigkeiten der Ergebnisse von den Parametern* sind die Erwartungen an die jeweilige Experimentreihe *vor* der Durchführung der Experimente zu formulieren und kurz zu begründen. Diese Abschätzung vorab ist eine wichtige Grundlage für eine objektivere Überprüfung der Ergebnisse (vgl. Abschnitt 5.5).

Ergebnisse aus den Experimenten

Im dritten Kapitel der Dokumentation zu den Simulationsergebnissen werden die Resultate aus den Experimenten zusammengestellt. Dazu ist nicht erforderlich, dass für jedes Experiment die Ergebnisse aller Simulationsläufe dokumentiert werden. Vielmehr werden die Experimentergebnisse ausgewählt, denen besondere Relevanz hinsichtlich der Lösung der Aufgabenstellung beigemessen wird. Auch wenn dazu nicht alle Experimente im Einzelnen zu analysieren sind, müssen doch sämtliche Ergebnisse systematisch abgelegt sein. Daher gehören zur *systematischen Ablage der Experimentergebnisse* eine eindeutige Bezeichnung und Versionierung der Ergebnisse bzw. der entsprechenden Dateien, eine geeignete Dateiablage und auch eine Liste, die einen schnellen Überblick über die durchgeführten Experimente und ihre Charakteristika (z. B. die variierten Parameter und die wesentlichen Ausgabegrößen) vermittelt. Die Dokumentation hat so zu erfolgen, dass jederzeit nachvollziehbar ist, welches Experiment mit welcher Variante des Modells und welchen Eingabedaten zu welchem Zweck ausgeführt und welche Ergebnisse dabei erzeugt wurden. Auch sind die Varianten des Modells so zu speichern, dass bei Bedarf einzelne Experimente wiederholt und damit nachvollzogen oder nachträglich überprüft werden können.

Im Abschnitt *Beschreibung wesentlicher Erkenntnisse für einzelne Parametersätze* ist festzuhalten, ob und gegebenenfalls welche im Hinblick auf die Aufgabenstellung wichtigen Auffälligkeiten sich bei bestimmten Eingabewerten ergeben haben. Dazu gehören z. B. Blockaden, die sich bei bestimmten Parametersätzen ergeben, oder auffällige oder untypische Modellzustände wie schwankende Bearbeitungsfolgen oder lange Leerlaufzeiten.

Im Abschnitt *Beschreibung wesentlicher Erkenntnisse aus Experimenten* werden mit Hilfe graphischer Auswertungen oder in tabellarischer Form Ergebnisse einzelner Experimente sowie Ergebnisse aus dem Vergleich unterschiedlicher Experimente gegenübergestellt.

Sowohl bei diesen Vergleichen als auch bei der Betrachtung von Erkenntnissen, die aus einzelnen Parametersätzen abgeleitet werden, ist stets zu prüfen, inwieweit getroffene Aussagen statistisch signifikant sind. Da sich pro Ausgabegröße aus einem Simulationslauf mit einem stochastischen Modell nur ein Stichprobenwert ergibt, müssen mehrere Stichprobenwerte pro Ausgabegröße erzeugt werden, um daraus eine Schätzung für den tatsächlichen Wert zu ermitteln. Die Güte dieser Schätzung muss dann z. B. mit Konfidenzintervallen überprüft werden. Werden die Ausgabegrößen nicht im Zusammenhang mit dem Konfidenzintervall dokumentiert, ist nicht zu erkennen, wie sich die aus der Simulation ermittelte Schätzung und der gesuchte tatsächliche Wert zueinander verhalten. Die Schätzung könnte im ungünstigen Fall sehr weit von dem tatsächlichen Wert entfernt liegen, also sehr schlecht sein.

Die Dokumentation der Gegenüberstellung von Erkenntnissen aus Untersuchungen mit unterschiedlichen Eingabedaten muss aufzeigen, ob und wie sich die resultierenden Ergebnisse unterscheiden. Wegen des stochastischen Charakters der Ergebnisgrößen ist insbesondere zu prüfen, ob Unterschiede auch statistisch signifikant sind. Dazu können multiple Mittelwertvergleiche oder andere Verfahren eingesetzt werden (zu den statistischen Verfahren vgl. z. B. VDI 1997a, S. 10; Hoover und Perry 1990, S. 354-362).

Die abschließende Darstellung von *Ergebnisanalyse und Schlussfolgerungen aus den Experimenten* dient der zusammenfassenden Interpretation der Experimente und der Ableitung von Empfehlungen in Bezug auf das reale System. Spätestens hier werden im Hinblick auf die Ziele und Zwecke der Studie (vgl. Abschnitt 4.2.1) zentrale Erkenntnisse sowie – eventuell priorisierte – Handlungsempfehlungen zusammengestellt.

4.2.7 Rohdaten

Für eine Simulationsstudie in Produktion und Logistik werden in der Regel umfassende Informationen benötigt (vgl. dazu die Abschnitte 4.1.2, 4.2.2 und 4.2.8). Die Erfassung der entsprechenden Daten in ihrer ursprünglichen („rohen") Form erfolgt nicht notwendigerweise originär für eine Simulationsuntersuchung. Vielmehr entstehen im Umfeld eines bereits existierenden Produktions- oder Logistiksystems permanent Daten. Das gilt auch für einen Planungsprozess, in dessen Rahmen ein neues System gestaltet wird – hier entstehen die entsprechenden Informationen und Daten im Rahmen der Planungsvorgänge. Beispiele sind Produktionsaufträge, technische Daten wie Bearbeitungs- oder Störzeiten oder organisatorische Daten wie Schichtkalender.

Der Umfang und die Qualität der Aufzeichnung von Daten können sich je nach Unternehmen und darüber hinaus bereits innerhalb eines einzelnen Unternehmens ganz erheblich unterscheiden. Die Bandbreite reicht von fehlenden Aufzeichnungen bestimmter Daten über manuelle Aufzeichnungen und die Verwendung von Tabellenkalkulationsprogrammen bis hin zu automatisierten Aufzeichnungs- und Archivierungsapplikationen, beispielsweise in Form von datenbankgestützten Betriebsdatenerfassungssystemen (vgl. Spieckermann und Coordes 2002).

Vor diesem Hintergrund und unter Berücksichtigung der an der Datenbeschaffung (möglicherweise) beteiligten Instanzen (Produktion, IT, Planung, Entwicklung, Management) ist eine sorgfältige Strukturierung der hierfür notwendigen Aktivitäten erforderlich. Eine erste und ggf. bereits umfangreiche Auseinandersetzung mit notwendigen Informationen und Daten erfolgt im Rahmen der Aufgabendefinition. In der Aufgabenspezifikation als dem Ergebnis dieser Phase sind bereits alle wesentlichen Rahmenbedingungen aufgeführt (vgl. Abschnitt 4.2.2).

Trotzdem kann in Ergänzung zur Aufgabenspezifikation ein eigenständiges Dokument zu den Rohdaten sinnvoll sein. Das gilt insbesondere dann, wenn in den Prozess der Datenbeschaffung Personen aus verschiedenen Abteilungen oder sogar Unternehmen involviert sind. Zusätzlich zu den Anforderungen an die Rohdaten umfasst das Phasenergebnis „Rohdaten" auch die tatsächlich erfassten Rohdaten und deren Beschreibung, die als unterschiedliche Teildokumente abgelegt sein können (vgl. Abschnitt 4.1.3). Das Dokument hat also zu Beginn der Phase eher Spezifikationscharakter, während es gegen Ende der Phase in erster Linie der Dokumentation der auf Basis dieser Spezifikation erzielten Ergebnisse dient.

Einordnung

Das Dokument „Rohdaten" muss konsistent zu den Ausführungen in der *Aufgabenspezifikation* sein. Daher ist bezogen auf die Angaben zu den zu verwendenden Informationen und Daten eine *Übernahme der Informationen aus der „Aufgabenspezifikation" (Kapitel 3)* notwendig.

Dies gilt insbesondere, wenn das Dokument „Rohdaten" als eigenständiges Dokument von anderen Beteiligten der Simulationsstudie verwendet werden soll. Gerade in diesem Fall können *ergänzende organisatorische Angaben* erforderlich werden. Beispielsweise kann bei der Weitergabe an IT-Verantwortliche die Kenntnis weiterer Dokumente oder Informationen aus dem Kontext des Projektes nicht vorausgesetzt werden. Daher kann zu den ergänzenden organisatorischen Angaben im einfachsten Fall eine kurze Erläuterung des Zwecks des Dokumentes gehören. Darüber hinaus sind zu beteiligende Fachabteilungen oder zu berücksichtigende Dokumente und Standards zu benennen.

Datenentitätstyp <name>

In der Regel wird es für ein umfangreiches Simulationsprojekt eine Vielzahl an Entitätstypen geben, die zu berücksichtigen sind. Der Begriff Entitätstyp bezeichnet eine Gruppe von gleichartigen Modellelementen (Entitäten), die sich durch gemeinsame Attribute beschreiben lassen und sich nur in ihren Werten unterscheiden (vgl. hierzu auch Balzert 2000, S. 251-253). An dieser Stelle ist zu entscheiden, welche Entitätstypen im Rahmen der Datenbeschaffung und -aufbereitung zu behandeln sind (im Folgenden: Datenentitätstypen). Notwendige Informationen und Daten aus dem Bereich Produktion und Logistik sind beispielsweise Arbeitspläne, Schichtpläne, Fördertechnikdaten, Lagerbestandsdaten oder Fertigungsaufträge (vgl. Baron et al. 2001, S. 154ff.). Entsprechend ist dieses Kapitel *pro*

Datenentitätstyp zu formulieren, so dass es bei n relevanten Datenentitätstypen schließlich n Kapitel gibt. Diese Kapitel tragen jeweils die Überschrift „Datenentitätstyp <Name des Datenentitätstyps j>" ($1 \le j \le n$). Die einzelnen Abschnitte sind dann ebenfalls für jeden Entitätstyp einzeln zu spezifizieren.

Die Beschreibung jedes Datenentitätstyps beginnt bei der *Benennung des Entitätstyps* und beinhaltet eine Erläuterung der *Verwendung der Daten* dieses Entitätstyps. Diese zwingt zum einen dazu, sich über die Notwendigkeit der Beschaffung der entsprechenden Daten Rechenschaft abzulegen. Zum anderen kann über die explizite Benennung des Verwendungszwecks auch geklärt werden, ob alle Projektbeteiligten (Fachexperten, IT-Verantwortliche, Simulationsfachleute) das gleiche Verständnis hinsichtlich des Zwecks des Entitätstyps haben. Die *Beschreibung der Datenstruktur* benennt und erläutert die Attribute des Entitätstyps.

Ein wesentlicher Teil der Arbeit im Zusammenhang mit den Rohdaten wird typischerweise auf die tatsächliche Beschaffung der Daten entfallen. Das hierzu geplante *Vorgehen bei der Datenbeschaffung* ist dementsprechend vorab zu planen und zu beschreiben. Am Ende der Phase muss dokumentiert werden, wie die Datenbeschaffung erfolgt ist. Dabei kann das Spektrum von der Durchführung manueller Messungen und Aufzeichnungen unter Nutzung spezieller Methoden zur Datenerhebung (z. B. Multimomentaufnahmen) über die Nutzung von Textdateien, Tabellenkalkulationsblättern und Datenbanken bis zur automatischen Erfassung der Daten durch Lesestationen reichen.

Der Aufwand für die Datenbeschaffung hängt unter anderem davon ab, welche Anforderungen an die *Konsistenz und Fehlerfreiheit,* an die *Replizierbarkeit der Datenbeschaffung* sowie an die *Daten- und Systemverfügbarkeiten* gestellt werden. Tendenziell steigt mit zunehmenden Anforderungen natürlich auch der Aufwand. Aus diesem Grund ist es wichtig, die entsprechenden Anforderungen zu dokumentieren und soweit wie möglich bei der Vorgehensweise für die Datenbeschaffung zu berücksichtigen. Wenn beispielsweise die Datenbeschaffung mehrfach oder sogar regelmäßig wiederholt werden muss und gleichzeitig permanente Verfügbarkeit gefordert ist, erscheint eine manuelle Bereitstellung eher unzweckmäßig. Im Verlauf der Datenbeschaffung ist ferner zu dokumentieren, ob und an welchen Stellen Probleme bezüglich der Konsistenz der beschafften Daten aufgetreten sind oder Fehler in diesen Daten aufgedeckt wurden. Festzuhalten ist auch, ob und wie die Datenbeschaffung wiederholt werden kann und welche Bedingungen dabei zu beachten sind. Außerdem ist zu dokumentieren, ob die erwartete Verfügbarkeit der Daten und Systeme tatsächlich erreicht wurde, und welche Maßnahmen mit welchen Randbedingungen und Einschränkungen ggf. zum Ersatz nicht verfügbarer Daten ergriffen wurden.

Wichtig ist auch, wer für die Beschaffung der Daten, ihre Fehlerfreiheit und Verfügbarkeit verantwortlich ist, wobei durchaus unterschiedliche Ansprechpartner in die Pflicht genommen werden können. So kann etwa die Bereitstellung durch die IT übernommen werden, während die Fachabteilung für die Konsistenz und Fehlerfreiheit der Daten zuständig ist (*Verantwortlichkeiten*).

Schließlich gibt es gerade in größeren Unternehmen Standards im IT-Bereich, die in das Rohdatendokument unter dem Punkt *Standards auf Entitätstypebene* aufgenommen werden. Dazu können z. B. bestimmte Vorgehensweisen beim Zugriff auf Daten (etwa auf Daten in ERP-Systemen) gehören oder auch Vorschriften für die Spezifikation von Schnittstellen (vgl. Abschnitt 4.2.2).

Entitätstypenübergreifende Plausibilitätsprüfungen

In diesem letzten Kapitel des Dokumentes zu den Rohdaten werden projektspezifisch sinnvolle Plausibilitätsprüfungen über mehrere Entitätstypen hinweg beschrieben. Die grundsätzlich denkbaren Fragestellungen sind vom Anwendungsfall abhängig und lassen sich daher an dieser Stelle nur exemplarisch skizzieren. Bestandteil der Prüfungen kann z. B. der Abgleich zwischen Stamm- und Bewegungsdaten sein:

- Gibt es für jede Position eines Kommissionierauftrages auch Artikelstammdaten?
- Gibt es für alle Aufträge auch Arbeitsplandaten? Gibt es für alle Arbeitsfolgen in den Arbeitsplandaten auch Maschinendaten?
- Lassen sich mit den angegebenen Maschinendaten bei statischer Rechnung die geforderten Ausbringungen erreichen?

Bei der Formulierung der vorzunehmenden Prüfungen ist zu berücksichtigen, dass für einige Entitätstypen unter Umständen erst nach der Durchführung der im folgenden Abschnitt diskutierten Datenaufbereitung plausible Daten vorliegen. Aus diesem Grund ist bei entitätstypenübergreifenden Prüfungen im Einzelfall zu hinterfragen, ob sie schon für die Rohdaten oder erst für die aufbereiteten Daten formuliert werden können.

4.2.8 Aufbereitete Daten

Für die Ausführung von Simulationsmodellen werden in der Regel Daten benötigt, die implizit (als Bestandteil des Modells, beispielsweise in Form von Variablen oder Attributen von Modellelementen) oder explizit (als externe vom Modell aus verwendete Datenquellen, beispielsweise als Textdateien oder in Datenbanken) vorliegen.

Im Allgemeinen werden die für eine konkrete Aufgabe (etwa eine Planungsaufgabe oder eine Studie zur Durchsatzverbesserung eines existierenden Systems) vorliegenden Informationen und Daten nicht unmittelbar zur Verwendung im ausführbaren Modell geeignet sein. Aus diesem Grund ist es in vielen Fällen erforderlich, Daten zu generieren oder zu extrapolieren sowie vorhandene (Roh-)Daten (vgl. Abschnitt 4.2.7) geeignet aufzubereiten.

Die damit einhergehenden Schritte zur Aufbereitung der Daten können sowohl technisch als auch algorithmisch oder statistisch sehr komplex und umfangreich werden. Daher ist eine Dokumentation der Datenaufbereitung ein sinnvoller und notwendiger Bestandteil des Modellierungsprozesses. In Teilen wird diese Dokumentation – je nach Anwendungsfall – im Zusammenhang mit dem Konzeptmodell, dem formalen Modell oder dem ausführbaren Modell erfolgen (vgl. Abschnitte 4.2.3 bis 4.2.5). In diesem Fall kann auf die entsprechenden Informationen in den anderen Dokumenten verwiesen werden. Ein eigenständiges Dokument zur Datenaufbereitung empfiehlt sich auf jeden Fall bei einer arbeitsteiligen Arbeitsweise, bei der sich z. B. ein Mitarbeiter mit der Bereitstellung der Daten befasst und sich ein anderer Mitarbeiter der Erstellung von Modellen widmet. Auch im Hinblick auf die Gestaltung einer klaren Schnittstelle z. B. zwischen einer IT-Abteilung und einem Simulationsprojektteam kann sich ein Dokument zu den aufbereiteten Daten bewähren. Schließlich kann eine notwendige oder angestrebte Überprüfung der Daten, die unabhängig von Modellen oder Modellstrukturen erfolgen soll, ein Grund für ein eigenständiges Dokument sein.

Das Phasenergebnis „Aufbereitete Daten" umfasst sowohl die Anforderungen an die Datenaufbereitung als auch die tatsächlich daraus entstandenen Daten und ggf. deren Beschreibung, die als unterschiedliche Teildokumente abgelegt sein können (vgl. Abschnitt 4.1.3).

Das Dokument „Aufbereitete Daten" besteht in Analogie zum Dokument „Rohdaten" aus drei Kapiteln. Das erste Kapitel hat im Wesentlichen die Aufgabe, die Bezüge zu dem Modell und zu den Rohdaten herzustellen. Im zweiten Kapitel werden dann die Entitätstypen mit ihren Attributen im Detail beschrieben. Im dritten Kapitel werden entitätstypübergreifende Plausibilitätsprüfungen erläutert.

Einordnung

Mit dem Abschnitt *Verwendungszweck der aufbereiteten Daten im Modell* wird der Bezug zu den entsprechenden Kapiteln der Modellierung (vgl. Abschnitte 4.2.3 bis 4.2.5) hergestellt. Wie genau die Ausführungen zum Verwendungszweck an dieser Stelle sein müssen, hängt von der gewählten Arbeitsteilung zwischen Modellierungs- und Datenbeschaffungsprozess sowie von dem Stellenwert der Datenaufbereitung im konkreten Projekt ab. Unter Umständen reicht in diesem Abschnitt tatsächlich ein knapper Verweis auf Abschnitte anderer Dokumente aus. In anderen Projekten kann eine ausführliche Erläuterung angemessen sein. In beiden Fällen gibt es hier wie auch hinsichtlich des darzustellenden *Bezuges zu den Rohdaten* Schnittstellen zu anderen Dokumenten, aus denen sich die Notwendigkeit zur Abgrenzung der Dokumente oder zur Prüfung der Konsistenz ergibt. Im Abschnitt *Bezug zu den Rohdaten* ist darzustellen, welche Informationen und Daten für die in diesem Dokument beschriebene Datenaufbereitung erforderlich sind. Im Abschnitt *Organisatorischer Rahmen* werden dann Aspekte des Projektmanagements zusammengefasst, wie z. B. die explizite Benennung von Personen oder Abteilungen, terminliche oder sonstige projektbezogene Rahmenbedingungen.

Aufbereitung der Datenentitäten des Typs <name>

Dieses Kapitel des Dokumentes ist in Analogie zum Dokument „Rohdaten" so zu verstehen, dass es für jeden (wichtigen) Entitätstyp ein eigenes Kapitel gibt (vgl. Abschnitt 4.2.7). Neben der *Benennung des Entitätstyps* ist die *Beschreibung der Datenstruktur*, d. h. die Erläuterung der Attribute mit Attributtyp ein wichtiger Bestandteil des Kapitels. Grundsätzlich kann die Darstellung der Datenstrukturen in Form von Tabellen, in Textform oder auch in Form von Beschreibungsmitteln wie Entity-Relationship-Diagrammen oder der Unified Modeling Language (UML) erfolgen. Dabei ist die enge inhaltliche Verzahnung mit den entsprechenden Dokumenten des Modellerstellungsprozesses zu beachten. Ferner bietet sich an, in allen Dokumenten die gleichen Beschreibungsmittel einzusetzen.

Zusätzlich zur Spezifikation der Eigenschaften ist für jeden Entitätstyp auch zu beschreiben, wie das *Vorgehen bei der Datenaufbereitung* erfolgt. Das kann sich auf ganz einfache Angaben (Einlesen einer Datei, Absetzen einer Datenbankabfrage) beschränken, wobei bereits in diesen einfachen Fällen auf Punkte wie Dateinamen, Ort der Dateiablage oder Aufbau der Datenbankabfrage einzugehen ist. Sowohl das Einlesen einer Datei als auch Datenbankabfragen können mit einem Filtern von Daten oder mit einem Vervollständigen fehlender Datenfelder einhergehen.

Wenn statistische Verfahren zur Datenaufbereitung eingesetzt werden, so sind diese in einer unmittelbar zu verwendenden Form anzugeben. Das kann z. B. durch die Angabe einer konkreten Formel oder durch einen Verweis auf eine verfügbare und dokumentierte Bibliothek mit statistischen Verfahren erfolgen.

Müssen Daten generiert werden, so sind im Dokument „Aufbereitete Daten" die entsprechenden Datengeneratoren zu dokumentieren. Dabei kann der Entwurf methodisch an dieser Stelle soweit gehen, dass Programmablaufpläne, Pseudo-Code oder vergleichbare Beschreibungsmittel für die Feinspezifikation zum Einsatz kommen. Dies gilt insbesondere, da gerade die Erzeugung von konsistenten Auftragsdaten (beispielsweise für mehrstufige Prozesse) in vielen Fällen kein triviales Problem ist.

Eng mit den oben bereits erwähnten Filtern hängen auch *Plausibilitätsprüfungen und qualitätssichernde Maßnahmen* zusammen: Hierzu zählen etwa die Prüfung der Einhaltung von Wertebereichen für einzelne Attribute, die Prüfung von zulässigen bzw. unzulässigen Kombinationen von Werten mehrerer Attribute oder auch der Ausschluss von Datendubletten.

Entitätstypenübergreifende Plausibilitätsprüfungen

Wie schon im Rahmen der Definition von Prüfungen auf den Rohdaten werden auch in diesem letzten Kapitel des Dokumentes „Aufbereitete Daten" projektspezifisch sinnvolle entitätstypenübergreifende Prüfungen beschrieben. Hier sind Verfahren zu benennen, mit denen Querbezüge zwischen Daten sinnvoll auf ihre Plausibilität hin überprüft werden können. Grundsätzlich gleichen die Fragestellungen denjenigen bei den entitätstypenübergreifenden Prüfungen auf den Rohdaten. Da der Datenbestand nach der Aufbereitung allerdings unmittelbar und ohne weitere Schritte von einem Simulationsmodell verwendbar sein soll, ist der Umfang der Prüfaktivitäten bei den aufbereiteten Daten in der Regel noch einmal größer als bei den Rohdaten.

5 Techniken der Verifikation und Validierung

In den vorhergehenden Kapiteln werden ein Simulationsvorgehensmodell, das eine Simulationsstudie in Phasen gliedert, und Dokumentstrukturen für die einzelnen Ergebnisse dieser Phasen eingeführt. Im nachfolgenden Kapitel 6 wird ein Vorgehensmodell für Verifikation und Validierung vorgeschlagen, das auf den in Kapitel 4 beschriebenen Phasenergebnissen aufbaut, konkrete V&V-Aktivitäten zeitlich und kausal einordnet sowie Handlungshilfen zum Einsatz des Vorgehensmodells gibt. Zu diesen Handlungshilfen gehören auch Vorschläge für den Einsatz geeigneter V&V-Techniken. Als Grundlage dafür werden in diesem Kapitel zunächst ausgewählte Techniken eingeführt und darüber hinaus Hinweise gegeben, wie und unter welchen Bedingungen einzelne Techniken sinnvoll eingesetzt werden können.

Zur Überprüfung der Validität eines Modells eignen sich viele unterschiedliche Techniken. Daher müssen Simulationsfachleute in der Lage sein, für eine spezifische Phase einer spezifischen Simulationsstudie die richtigen V&V-Techniken auszuwählen, wobei unter anderem der Aufwand, der Zweck der Studie, Eigenschaften des Modells, die Phase der Simulationsstudie, Kenntnisse der Anwender oder die Verfügbarkeit von Daten zu berücksichtigen sind. Ein allgemein anwendbares Vorgehen zur Auswahl der geeigneten V&V-Techniken existiert nicht (vgl. Sargent 1982). Die Kenntnis der V&V-Techniken und ihrer Eigenschaften ist daher eine wesentliche Grundlage für die korrekte Durchführung einer der Aufgabenstellung angemessenen V&V.

Zu beachten ist, dass alle Techniken nur dazu dienen, Fehler auszuschließen. Durch den Einsatz einer V&V-Technik wird die Glaubwürdigkeit erhöht, wenn ihre Anwendung keinen Fehler aufzeigt. Das Modell gilt als glaubwürdig, wenn die „Null-Hypothese", d. h, Modell und Wirklichkeit zeigen im Sinne der Aufgabenstellung hinreichende Übereinstimmung, nicht widerlegt werden konnte (vgl. Hermann 1967).

Keine der Techniken ist geeignet, eine Fehlerfreiheit der Studie zu gewährleisten. Durch den kontinuierlichen Einsatz eines sorgfältig ausgeprägten Spektrums von Techniken können aber ungültige Simulationsergebnisse mit hoher Wahrscheinlichkeit ausgeschlossen werden.

Grundsätzlich sind immer mehrere, unterschiedliche Techniken anzuwenden. Außerdem können unterschiedliche V&V-Techniken miteinander kombiniert werden, um die Wirksamkeit der einzelnen Techniken zu verbessern.

5.1 Abgrenzung

Die Literatur benennt eine Vielzahl von V&V-Techniken (z. B. finden sich 77 Techniken bei Balci 1998), deren vollständige Beschreibung nicht nur den Rahmen dieses Buches sprengen würde, sondern den Autoren auch im Hinblick auf die meisten Anwender im Bereich Produktion und Logistik als wenig hilfreich erscheint. Daher werden die folgenden Kriterien zum Ausschluss einzelner Techniken verwendet:

- Auf Management-Techniken wird in diesem Kapitel nur eingegangen, wenn diese für die Simulationsprojekte eine wesentliche Rolle spielen wie beispielsweise Begutachtung oder Schreibtischtest. In Kapitel 6 werden darüber hinaus im Zusammenhang mit der Validierung erstellter Dokumente spezifische Hinweise gegeben, die einer systematischen Prüfung von Dokumenten als Management-Technik („Documentation Checking", vgl. Balci 1998, S. 356) zuzuordnen sind.
- Techniken des Software Engineering, z. B. Syntaxanalyse, semantische Analyse oder Debugging, sind in der Informatik-Fachliteratur umfangreich beschrieben (vgl. Balzert 2005, S. 503-546). Da keine spezifischen Merkmale dieser Techniken für die Simulation in Produktion und Logistik erkennbar sind, wird auf die Darstellung der Techniken in diesem Buch verzichtet.
- Stark formale Techniken wie Induktion, Inferenz oder formale Korrektheitsbeweise sind in praktischen Anwendungen nur in Ausnahmefällen oder für sehr spezifische Teilaspekte nutzbar: "Current state-of-the-art proof of correctness techniques are simply not capable of being applied even to a reasonably complex simulation model" (Balci 1998, S. 378). Auf die Erläuterung formaler Techniken wird daher verzichtet.

Im folgenden Abschnitt 5.2 werden die V&V-Techniken beschrieben und teilweise mit Beispielen untersetzt, die den Autoren für eine effiziente Verifikation und Validierung in der Praxis hilfreich erscheinen. Die Techniken sind so ausgewählt, dass eine ausgewogene Anzahl an Techniken für jede Phase des Simulationsvorgehensmodells zur Verfügung steht und unterschiedliche Untersuchungsgegenstände wie das Verhalten des Modells in gegebenen Situationen, Wechselwirkungen im Modell sowie die Ergebnisse des Modells im Fokus stehen.

5.2   Beschreibung der Techniken

Beschreibungen von V&V-Techniken finden sich überwiegend in der englischsprachigen Literatur. In diesem Buch werden dennoch deutsche Begriffe verwendet, soweit diese eingeführt sind oder sich sinnvoll ergeben. Auf die Übersetzung als Fremdwort gängiger Begriffe (z. B. Animation) wird bewusst verzichtet. Tabelle 2 gibt eine Gegenüberstellung der deutschen und englischen Benennung der im Folgenden in alphabetischer Reihenfolge erläuterten Techniken.

Die angegebene Literatur wird überwiegend auf Hinweise zu ausführlicheren Darstellungen sowie Referenzen zu speziellen Aspekten der Techniken beschränkt. Eine Bibliographie zu Techniken findet sich z. B. bei Balci und Sargent (1984).

Zu beachten ist, dass V&V-Techniken in der Literatur teilweise unterschiedlich benannt und auch etwas unterschiedlich beschrieben werden (vgl. Sargent 1982). Auf eine Diskussion dieser Unterschiede wird in diesem Kapitel verzichtet, da hier die Anwendung der V&V-Techniken und ihre Eignung für unterschiedliche Fragestellungen im Vordergrund stehen sollen.

5.2.1 Animation

Mit Animation kann insbesondere aufgezeigt werden, dass das Verhalten eines Modells in bestimmten Situationen *nicht* gültig ist (Law 2007). „A 'correct' animation is no guarantee of a valid or debugged model" (Law und McComas 1991). Die zeitlichen Abläufe in dem Modell werden zwei- oder dreidimensional graphisch dargestellt. Dabei kann nur beobachtet werden, ob die Abläufe im Modell in dem tatsächlich betrachteten Modell- und Zeitabschnitt plausibel sind oder ob es Unterschiede zum realen System gibt. Ein Rückschluss auf das über diesen Zeitraum hinausgehende Verhalten ist nicht möglich: „Snapshots of a running visual simulation model are a dangerous yardstick to determine what is going on in the system over time" (Paul 1991, S. 224). Fehler im Modell, die selten auftreten, werden beispielsweise mit großer Wahrscheinlichkeit nicht erkannt (vgl. Kleijnen 1995). Witte (1994, S. 195f.) fasst eine ganze Reihe von Nachteilen der Animation zusammen. Im Hinblick auf ihre Eignung als

Tabelle 2. Deutsche und englische Bezeichnungen von V&V-Techniken

Deutsche Bezeichnung	Englische Bezeichnung
Animation	Animation
Begutachtung	Review
Dimensionstest	Dimensional Consistency Test
Ereignisvaliditätstest	Event Validity Test
Festwerttest	Fixed Value Test
Grenzwerttest	Extreme-Condition Test
Monitoring	Monitoring, Operational Graphics
Schreibtischtest	Desk Checking
Sensitivitätsanalyse	Sensitivity Analysis
Statistische Techniken	Statistical Techniques
Strukturiertes Durchgehen	Structured Walkthrough
Test der internen Validität	Internal Validity Test
Test von Teilmodellen	Submodel Testing
Trace-Analyse	Trace Analysis
Turing-Test	Turing Test
Ursache-Wirkungs-Graph	Cause-Effect Graph
Validierung im Dialog	Face Validity
Validierung von Vorhersagen	Predictive Validation
Vergleich mit anderen Modellen	Comparison to other Models
Vergleich mit aufgezeichneten Daten	Historical Data Validation

V&V-Technik spielen darunter vor allem die Vortäuschung von Detail-
treue, die Grenzen visueller Erfassbarkeit und die Überbewertung untypi-
scher Modellzustände eine Rolle.

Aus diesen Überlegungen folgt, dass eine „wirklichkeitsnahe" Animation die Zuversicht des Kunden in die Validität steigern kann, ohne dass
dies berechtigt ist. Durch geeignete Maßnahmen kann die Wirksamkeit der
Animation als V&V-Technik aber zumindest verbessert werden (vgl. Swider et al. 1994), z. B.:

- Bewusster Entwurf der Animationsdarstellung für die Validierung, d. h.
  nicht mit dem Ziel möglichst realitätsnaher Darstellung, sondern mit
  dem Ziel, das Systemverhalten möglichst transparent darzustellen
- Beschränkung einzelner Tests mit Animation auf Teilbereiche bei bewusster Fokussierung der Aufmerksamkeit des Betrachters
- Durchführung der Animation mit angemessener Geschwindigkeit, in der
  wesentliche Vorgänge vom Beobachter noch verfolgt werden können

Die Stärke der Animation liegt in der Überprüfung des Modellverhaltens
in ausgewählten Modellabschnitten über kurze Zeiträume (Carson 2002).
Wenn, z. B. durch andere Techniken, unerwartete Ergebnisse in einem bestimmten Zeitabschnitt festgestellt wurden, kann die Animation eine sehr

effektive Technik sein, den Fehler im Detail zu lokalisieren oder umgekehrt das unerwartete Ergebnis durch Beobachtung des Modellverlaufs zu verstehen.

5.2.2 Begutachtung

Die Begutachtung („Review") hat große Ähnlichkeit mit dem strukturierten Durchgehen (vgl. Abschnitt 5.2.11), unterscheidet sich aber in der Zusammensetzung der Teilnehmer. Die Begutachtung schließt das Management auf Auftraggeber- und Auftragnehmerseite ein und soll klären, ob die Simulationsstudie in Übereinstimmung mit den vereinbarten Zielen und Randbedingungen verläuft (vgl. Balci 1998). Entsprechend liegt der Fokus weniger auf der Ebene technischer Details, sondern auf der Feststellung, ob ein hinreichender Grad von Qualität in der Projektdurchführung und den Projektergebnissen erreicht ist.

Die Begutachtung setzt eine sorgfältige Vorbereitung voraus, die sowohl durch die einzelnen Teammitglieder (z. B. mit Hilfe von Schreibtischtests) als auch durch das Team als Ganzes erfolgen sollte (z. B. im Rahmen eines strukturierten Durchgehens). Um diese Technik möglichst zielführend anzuwenden, werden Kriterien festgesetzt, mit deren Hilfe der Erfolg einer Begutachtung eingeschätzt werden kann. In Tabelle 3 sind mögliche Kriterien dargestellt und zu den V&V-Kriterien (vgl. Abschnitt 2.3) in Beziehung gesetzt.

Tabelle 3. Kriterien für den Erfolg einer Begutachtung mit Bezug zu den V&V-Kriterien

Kriterium für Erfolg der Begutachtung	V&V-Kriterium
Eignung der Ziel- und Systembeschreibungen	Eignung
Angemessenheit der getroffenen Annahmen	Genauigkeit, Machbarkeit
Einhaltung der vereinbarten Richtlinien und Standards	Verständlichkeit, Konsistenz
Angemessenheit und Effizienz der verwendeten Modellierungstechniken	Eignung, Verständlichkeit, Machbarkeit
Grad der Übereinstimmung des Modells mit der Realität	Vollständigkeit, Genauigkeit, Aktualität
Strukturiertheit des Modells	Verständlichkeit, Vollständigkeit, Konsistenz
Vollständigkeit des Modells	Vollständigkeit, Machbarkeit
Qualität der Dokumentation	– alle Kriterien –

5.2.3 Dimensionstest

Der Dimensionstest („Dimensional Consistency Test") dient dazu, konzeptionelle Fehler oder Fehler bei der Entwicklung von Formeln aufzudecken (Shannon 1981). Durch die Nachrechnung der Dimension auf beiden Seiten einer Formel lassen sich Inkonsistenzen sowohl (a) innerhalb einer Formel als auch (b) in der Zuweisung zu einem weiteren Wert aufdecken. Als Beispiel soll die Berechnung der Wegstrecke s dienen, die ein Fahrzeug zurücklegt, während es seine Geschwindigkeit mit der Beschleunigung b von einer Anfangsgeschwindigkeit v_0 auf eine maximale Geschwindigkeit v_{max} erhöht. Diese Berechnungen sind charakteristisch für Modelle, in denen Fahrzeuge wie fahrerlose Transportfahrzeuge oder Regalbediengeräte modelliert werden müssen: In einer ganzen Reihe von Simulationswerkzeugen wird die Beschleunigung von Fahrzeugen nicht explizit berücksichtigt. Dann ist die Aufgabe des Simulationsexperten, die folgende Formel korrekt anzuwenden:

$$s = \frac{1}{2b}\left(v_{max}^2 - v_0^2\right)$$

$$\text{s = Wegstrecke; b = Beschleunigung;}$$
$$v_0 = \text{Anfangsgeschwindigkeit; } v_{max} = \text{Maximalgeschwindigkeit}$$

(5.1)

Schleicht sich dabei ein Fehler ein (wird z. B. vergessen, v_0 zu quadrieren), so deckt der Dimensionstest, d. h. die Nachrechnung der Dimension über die Einheiten, den Fehler auf:

$$\frac{1}{2b}\left(v_{max}^2 - v_0\right) : \frac{1}{\frac{m}{s^2}}\left((\frac{m}{s})^2 - (\frac{m}{s})\right) = \frac{s^2}{m}\left(\frac{m^2 - ms}{s^2}\right)$$

(5.2)

Die Zusammenfassung der Dimensionen in der Klammer (m^2 - ms) ist nicht möglich, die Formel muss also falsch sein.

5.2.4 Ereignisvaliditätstest

Der Ereignisvaliditätstest („Event Validity Test") vergleicht das Auftreten von Ereignissen im Simulationsmodell mit der Realität. Dabei können sowohl zusammenhängende Ereignisse als auch einzelne Ereignisse in ihrer zeitlichen Abfolge betrachtet werden (vgl. Hermann 1967; Balci 1990).

Beispielsweise kann die Anzahl der in einem Modell nachbearbeiteten Aufträge mit der Anzahl derartiger Nacharbeitsaufträge in der Realität verglichen werden. Das Modell ist nicht gültig, wenn die Art oder die Anzahl der Ereignisse nicht hinreichend genau mit der Realität übereinstimmen, also beispielsweise im Modell zu viel oder zu wenig Nacharbeit entsteht.

Für die Gültigkeit eines Ereignisses ist nicht nur sein Auftreten maßgeblich, sondern auch die zeitliche Abfolge in typischen Mustern von Ereignissen. Um dies zu untersuchen, müssen einzelne Ereignisse zueinander in Beziehung gesetzt werden. Beispielsweise kann geprüft werden, ob ein in der Prüfstation über eine statistische Verteilung als „fehlerhaft" markiertes Werkstück tatsächlich in die Nacharbeit geleitet wird. Für diese Untersuchung bietet sich die Kombination mit anderen Techniken (Animation, Trace-Analyse) an.

Um den Ereignisvaliditätstest möglichst objektiv anzuwenden, sollten zunächst Hypothesen formuliert werden, wie oft ein bestimmtes Ereignis auftreten wird oder in welcher Folge bestimmte Ereignisse eintreten werden. Anschließend werden diese Hypothesen am Modell geprüft, wobei Abweichungen sowohl Fehler des Modells als auch ein fehlerhaftes Systemverständnis aufzeigen können.

5.2.5 Festwerttest

Wird der Festwerttest („Fixed Value Test") eingesetzt, so werden in dem zu überprüfenden Modell nur konstante Werte verwendet (z. B. Bearbeitungszeiten ohne Schwankungen oder nur ein Produkt aus einem Produktionsprogramm mit zahlreichen Varianten). Hierdurch wird aus dem ursprünglich stochastischen Modell ein deterministisches Modell. Werden beispielsweise in einer manuellen Montagelinie die Verteilungen für die Bearbeitungszeiten durch feste Werte ersetzt, so bestimmt die Station mit der höchsten Bearbeitungszeit exakt den Durchsatz der Linie. In diesem Fall kann der Durchsatz der Linie leicht ohne Simulation berechnet werden.

Für die Anwendung der Technik sollten zunächst (möglichst schriftlich) Hypothesen formuliert werden, wie sich das deterministische Modell verhalten wird. Anschließend werden das Modell ausgewertet und die Hypothesen überprüft. Treffen die Hypothesen zu, ist die Glaubwürdigkeit durch die Technik erhöht worden. Wird eine Hypothese widerlegt, so ist zu prüfen, ob ein Fehler in der Modellbildung vorliegt, eine Annahme in den Randbedingungen nicht zulässig ist oder ob nur ein unvollständiges Verständnis des Systems zu einer falschen Hypothese geführt hat. Im letzteren

Fall ist durch die V&V-Technik als solche bereits eine Erkenntnis über das untersuchte System erzielt worden.

Der Festwerttest wird regelmäßig auch mit anderen Techniken kombiniert. Typisch ist die Kombination mit der Technik „Vergleich mit anderen Modellen", da für das deterministische Modell möglicherweise ein einfacheres Vergleichsmodell (z. B. eine Tabellenkalkulation) in Frage kommt.

Unbedingt zu beachten ist, dass durch den Festwerttest nur deterministische Eigenschaften des Modells geprüft werden können, z. B. ob ein Objekt alle Stationen gemäß seines Arbeitsplans durchläuft. Die Aussagekraft des Festwerttests für das vollständige (stochastische) Modell wird dadurch eingeschränkt, dass über die Gültigkeit der statistischen Verteilungen prinzipbedingt keine Aussage gemacht werden kann. Außerdem werden stochastische Einflüsse regelmäßig nicht nur einzelne Zeiten im System beeinflussen, sondern das ganze Ablaufverhalten, was im Festwerttest unberücksichtigt bleiben muss. In Abhängigkeit vom Umfang der stochastischen Einflüsse auf das Modell wird durch diese Technik also nur ein Ausschnitt der tatsächlichen Abläufe und Ereignisse untersucht.

5.2.6 Grenzwerttest

Die Ergebnisse eines Simulationsmodells müssen auch für Kombinationen von Extremwerten der Eingabedaten und Parameter plausibel sein (vgl. Sargent 1994). Das gilt, solange diese Kombinationen von Daten und Werten innerhalb des Bereichs liegen, der vom Modell verarbeitet werden kann. Zur Durchführung des Grenzwerttests („Extreme-Condition Test") werden Eingabegrößen oder Parameterwerte so gesetzt, dass das Verhalten des Modells besser vorhersagbar wird (Sargent 1994). Beispielsweise werden alle Losgrößen in einem Produktionssystem auf den kleinsten vorgesehenen Wert gesetzt. Dadurch lässt sich das Verhältnis von Rüstzeiten zu Bearbeitungszeiten an den Maschinen besser abschätzen und kann mit den Ergebnissen des Modells verglichen werden. Sinnvoll ist auch, nur ein einziges Teil (alternativ: Los, Magazin) in das Modell einzulasten, d. h. die Anzahl der Aufträge im System auf „1" zu begrenzen. Die daraus folgende Belastung lässt sich berechnen und kann mit den einzelnen Ergebnissen des Modells verglichen werden. Hierdurch lassen sich insbesondere Fehler in der Modellierung der Prozesszeiten finden, z. B. fehlende Umrechnungsfaktoren, ungültige Lade- und Entladezeiten oder fehlerhafte Geschwindigkeiten. Insoweit weist der Grenzwerttest eine Verwandtschaft mit dem Festwerttest auf (vgl. Abschnitt 5.2.5).

Darüber hinaus kann durch gezielte Anwendung des Grenzwerttests erreicht werden, dass Abschnitte eines Modells nicht mehr durchlaufen werden. Beispielsweise führt der Grenzwert einer Wahrscheinlichkeit von Null für fehlerhafte Teile dazu, dass keine Nacharbeit mehr durchgeführt wird.

Wie beim Festwerttest bietet sich auch beim Grenzwerttest insbesondere die Kombination mit der Technik „Vergleich mit anderen Modellen" an (vgl. Abschnitt 5.2.19), wenn ein Vergleichsmodell für das vereinfachte Simulationsmodell mit akzeptablem Aufwand zu erstellen ist. Im günstigsten Fall kann für ein solches Vergleichsmodell bereits eine Tabellenkalkulation hinreichend sein.

Grundsätzlich lässt sich diese V&V-Technik nicht nur für ausführbare Modelle, sondern auch für formale Modelle einsetzen. Hier kann z. B. das Verhalten der beschriebenen Algorithmen für den Fall analysiert werden, dass stets der minimale oder stets der maximale zulässige Wert für die Eingabeparameter betrachtet wird. Auch Formeln, die Bestandteil eines formalen Modells sind, können in Grenzbereichen leichter untersucht werden, weil dann eventuell Teile der Formel vernachlässigt werden können.

In der Literatur (vgl. u. a. Berchtold et al. 2002) werden weitere Techniken (z. B. Entartungstest, Stresstest) benannt, deren grundsätzliche Anwendung sich jedoch nicht von der Anwendung des Grenzwerttestes unterscheidet und die daher hier nicht gesondert diskutiert werden.

5.2.7 Monitoring

Mit Monitoring („Operational Graphics") werden die Werte von Zustandsgrößen und Variablen (z. B. Auslastung, Durchlaufzeit, Pufferbelegung) während des Simulationslaufes graphisch angezeigt und überprüft (Sargent 2005). Diese Darstellung kann in einer Animation mit dem zugeordneten Element verbunden sein oder unabhängig (z. B. in einem eigenen Bildschirmfenster) erfolgen. Überprüft wird z. B., ob die in den angezeigten Graphiken dargestellten Werte und die aktuelle Situation im Simulationsmodell konsistent sind. Für die Darstellung kommen zwei Verfahren in Betracht:

1. Werte *zum Zeitpunkt*, d. h. der zu einem Zeitpunkt jeweils aktuelle Wert einer Größe wird sichtbar gemacht. Beispiele sind der Füllstand eines Behälters, die aktuelle Wartezeit von Aufträgen vor einer Maschine oder die Restladung eines elektrischen Fahrzeugs. Je nach angezeigtem Wert bieten sich unterschiedliche Arten der Darstellung an. Die Restladezeit eines Fahrzeuges könnte sinnvoll in einem Kreisdiagramm („ablaufende Uhr") veranschaulicht werden, die Verteilung der Aufgaben des Fahrzeuges (z. B. Lastfahrt, Leerfahrt, Lastübernahme) als mehrfarbiger Balken, dessen Werte sich zu 100 % addieren.

2. Werte *im Zeitverlauf*, d. h. der betrachtete Wert wird für einen gewissen Zeitraum (z. B. die Stunde vor dem aktuellen Zeitpunkt) über der Zeit aufgetragen. Typische Darstellungsformen sind Kurven über der Zeit oder (bei nur in Abständen erfassten Werten) Balkengraphiken, deren Balken jeweils für einen definierten Zeitabschnitt stehen.

Die Technik birgt grundsätzlich ähnliche Gefahren wie die Animation (vgl. Abschnitt 5.2.1). Auch hier wird nur ein – räumlicher und logischer – Ausschnitt des Modells sichtbar gemacht, so dass Aussagen über den nicht sichtbaren Teil nicht möglich sind. Vorteilhaft ist, wenn Werte im Zeitverlauf angezeigt werden. Hierdurch können Fehler erkannt werden, die unerwartete Ausschläge in den angezeigten Verlaufskurven zur Folge haben. Dies darf aber keinesfalls darüber hinwegtäuschen, dass für die mit Operational Graphics angezeigten Werte keine statistische Relevanz erwartet werden kann, da sie weder Einschwingzeiten berücksichtigen noch aus statistischen Überlegungen definierte Betrachtungszeiträume berücksichtigen (zur erforderlichen Länge von Simulationsläufen sowie zur Bestimmung der Einschwingphase vgl. Abschnitt 4.2.6).

5.2.8 Schreibtischtest

Der Schreibtischtest („Desk Checking"; auch „Self-inspection") besteht in der sorgfältigen Überprüfung der eigenen Arbeit in Bezug auf Vollständigkeit, Korrektheit, Konsistenz und Eindeutigkeit (Balci 1998, S. 356). Das grundsätzliche Problem der Technik ist, dass eigene Fehler beim nochmaligen Durchgehen häufig nicht erkannt werden. Daher ist die Kombination des Schreibtischtests mit anderen Techniken zu empfehlen. Das Hinzuziehen einer anderen Person (Validierung im Dialog) erhöht durch den Zwang, das eigene Handeln nochmals zu erklären und damit neu zu durchdenken, bereits wesentlich die Wahrscheinlichkeit für das Aufdecken von Fehlern. Zugleich kann die spezifische Simulations- oder Fachkompetenz der anderen Person in die V&V einfließen. Weiter bieten sich als Ergänzung alle systematisierenden Techniken an, wie z. B. Ursache-Wirkungs-Graph, Dimensionstest oder Ereignisvaliditätstest.

5.2.9 Sensitivitätsanalyse

Bei der Sensitivitätsanalyse („Sensitivity Analysis") werden Eingabeparameter des Modells verändert und die Auswirkungen auf Ausgabeparameter bestimmt. Die Richtung der Auswirkung muss mit Beobachtungen in der Realität übereinstimmen. Besonders kritisch betrachtet werden müssen

„sensitive Parameter", bei denen kleine Änderungen starke Schwankungen der Ergebnisgrößen bewirken (Balci 1989). Bei der Untersuchung ist zu beachten, dass ein Parameter möglicherweise nur bei bestimmten Konstellationen der anderen Parameter sensitiv wirkt. Darüber hinaus können sich beispielsweise die Effekte mehrerer Parameter bei gleichzeitiger Änderung gegenseitig verstärken (vgl. Law 2006). Wenn der Verdacht auf solche Abhängigkeiten von Parametern besteht, muss unterstützend die statistische Versuchsplanung eingesetzt werden (zu geeigneten Verfahren vgl. VDI 1997a; Robinson 2004, S. 186ff.; ausführlicher bei Kleijnen 1998).

5.2.10 Statistische Techniken

Statistische Techniken („Statistical Techniques"; auch: „Quantitative Techniques") dienen der Bewertung, mit welcher Sicherheit die Ausgabegrößen eines ausführbaren Modells das Verhalten des realen Systems beschreiben. Außerdem kann mit statistischen Techniken die Gültigkeit von im Modell verwendeten Verteilungen für Eingabegrößen geprüft werden (vgl. Law 2007, S. 275ff.). Eine Beschreibung spezifischer statistischer Techniken findet sich z. B. bei Kleijnen (1995) oder Law (2007, S. 214ff.).

Aus der Vielzahl der Techniken gibt es einige, die regelmäßig anzuwenden sind:

• Anpassungstests, mit denen geprüft wird, ob die im Modell verwendeten Verteilungen die Realität hinreichend genau wiedergeben. Am bekanntesten ist der Chi-Quadrat-Test, der als formaler Vergleich eines Histogramms mit einer Verteilungsfunktion verstanden werden kann. Weitere Beispiele sind der Kolmogorov-Smirnov-Test, der Anderson-Darling-Test und der Poisson-Prozess-Test (vgl. Law 2007, S. 340ff.).
• Bestimmung der Konfidenzintervalle für die statistische Absicherung von Aussagen über Ausgangsdaten (vgl. Banks 1998; Robinson 2004, S. 154ff.).
• Tests, mit denen die hinreichende Genauigkeit der Simulationsergebnisse im Vergleich mit dem realen System untersucht wird („Hypothesentest"). Die zu belegende oder zu widerlegende „Hypothese" ist dabei, dass Ergebnisgrößen für gegebene Experimentbedingungen gültig oder nicht gültig sind (vgl. Law 2007, S. 236f.).

Darüber hinaus gibt es zahlreiche komplexere Anwendungen statistischer Verfahren, von denen im Folgenden zwei Beispiele beschrieben werden.

Zur Überprüfung der Gültigkeit der Verteilung von Eingabegrößen gehört beispielsweise die Untersuchung, ob die Zusammenfassung von Daten aus unterschiedlichen Quellen zulässig ist. Werden etwa die Störungseigenschaften einer Maschinengruppe aus einem MDE-System erhoben, so kann mit geeigneten Tests geprüft werden, ob das Störverhalten für jede Maschine gesondert betrachtet werden muss, oder ob ein einheitliches Verhalten angenommen werden kann (vgl. Law 2007, S. 381f.).

Ausgangsgrößen können mit statistischen Techniken unter Zuhilfenahme von Vergleichswerten aus einem realen System validiert werden (vgl. Abschnitt 5.2.20). Schon mit recht einfachen Ansätzen kann zusätzliche Glaubwürdigkeit gewonnen werden (vgl. Sargent 1994). Allerdings wird so im Kern nur die Gültigkeit des Modells für das *existierende* System nachgewiesen, und keineswegs für zu untersuchende Varianten oder Neuplanungen dieses Systems. Statistische Techniken tragen in diesem Zusammenhang umso mehr zur Glaubwürdigkeit bei, je weniger das jeweils untersuchte System von dem als Basis für die Technik verwendeten existierenden System abweicht (vgl. Law 2006).

Sowohl für einfache statistische Verfahren als auch für komplexere Beispiele gilt, dass Ergebnisse aus der Simulation zeitlich gereiht sind, während die oben benannten statistischen Techniken zumeist von unabhängigen Stichproben ausgehen. Daher ist der Einsatz zusätzlicher Verfahren zur Ableitung unabhängiger Stichprobenwerte aus den Zeitreihenwerten der Simulation Voraussetzung für die Anwendung einer Vielzahl statistischer Techniken (vgl. Kleijnen 1995).

Darüber hinaus werden statistische Verfahren für unterschiedliche Aufgaben im Rahmen von Simulationsprojekten verwendet, z. B. für die Überprüfung der Länge der Einschwingphase (Law 2007, S. 509ff.; Pidd 2004, S. 213ff.), die Anzahl erforderlicher Replikationen (Robinson 2004, S. 152ff.; Alexopoulos and Seila 1998, S. 234f.) oder die Bestimmung der für die Aufgabenstellung erforderlichen Experimente (VDI 1997a; Kleijnen 1998).

5.2.11 Strukturiertes Durchgehen

Das Strukturierte Durchgehen („Structured Walkthrough", auch: „Walkthrough") ist ursprünglich eine Technik der Software-Entwicklung (vgl. Balzert 2005, S. 550f.). Die Projektbeteiligten treffen sich und gehen jede Anweisung des Programms gemeinsam durch, bis alle von der Richtigkeit der Anweisungen überzeugt sind.

Diese Technik lässt sich, wenn sie zur Managementtechnik erweitert wird, auf die V&V von Phasenergebnissen in Simulationsstudien übertragen. Ihre Anwendung für das ausführbare Modell liegt nahe, aber auch für andere Phasenergebnisse – insbesondere Konzeptmodell und formales

Model – lässt sich das strukturierte Vorgehen einsetzen (Law 2007, S. 256). Die Überprüfung der Ergebnisse sollte dabei überwiegend von den Personen erfolgen, die das Phasenergebnis nicht entscheidend mit entwickelt haben und dadurch einen offenen und unvoreingenommenen Blick auf die Ergebnisse haben (Law 2007, S. 249). Die Simulationsfachleute gehen zusammen mit den Fachverantwortlichen alle Teile des jeweiligen Dokumentes im Einzelnen durch, um Fehler, Unklarheiten oder Probleme zu identifizieren. Hierfür bieten sich besonders solche Teile der Dokumente an, die Annahmen dokumentieren, wobei es sich sowohl um Annahmen über Daten als auch über logische Zusammenhänge und Abfolgen handeln kann. Auch hier ist Einigkeit über jeden einzelnen Sachverhalt zu erzielen.

Durch die gemeinsame Abstimmung trägt die Technik sowohl zur Validität als auch zur Glaubwürdigkeit eines Phasenergebnisses bei. Sie lässt sich nicht durch eine unabhängige Prüfung seitens der Fachverantwortlichen ersetzen, da die Interaktion während des Treffens einen wesentlichen Beitrag zum Nutzen dieser Technik liefert.

Wesentlich ist, dass das Ziel des strukturierten Durchgehens das Auffinden von Fehlern ist und auf keinen Fall eine Bewertung der Modellierungstätigkeit darstellen darf. Wenn Teilnehmer das Gefühl erhalten, auf einer Anklagebank zu sitzen (Balzert 2005, S. 549), wirkt dies höchst kontraproduktiv, und die effiziente Aufdeckung von Unzulänglichkeiten im Modell wird zumindest erschwert.

5.2.12 Test der internen Validität

Der Test der internen Validität („Internal Validity Test") basiert auf einem stochastischen Modell, mit dem bei unveränderten Parametern mehrere Simulationsläufe mit unterschiedlichen Startwerten der Zufallszahlengeneratoren durchgeführt werden (Replikation, vgl. Abschnitt 2.1).

Eine signifikante Abweichung der Ergebnisgrößen zwischen diesen Läufen kann zu zwei verschiedenen Folgerungen führen (vgl. Sargent 1982). Einerseits kann die Abweichung nur im Modell auftreten. In diesem Fall spiegelt das Modell bezüglich dieser Schwankungsbreite das Verhalten des realen Systems nicht wider und muss als fehlerhaft angesehen werden. Andererseits könnte das Modell die tatsächliche Schwankungsbreite korrekt abbilden. In diesem Fall muss hinterfragt werden, ob diese Schwankungen im Verhalten des realen Systems hinnehmbar sind.

Im Unterschied zur Sensitivitätsanalyse werden bei dem Test auf interne Validität mehrere Simulationsläufe mit identischen Parameterkonstellationen verglichen. Diese Technik zeigt also statistische Unsicherheiten bereits für eine einzige Konstellation von Eingabegrößen auf, während die Sensitivitätsanalyse untersucht, wie deutlich die Ausgabegrößen von Schwankungen in den Eingabegrößen abhängig sind.

5.2.13 Test von Teilmodellen

Der Test von Teilmodellen („Submodel Testing"; „Module Testing") ist verwendbar, wenn das Modell hierarchisch in Teilmodelle strukturiert ist, und die Dekomposition des Modells mit der realen Systemstruktur vergleichbar ist. Generell wird geprüft, „ob die korrespondierenden Komponenten von realem System und Modell ausreichend gut übereinstimmen" (Berchtold et al. 2002, S. 121). In dieser allgemeinen Form kann der Test von Teilmodellen für alle Phasenergebnisse verwendet werden, die einen direkten Bezug zum Simulationsmodell haben (Konzeptmodell, formales Modell und ausführbares Modell). Für die nicht-ausführbaren Modelle muss diese Technik immer mit anderen Techniken kombiniert werden, da sie als solche keine Ergebnisse liefert. Beispielsweise kann ein Strukturiertes Durchgehen mit dieser Technik hierarchisch gegliedert und damit wirksamer gemacht werden.

Für das ausführbare Modell kann die Technik auch verwendet werden, indem Eingabe- und Ausgabedaten der Teilmodelle während der Modellausführung aufgezeichnet werden, und das entsprechende Verhalten des Teilmodells validiert wird (vgl. Balci 1998, S. 376f.). Die Validierung kann durch die Prüfung der Plausibilität erfolgen, aber auch durch die Kombination mit anderen Techniken, wie z. B. dem Vergleich mit anderen Modellen. Auch Simulationsergebnisse können zerlegt nach Teilmodellen validiert werden.

Während der Entstehung des ausführbaren Modells können Teilmodelle verifiziert und validiert werden, bevor sie zu einem Gesamtmodell zusammengefügt werden („Bottom-up Testing"). Hierfür müssen die Teilmodelle allerdings um einen speziellen Testrahmen ergänzt werden, da Teilmodelle als solche in vielen Fällen nicht ausführbar sind bzw. keine sinnvollen Ergebnisse liefern. Zu ergänzen sind beispielsweise Quellen für Werkstücke (die dem Teilmodell normalerweise aus seinem Umfeld zugeführt würden) oder spezifische Messpunkte zum Erfassen der Daten, die für die Validierung notwendig sind. Die Erstellung von Testrahmen kann sehr aufwendig sein, da jedes Teilmodell diesbezüglich andere Anforderungen stellen kann (Berchtold et al. 2002).

Wichtig ist der Hinweis, dass die Verifikation und Validierung sämtlicher Teilmodelle nicht die Verifikation und Validierung des Gesamtmodells ersetzt, sondern diese nur wirksam ergänzt. Aus der hinreichenden

Genauigkeit der Teilmodelle kann nicht auf die hinreichende Genauigkeit des Gesamtmodells geschlossen werden, da sich Fehler in unvorhergesehener Weise akkumulieren können (Balci 1998).

5.2.14 Trace-Analyse

Bei der Trace-Analyse („Trace Analysis") wird das Verhalten einzelner Objekte im ausführbaren Modell verfolgt und dabei das logische Verhalten und die Plausibilität überprüft. Zumeist werden hierzu alle Ereignisse im ausführbaren Modell in einer „Trace-Datei" aufgezeichnet. Dann werden die interessierenden Ereignisse (z. B. alle Ereignisse, die ein bestimmtes Objekt betreffen) gefiltert und ausgewertet.

Typischerweise enthält ein Trace in einzelnen Datensätzen („Zeilen") zusammenhängende Informationen aus dem Modell, z. B. die Modellzeit, Identifikationsnummer und Klasse eines Objektes, Ort des Objektes im Modell und den Status des Objektes und der ihm zugeordneten Ressourcen. Eine Trace-Analyse kann in Einzelfällen aber auch ohne ausführbares Modell zur Anwendung kommen. Beispielsweise können in einem formalen Modell einzelne Entscheidungswege entlang eines Flussdiagramms nachvollzogen werden (vgl. Sargent 1982).

Ein einfaches Beispiel für eine Trace-Analyse ist die Verfolgung eines einzelnen Objektes (z. B. Werkstück, Werkstückträger oder Fahrzeug) auf seinem Weg durch die simulierte Anlage, bis es diese verlässt bzw. einen vollen Zyklus durchlaufen hat (beispielsweise bei Werkstückträgern).

Für die effiziente Nutzung von Trace-Analysen ist es oft hilfreich oder sogar erforderlich, extreme Zustände des Modells zu erzeugen oder deterministische Eingabedaten zu verwenden, damit der Trace von Hand nachgerechnet und damit überprüft werden kann (Law 2007, S. 249). Daher ist die Kombination mit Festwerttest oder Grenzwerttest sinnvoll. Zur Objektivität der Technik trägt bei, wenn nicht ohne weitere Vorbereitung das „plausible" Verhalten eines Objektes untersucht wird, sondern wenn zunächst Hypothesen formuliert und diese erst danach anhand des Trace nachvollzogen oder widerlegt werden.

5.2.15 Turing-Test

Beim Turing-Test wird den Fachexperten, die das reale System kennen, eine Reihe von Ergebnissen aus dem Simulationsmodell und aus Beobachtungen des realen Systems vorgelegt. Die Zusammenstellung der Ergebnisse ist zuvor vergleichbar zu machen, indem z. B. Ergebnisse des realen Systems, die das Simulationsmodell nicht liefern kann, entfernt werden. Auch sind die Ergebnisse so aufzubereiten, dass Unterschiede nicht an der äußeren Form erkennbar sind. Die Fachexperten sollen dann entscheiden, welche Ergebnisse aus dem realen System und welche Ergebnisse aus dem Simulationsmodell kommen. Kann der Fachexperte die Herkunft der Ergebnisse nicht unterscheiden, ist eine Trefferquote von 50 % zu erwarten. Kann der Fachexperte dagegen die Mehrzahl der Ergebnisse richtig zuordnen, werden die Fachexperten nach den Gründen und nach der Relevanz der Unterschiede gefragt und das Modell falls erforderlich entsprechend verändert. Können die Ergebnisse des Modells und des realen Systems nicht auseinander gehalten werden, so erhöht sich die Glaubwürdigkeit. Bei Schruben (1980) finden sich Hinweise zur statistischen Bewertung der Trefferquote.

5.2.16 Ursache-Wirkungs-Graph

Mit dem Ursache-Wirkungs-Graph („Cause-Effect Graph") wird die Beziehung zwischen Ursachen und ihren Wirkungen im System abgebildet. Dann wird geprüft, ob sich diese Beziehungen im Modell wiederfinden. Ursachen sind logische Größen, die nur die Werte „wahr" und „falsch" annehmen können (z. B. „Förderstrecke ist voll", „Maschine 17 hat Störung"). Das gleiche gilt für die Wirkungen (z. B. „Werkstück wird in Maschine übernommen"). Die verschiedenen Ursachen und Wirkungen werden in einem Graphen dargestellt, der die logischen Beziehungen darstellt. Über eine „und"-Verknüpfung wird beispielsweise beschrieben, dass ein Werkstück nur übernommen werden darf, wenn die Maschine keine Störung hat *und* die Förderstrecke vor der Maschine frei ist.

Hierfür müssen zunächst durch Fachexperten Ursache-Wirkungs-Graphen für das reale System erstellt werden. Dies kann in jeder Phase der Simulationsstudie erfolgen; wegen des damit verbundenen Erkenntnisgewinns über das reale System ist jedoch die frühzeitige Durchführung, z. B. während der Systemanalyse, zu empfehlen. Bereits im Konzeptmodell kann validiert werden, ob die gefundenen Ursache-Wirkungs-Beziehungen hinreichend berücksichtigt sind (Balci 1998).

Aus dem Ursache-Wirkungs-Graphen kann darüber hinaus eine Entscheidungstabelle abgeleitet werden, die für alle Kombinationen von Eingangsbedingungen (Ursachen) die Wirkungen angibt. Diese Entscheidungstabelle kann zur systematischen Erstellung von Testfällen für das ausführbare Modell genutzt werden, da sie für die Kombination von Ursachen die jeweils erwartete Wirkung vorhersagt. Ein Ursache-Wirkungs-Graph kann allerdings sehr groß und unübersichtlich werden. Die Technik wird daher nicht auf das ganze Modell, sondern auf kleinere, handhabbare

Segmente angewendet (Whitner und Balci 1989). Die richtige Auswahl der zu testenden Zusammenhänge sowie die korrekte Erstellung des Graphen erfordern Erfahrung in der Anwendung der Technik und werden immer von dem persönlichen Vorwissen der Ausführenden über das untersuchte System geprägt sein.

5.2.17 Validierung im Dialog

Bei der Validierung im Dialog („Face Validity") wird das Modell gemeinsam mit Fachexperten diskutiert, die Kenntnisse über das reale System besitzen. Die Fachexperten schätzen ihrem Erfahrungshintergrund entsprechend ein, ob das Phasenergebnis oder Ausschnitte davon gültig sind. Da die Fachexperten nicht immer ein spezifisches Simulationswissen aufweisen, müssen die zu prüfenden Unterlagen in ihre Terminologie überführt werden (Balci 1989; Carson 2002). Dies gilt für das ausführbare Modell und die Simulationsergebnisse, aber genauso auch für frühere Phasenergebnisse wie z. B. das Konzeptmodell.

Validierung im Dialog kann schnell Fehler aufdecken, wenn dem Fachexperten etwas auffällt, das ihm ungewöhnlich erscheint. Die Technik weist jedoch auch zahlreiche Gefahren auf. So kann der Fachexperte beispielsweise mit bestimmten Aspekten des existierenden Systems nicht hinreichend vertraut sein, das Verhalten ihm vertrauter existierender Systeme unzulässig auf das untersuchte System übertragen oder sogar persönlich an einer fehlerhaften Berücksichtigung von Zusammenhängen interessiert sein (Hermann 1967).

Validierung im Dialog ist auch dadurch wirksam, dass der Simulationsexperte gezwungen wird, seine Arbeit zu erläutern und damit neu zu durchdenken. Schon dieses neue Durchdenken kann zur Aufdeckung von Fehlern führen. Hinzu kommt der (zumindest teilweise) unabhängige Blick des Fachexperten.

5.2.18 Validierung von Vorhersagen

Für die Validierung von Vorhersagen („Predictive Validation") ist die Existenz eines realen Systems Voraussetzung, so dass die Anwendbarkeit in der Praxis eingeschränkt ist. Das Modell wird zunächst genutzt, um eine Vorhersage zu treffen. Anschließend wird die Richtigkeit dieser Vorhersage am realen System überprüft (vgl. Sargent 1982). Die Überprüfung kann durch einen Vergleich mit Daten aus IT-Systemen des Unternehmens oder auch durch Beobachtung oder Messung im realen System erfolgen (Sargent 1994). Kennzeichnend für diese Technik ist, dass die Aussage des

Modells *vor* der Beobachtung des realen Systems getroffen wird. Eine bewusste oder unbewusste Manipulation des Modells ist daher ausgeschlossen. Werden Beobachtungen oder Messungen aus der Vergangenheit verwendet, handelt es sich nicht um Validierung von Vorhersagen, sondern um Vergleich mit aufgezeichneten Daten (vgl. Abschnitt 5.2.20).

5.2.19 Vergleich mit anderen Modellen

Ziel des Vergleiches mit anderen Modellen („Comparison to other Models") ist, die Ergebnisse des Modells für bestimmte Eingabedaten mit den Ergebnissen eines anderen – normalerweise einfacheren – Modells für das gleiche System mit den gleichen Eingabedaten zu vergleichen (vgl. Robinson 2004, S. 219f.). Diese Technik lässt sich allerdings nur anwenden, wenn ein ausführbares Modell existiert.

Die unabhängige Entwicklung von zwei Simulationsmodellen für das gleiche System ist aufgrund des hohen Aufwandes sehr selten, beispielsweise wenn ein Auftraggeber die durch einen Anlagenlieferanten durchgeführte simulationsunterstützte Planung eines kritischen Systems nochmals durch einen Dritten überprüfen lassen möchte. In diesem Fall ist davon auszugehen, dass beide Modelle bereits unabhängig voneinander validiert wurden. Durch den Vergleich der Ergebnisse können Abweichungen identifiziert und analysiert werden. Diese könnten in Fehlern der Modellierung, aber durchaus auch in unterschiedlichen Annahmen des Auftraggebers und des Anlagenlieferanten über die Gestaltung und Steuerung des geplanten Systems begründet sein.

Häufiger wird der Vergleich mit anderen Modellen in Kombination mit weiteren Techniken (z. B. Grenzwerttest, Festwerttest) angewendet, mit denen ein Verhalten des Simulationsmodells vereinfacht und dann untersucht wird. Solche Vereinfachungen können Betrachtungen von Teilmodellen oder spezifische Parameterkonstellationen sein, für die das Verhalten des Simulationsmodells mit dem Verhalten des anderen Modells vergleichbar ist. Als Vergleichsmodelle kommen dann beispielsweise analytische Berechnungen oder Tabellenkalkulationen in Betracht, die wesentlich einfacher zu erstellen sind als ein Simulationsmodell und deren Nutzen für die Validierung damit den zusätzlichen Modellierungsaufwand rechtfertigt. Auch Warteschlangenmodelle kommen als Vergleichsmodell in Frage, wenn sie für die (vereinfachte) Aufgabenstellung bereits verfügbar sind.

5.2.20 Vergleich mit aufgezeichneten Daten

Ist ein reales System vorhanden, so können Ein- und Ausgabedaten dieses Systems, die in der Vergangenheit aufgezeichnet wurden, zum Test verwendet werden („Historical Data Validation"). Zunächst werden die Daten in mehrere Teile geteilt (vgl. Sargent 1982). Diese Teile müssen statistisch unabhängig sein. Soll der Bestand beispielsweise in vier Teile geteilt werden, die jeweils einem Quartal entsprechen, so darf das System keine Abhängigkeit von der Jahreszeit (Saison) aufweisen.

Der erste Teil dieser Daten darf zur Feinabstimmung des Modells verwendet werden. Dazu werden die Eingabedaten dieses Teils aufbereitet (entweder statistisch zu Eingangsparametern oder als Eingabedatenbestand für das Modell) und die entsprechenden Ergebnisse des Modells mit den aufgezeichneten Ausgangsdaten verglichen. Falls erforderlich, können Anpassungen an Parametern oder Strategien vorgenommen werden, um die Übereinstimmung der Simulationsergebnisse mit den Daten aus dem realen System zu verbessern („Justage").

Erst danach beginnt die eigentliche Validierung. Jetzt dient ein anderer Teil der aufgezeichneten Daten als Eingabedaten des Modells. Stimmen die Ergebnisse jetzt nicht überein, so ist das Modell nicht gültig, da es nur für eine Teilmenge der möglichen Eingangsdaten hinreichend gute Ergebnisse liefert (Sargent 2001). Stimmen die Ergebnisse überein, kann der Test mit weiteren Teilen der aufgezeichneten Daten wiederholt werden, um die Wahrscheinlichkeit, dass das Modell gültig ist, zu erhöhen. Wesentlich ist, dass ein Teil der Eingabedaten nur *ein einziges Mal* für diesen Test verwendet werden darf. Wird aufgrund eines negativen Testergebnisses das Modell so modifiziert, dass es jetzt auch für diese Daten ein akzeptables Ergebnis liefert, sind diese Daten als „Justage"-Daten zu klassifizieren, d. h. sie erhöhen die Datenmenge in dem ersten Teil (mit dem nicht getestet werden darf) und stehen als Testbestand nicht zur Verfügung.

Zu beachten ist, dass der Vergleich mit aufgezeichneten Daten nur in einfachen Fällen anhand von einzelnen Messgrößen oder Mittelwerten erfolgen kann. In der Regel wird der Einsatz statistischer Techniken (vgl. Abschnitt 5.2.10) erforderlich sein, um die Glaubwürdigkeit zu erhöhen.

Eine grundsätzliche Gefahr der Technik besteht darin, dass die gleiche Datenquelle für die Justierung und Prüfung des Modells genutzt wird. Enthalten aber diese Daten einen systematischen Fehler, so wird dass Modell mit den fehlerhaften Daten justiert und anschließend mit Daten überprüft, die mit dem gleichen Fehler behaftet sind. Eine fehlerhafte Justage lässt sich daher durch diesen ungeeigneten Vergleich grundsätzlich nicht aufdecken, und die Technik suggeriert fälschlicherweise Gültigkeit.

In der Literatur finden sich sogenannte „Historical Methods". Diese eher wissenschaftstheoretischen Betrachtungen haben jedoch nichts mit der „Historical Data Validation" zu tun (vgl. Sargent 1982), sondern beziehen sich beispielsweise auf eine Verifikation, die von als grundsätzlich wahr anzunehmenden, nicht hinterfragbaren Annahmen ausgeht (Rationalismus), oder basieren – im genauen Gegensatz – auf der Annahme, dass nur direkt empirisch nachweisbare Beobachtungen als Beleg anerkannt werden können (Naylor und Finger 1967).

5.3   Verwendbarkeit von Techniken im Verlauf der Simulationsstudie

Für die praktische Anwendung der V&V-Techniken ist auch von Interesse, in welchen Phasen der Modellbildung sie sich verwenden lassen. In der Literatur finden sich hierzu unterschiedliche Darstellungen, die sich auch auf verschiedene Phaseneinteilungen für Simulationsstudien beziehen. Eine sehr detaillierte Einordnung von insgesamt 77 V&V-Techniken in den Lebenszyklus einer Simulationsstudie findet sich bei Balci (1998), wobei etliche davon Differenzierungen der 20 hier beschriebenen Techniken darstellen. Eine ähnliche Zusammenstellung findet sich bei Berchtold et al. (2002) mit 58 Techniken.

Diesen und anderen Darstellungen ist gemeinsam, dass die Zahl der möglichen Überprüfungen mit der Präzisierung des Modells von der Aufgabenspezifikation über das Konzeptmodell zum ausführbaren Modell und den Simulationsergebnissen zunimmt. Typische Ablauftests (Animation, Ereignisvaliditätstest) sind z. B. erst möglich, wenn zumindest für ein Teilsystem ein implementiertes (ausführbares) Modell vorliegt. Die Überprüfung des Modells mit Fachexperten (Validierung im Dialog, strukturiertes Durchgehen) kann dagegen in jeder Phase vorgenommen werden. In Abbildung 11 werden die in Abschnitt 5.2 beschriebenen Techniken in die Phasen des Simulationsvorgehensmodells eingeordnet. Die Angabe einer V&V-Technik zu einer Phase bedeutet jedoch nicht, dass diese in jedem Fall angewendet werden muss. Die Autoren schließen auch nicht aus, dass Techniken in weiteren Phasen anwendbar sind. Die Einordnung soll vielmehr eine Hilfestellung bei der Auswahl der jeweils geeigneten Techniken geben, wobei die endgültige Entscheidung über anzuwendende Techniken in einer konkreten Phase eines konkreten Projektes in der Verantwortung der damit betrauten Projektmitarbeiter liegt.

Auch innerhalb einer Phase ist eine sinnvolle Reihenfolge anzuwendender Techniken festzulegen. Beispielsweise können durch mit wenig Auf-

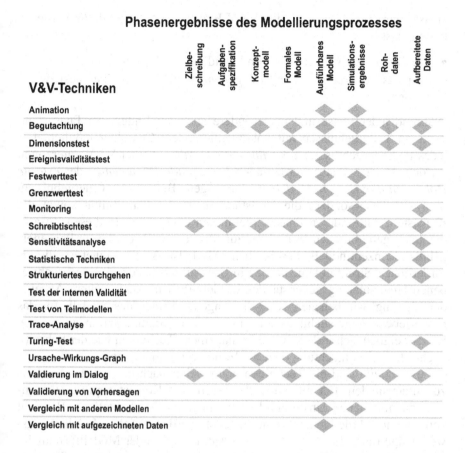

Abb. 11. Verwendbarkeit von V&V-Techniken im Verlauf der Simulationsstudie

wand verbundene Techniken wie Validierung im Dialog oder Animation schnell anwendungsbezogene Fehler und auffällige Verhaltensweisen aufgedeckt werden. Sind diese behoben, können aufwendigere Techniken effektiv eingesetzt werden (vgl. Hermann 1967).

5.4   Verwendung von Techniken für die Teilergebnisse der Phasen

Die Phasenergebnisse setzen sich aus mehreren Teilergebnissen mit unterschiedlichem Charakter zusammen (vgl. Abschnitt 4.1.3). Entsprechend unterscheiden sich die anwendbaren Techniken. Eine angemessene V&V muss alle wesentlichen Aspekte eines Phasenergebnisses in geeigneter

Weise betrachten. Aufgabe des V&V-Experten ist daher, dafür Sorge zu tragen, dass

- *alle Teilergebnisse* verifiziert und validiert werden und
- für jedes Teilergebnis *spezifisch geeignete* V&V-Techniken ausgewählt werden.

Während jeder Phase und insbesondere auch am Ende jeder Phase sind Tests an Teilergebnissen mit dokumentierendem Charakter möglich. Für jedes Phasenergebnis kann das *führende Dokument* einer V&V unterzogen werden. Je nach Phase werden auch *begleitende Dokumente* oder *externe Dokumentationen von Modellen* einbezogen. Bei diesen Teilergebnissen lässt sich insbesondere die Vollständigkeit und Plausibilität sowie die Konsistenz mit anderen Phasenergebnissen überprüfen. In diesen Zusammenhang gehören auch Prüfungen zur Struktur, z. B. ob die im Phasenergebnis „Konzeptmodell" beschriebene Modellstruktur geeignet ist, die erforderlichen Strukturelemente des in der Aufgabenspezifikation beschriebenen Untersuchungsgegenstandes wiederzugeben. Auch weitere Aspekte der Eignung, wie beispielsweise die Angemessenheit des Modells für das beschriebene Untersuchungsziel, sind an der Dokumentation zu prüfen. Hierfür eignen sich insbesondere Management-Techniken wie der Schreibtischtest, die Begutachtung oder die Validierung im Dialog.

Für *Modelle* sind die Techniken noch weiter nach der Art des Modells zu unterscheiden. Für alle Modelle lassen sich Konsistenzprüfungen anwenden, mit denen Unstimmigkeiten innerhalb des Modells (z. B. nicht verbundene Förderelemente) aufgedeckt werden. Viele Modellierungswerkzeuge (auch für Aufgaben der Systemanalyse oder Modellformalisierung) stellen auch Mechanismen bereit, mit denen zumindest ein Teil solcher Inkonsistenzen aufgedeckt werden kann. Manuell anwendbare Techniken können hier beispielsweise der Ursache-Wirkungs-Graph oder der Grenzwerttest sein. Weiter eignen sich auch hier Management-Techniken wie z. B. das strukturierte Durchgehen und der Schreibtischtest.

Nur für ausführbare Modelle lassen sich Techniken anwenden, die unmittelbar (Teil-)Ergebnisse aus der Simulation voraussetzen. Zusätzlich zu den generell für die V&V der Modelle geeigneten Techniken sind beispielsweise Animation, Monitoring, Ereignisvaliditätstest oder Turing-Test anwendbar.

Die *Ergebnisse aus den Modellen* umfassen in erster Linie die in der Phase „Experimente und Analyse" entstandenen Daten. Eine typische Untersuchung ist, ob das Modell das erwartete Verhalten des realen Systems wiedergibt und auch unter empirischen Gesichtspunkten gültig ist. Hierzu werden insbesondere die V&V-Techniken „Vergleich mit aufgezeichneten Daten", „Vergleich mit anderen Modellen" sowie „Sensitivitätsanalyse" eingesetzt. Die V&V muss aber auch die in der Datenbeschaffung und Datenaufbereitung gewonnenen Ergebnisse berücksichtigen, und entsprechend die Rohdaten und aufbereiteten Daten untersuchen. Hierfür kommen Techniken wie der Schreibtischtest oder die Validierung im Dialog in Betracht, mit denen insbesondere während der Datenaufbereitung bestimmte Verteilungen oder Annahmen geprüft werden können. Auf alle Ergebnisse aus den Modellen sind statistische Techniken anwendbar.

Die Eignung der V&V-Techniken für die Teilergebnisse hängt stark von der jeweiligen Phase ab. Der Zusammenhang zwischen den Techniken und den einzelnen Phasenergebnissen wird in Abschnitt 6.3 vertieft.

5.5   Grad der Subjektivität

Bereits in Abschnitt 1.1 wird ausgeführt, dass V&V immer subjektiv ist. „Subjectivity is and will always be part of the credibility assessment for a reasonably complex simulation study. The reason for subjectivity is two-fold: modelling is an art and credibility assessment is situation dependent" (Balci 1989).

Dies kann jedoch keinesfalls bedeuten, dass V&V ohne das Bemühen um Objektivität durchgeführt werden kann. Im Gegenteil ist gerade im Wissen um die immer enthaltene Subjektivität zu verlangen, dass erstens auch vergleichsweise objektive Techniken eingesetzt und zweitens die V&V-Techniken selbst so objektiv wie möglich gehandhabt werden. Einige Hinweise zur objektiven Anwendung der Techniken finden sich in den Abschnitten 5.2.1 bis 5.2.20.

Eine Einordnung dieser V&V-Techniken nach dem Grad der Subjektivität erfolgt in Abbildung 12. Ansätze für entsprechende Einordnungen finden sich auch in der Literatur. Sargent (1996) verlangt für objektive Ansätze grundsätzlich statistische Techniken. Auch Balci (1990) unterscheidet subjektive Techniken als Gegensatz zu statistischen Techniken. Die Bezeichnung „objektiv" kann dabei nur auf das mathematische Verfahren selbst zutreffen. Zumindest die Auswahl der Verfahren und die Festlegung des Anwendungsumfangs werden immer subjektive Anteile haben.

Die in Abbildung 12 vorgeschlagene Einteilung stellt keine Wertung der V&V-Techniken dar. Sie soll vielmehr als Anhaltspunkt zur sinnvollen Kombination subjektiver und weniger subjektiver Techniken dienen. Beispielsweise kann Animation sinnvoll und berechtigt eingesetzt werden, um ein zu testendes Modell im Betrieb zu beobachten und um zu untersuchen, ob unerwartete Situationen oder Bewegungen auftreten. Ein solcher Test wird aber stark von der Erfahrung der durchführenden Person abhängen, da diese einerseits sinnvolle Situationen im Modellablauf gezielt auswählen muss und andererseits über einen „Blick für Fehler" verfügen sollte. Neben solchen sehr subjektiven V&V-Techniken sollte daher immer auch eine Auswahl weniger subjektiver Techniken verwendet werden.

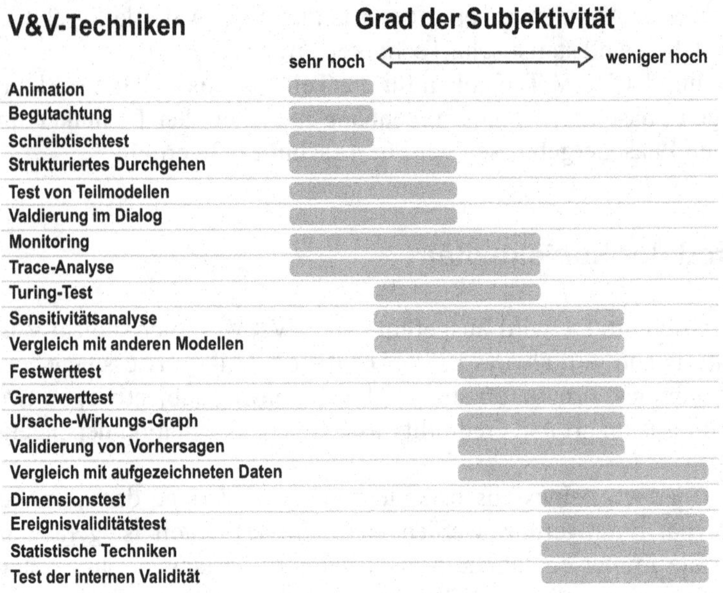

Abb. 12. Einordnung von V&V-Techniken nach dem Grad der Subjektivität

6 Vorgehensmodell für V&V zur Simulation in Produktion und Logistik

Abschnitt 1.3 enthält einen Vorschlag für das *Vorgehen bei einer Simulationsstudie*. Als Grundlage für eine durchgängige Verifikation und Validierung ist in Kapitel 4 eine studienbegleitende Dokumentation beschrieben, die vorgegebenen Dokumentstrukturen folgt. Daraus ergibt sich jedoch noch kein *Vorgehen für die V&V* selbst. Kapitel 5 beschreibt bei der V&V einsetzbare Techniken und ordnet diese grob den Phasen einer Simulationsstudie zu, ohne sie jedoch in ein Vorgehensmodell zur V&V einzuordnen.

Der erforderliche nächste Schritt ist, ein Vorgehen für die V&V zur Simulation in Produktion und Logistik über ein geeignetes V&V-Vorgehensmodell zu entwickeln. Dieses Vorgehensmodell muss einen klaren Bezug zu dem in Kapitel 4 beschriebenen Simulationsvorgehensmodell aufweisen. Darüber hinaus muss es aber auch die einzelnen Schritte, die für die eigentliche V&V erforderlich sind, aufführen und strukturieren sowie Handlungshilfen zur Durchführung dieser Schritte geben (vgl. auch die Darstellung von Vorgehensmodellen im Abschnitt 3.3).

Diese Vorgaben aufgreifend ist dieses Kapitel in drei Teile gegliedert. Zunächst beschreibt Abschnitt 6.1 die *Struktur* des vorgeschlagenen V&V-Vorgehensmodells und erläutert seine grundsätzliche Anwendung eingeordnet in das Simulationsvorgehensmodell. Darüber hinaus enthält der Abschnitt Hinweise zur Dokumentation der V&V-Ergebnisse.

Angesichts der angestrebten Einsetzbarkeit für eine Vielzahl ereignisdiskreter Simulationsanwendungen im Bereich Produktion und Logistik kann ein V&V-Vorgehensmodell nur einen allgemeinen Rahmen liefern, der projektspezifisch anzupassen ist. Dieses „Zurechtschneiden" des V&V-Vorgehensmodells für ein spezifisches Projekt wird als *Tailoring* bezeichnet und ist in Abschnitt 6.2 näher erläutert.

Für das V&V-Vorgehensmodell wird in Abschnitt 6.3 eine vertiefende Detaillierung vorgenommen. Die Detaillierung folgt dabei den in Abschnitt 4.1 beschriebenen Phasen einer Simulationsstudie. Für jede Phase werden die nach dem V&V-Vorgehensmodell vorgesehenen Aktivitäten dargestellt. Abschnitt 6.3 wird durch Anhang A2 ergänzt, in dem beispielhaft Fragen zur V&V formuliert sind.

6.1   Struktur des V&V-Vorgehensmodells

Aus den in den vorhergehenden Kapiteln dargestellten Grundlagen zur V&V sowie aus den in Kapitel 3 diskutierten existierenden V&V-Vorgehensmodellen ergeben sich die folgenden Anforderungen und Randbedingungen für das V&V-Vorgehensmodell:

- V&V sind integriert durchzuführen (vgl. Abschnitt 1.1), d. h. alle Maßnahmen, Vorgehensweisen etc. zur Verifikation und zur Validierung werden gemeinsam behandelt.
- V&V ist ein Prozess, der stets die gesamte Simulationsstudie begleitet.
- Die Basis der V&V sind dokumentierte Phasenergebnisse gemäß dem Simulationsvorgehensmodell (vgl. Abschnitt 4.2).
- In der Simulation für Produktion und Logistik muss V&V in besonderer Weise die Daten berücksichtigen (vgl. Abschnitte 1.3 und 4.1.2).

In den folgenden Abschnitten werden die Systematik des auf dieser Basis entwickelten V&V-Vorgehensmodells in der Übersicht dargestellt, die einzelnen Typen von V&V-Elementen charakterisiert und die Dokumentation des eigentlichen V&V-Prozesses beschrieben.

6.1.1   Systematik des V&V-Vorgehensmodells

Das entwickelte V&V-Vorgehensmodell ist in Abbildung 13 dargestellt. Es orientiert sich an den Phasen des Simulationsvorgehensmodells, wird dabei aber zusätzlich entsprechend der Trennung von Modell und Daten im Simulationsvorgehensmodell unterteilt. Der untere Teil des V&V-Vorgehensmodells beschreibt die Datenbeschaffung und -aufbereitung, der obere die eigentliche Modellbildung und Simulation. In den Zeilen des V&V-Vorgehensmodells finden sich daher auch die acht in Kapitel 4 beschriebenen Phasenergebnisse unmittelbar wieder. Im Verlauf einer Simulationsstudie entsteht in jeder Phase auf Basis der zugeordneten Dokumentstruktur ein (konkretes) Phasenergebnis, das im Zuge von Iterationsschritten ergänzt und verfeinert werden kann.

Um im Folgenden einfacher auf die Phasenergebnisse Bezug nehmen zu können, werden diese von „1" (Zielbeschreibung) bis „6" (Simulationsergebnisse) nummeriert. Das Dokument „Zielbeschreibung" wird in die Zählung einbezogen, obwohl es im eigentlichen Sinne kein Phasenergebnis ist

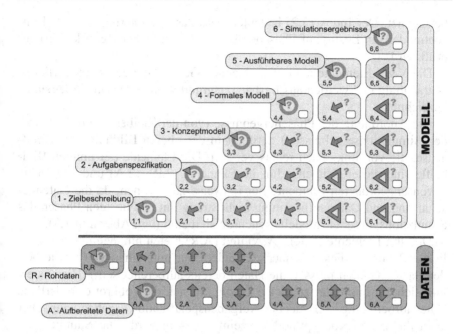

Abb. 13. Vorgehensmodell zur V&V für die Simulation in Produktion und Logistik

(vgl. Abschnitt 1.3). Als Ausgangspunkt für die Aufgabenspezifikation ist es jedoch für die V&V ein wichtiger Bezugspunkt und muss daher Teil der Systematik sein. Die Ergebnisse bezüglich der Rohdaten und aufbereiteten Daten lassen sich, wie in Abschnitt 1.3 abgeleitet, nicht eindeutig den Phasen der Modellierung zuordnen. Um Fehlinterpretationen vorzubeugen, werden diese daher nicht mit Ziffern gekennzeichnet, sondern erhalten die Buchstaben „R" (Rohdaten) und „A" (Aufbereitete Daten).

Jede Zeile des V&V-Vorgehensmodells ist aus den als Vierecke dargestellten V&V-Elementen aufgebaut. Ein V&V-Element beinhaltet eine Menge an möglichen V&V-Aktivitäten. Zur eindeutigen Einordnung in das V&V-Vorgehensmodell trägt jedes der V&V-Elemente zwei Indices:

1. Der erste Index kennzeichnet das Phasenergebnis, an dem die V&V-Aktivitäten durchgeführt werden.
2. Der zweite Index kennzeichnet ein zweites Phasenergebnis, das den Bezugspunkt für die V&V in diesem Element bildet

Der Index (1,1) bedeutet demnach, dass das Phasenergebnis „1" (Zielbeschreibung) in Bezug auf Phasenergebnis „1", also in Bezug auf sich selbst geprüft wird. Diese Prüfung wird im Folgenden als *intrinsische Prüfung* bezeichnet. Der Index (3,2) bedeutet, dass das Phasenergebnis „3" (Konzeptmodell) in Bezug auf Phasenergebnis „2" (Aufgabenspezifikation) geprüft wird.

Die V&V-Elemente sind im Folgenden Gegenstand einer ausführlichen Betrachtung und werden aus Lesbarkeitsgründen auch kurz als „Elemente" bezeichnet.

Die Anordnung der Phasenergebnisse (von der Zielbeschreibung bis zu den Simulationsergebnissen) definiert in der oberen Bildhälfte eine Zeitachse, die von links nach rechts verläuft. Die Elemente der unteren Bildhälfte sind dieser Zeitachse für die Elemente (2,R), (2,A) und alle rechts davon angeordneten Elemente nur teilweise zuzuordnen, da die Datenbeschaffung und Datenaufbereitung nicht streng mit den übrigen Phasen des Simulationsvorgehensmodells synchronisiert sind (vgl. Abschnitt 1.3).

Die drei Elemente (R,R), (A,A) und (A,R) bieten hingegen keinen zeitlichen Bezug zu dieser Zeitachse, sondern nur untereinander (für die beiden letztgenannten müssen die Daten bereits aufbereitet sein). Hieraus ergibt sich ein impliziter zeitlicher Bezug, da sich die konkret erforderliche Datenaufbereitung z. B. aus der Aufgabenspezifikation ergeben kann, aber auch durch das Konzeptmodell beeinflusst sein wird. Die Summe aller projektbedingten denkbaren Abhängigkeiten lässt sich allerdings nicht sinnvoll graphisch darstellen. Daher wird bewusst auf eine solche Einordnung verzichtet. Die drei betroffenen Elemente werden ohne weitere Markierung links angeordnet.

6.1.2 Typen von V&V-Elementen

Wie in Abschnitt 6.1.1 beschrieben ist das V&V-Vorgehensmodell aus V&V-Elementen aufgebaut, die unterschiedliche Bezüge zwischen den Phasenergebnissen herstellen. Dementsprechend existieren vier Typen von V&V-Elementen, die jeweils durch ein eigenes Symbol gekennzeichnet sind.

Die mit einem *Kreis* gekennzeichneten V&V-Elemente symbolisieren einen Selbstbezug, d. h. die für das V&V-Vorgehen erforderlichen Aktivitäten finden an dem durch den Index angegebenen Phasenergebnis und nur an diesem Phasenergebnis statt. Diese Elemente kennzeichnen also eine intrinsische Prüfung und werden im Folgenden kurz als *intrinsische V&V-Elemente* bezeichnet. Als Folge des Selbstbezuges haben intrinsische V&V-Elemente stets einen Doppelindex, d. h. erster und zweiter Index bezeichnen dasselbe Dokument.

Ein *einfacher Pfeil* kennzeichnet die Prüfung eines Phasenergebnisses mit Bezug auf ein vorheriges Phasenergebnis. Das V&V-Element (3,2) symbolisiert die Prüfung, ob das Phasenergebnis „3" (Konzeptmodell) die Anforderungen aus dem Phasenergebnis „2" (Aufgabenspezifikation) korrekt wiedergibt. Der Pfeil gibt die Richtung des Bezuges an.

Ein Pfeil steht auch für die Prüfung, ob Rohdaten und aufbereitete Daten die Anforderungen der Aufgabenspezifikation erfüllen. Hier weist der Pfeil nach oben, um den Bezug zu dem Phasenergebnis „2" zu symbolisieren.

Der dritte V&V-Elementtyp kennzeichnet einen wechselseitigen Bezug zwischen den weiteren Phasenergebnissen der Modellierung und den Ergebnissen der Datenbeschaffung und -aufbereitung. Folglich besteht der Index aus einer Ziffer und einem Buchstaben. Da die Bearbeitung der Phasen der Modellierung – zumindest weitgehend – unabhängig von der Bearbeitung der Phasen der Datenbeschaffung und -aufbereitung ist, ergibt eine Prüfung eines dieser Phasenergebnisse „gegen" das andere keinen Sinn: Keines der Phasenergebnisse ist aus dem anderen abzuleiten (auch wenn dies für einzelne Teilinformationen der Dokumente durchaus gelten kann). Dementsprechend entfällt bei diesen Elementen die eindeutige Validierungsrichtung. Ein sehr typischer Anwendungsfall ist die Prüfung des ausführbaren Modells an Vergangenheitsdaten, die einer Kombination (5,A) entspricht. Von einer Prüfung des ausführbaren Modells gegen die aufbereiteten Daten kann jedoch ebenso wenig gesprochen werden wie von einer Prüfung der Daten gegen das Modell. Wie durch den *Doppelpfeil* im Symbol angedeutet, muss hier die Validierung im Zusammenhang von Modell und Daten erfolgen. Ermittelte Fehler können ihre Ursache sowohl im Modell als auch in den Daten besitzen – es bleibt Aufgabe der Simulationsfachleute und V&V-Experten, die Fehlerursache zuzuordnen.

Der vierte, durch ein *Dreieck* gekennzeichnete Elementtyp kennzeichnet genau wie der zweite Typ die Prüfung eines Phasenergebnisses mit Bezug auf ein anderes Phasenergebnis. Bei dem vierten Typ werden jedoch zusätzlich die aufbereiteten Daten in die Prüfung einbezogen, so dass die Prüfung insgesamt drei Phasenergebnisse umfasst. Dieser Typ kommt nur in den letzten beiden Phasen (Implementierung; Experimente und Analyse) vor. Hier wird die bei der Bearbeitung durchgeführte Trennung in Daten und Modell aufgehoben und der Zusammenführung der Ergebnisse über eine gemeinsame V&V Rechnung getragen.

Das V&V-Vorgehensmodell gibt einen kausalen und teilweise zeitlichen Zusammenhang zwischen den V&V-Elementen und den Phasen des Simulationsvorgehensmodells wieder. Es beinhaltet jedoch genau wie das Simulationsvorgehensmodell nach Abbildung 1 *keine explizite Iteration*. Dies bedeutet aber keinesfalls, dass jedes V&V-Element nur ein einziges Mal auszuführen ist:

- Die Validierung kann (und sollte) keineswegs nur am Ende einer Phase erfolgen. Wenn ein sinnvoller, abgeschlossener Zwischenstand erreicht ist, ist dieser sofort zu validieren, um Fehler frühzeitig erkennen und deren Auswirkungen begrenzen zu können. Die Validierung eines Zwischenstandes kann prinzipiell alle zu diesem Zeitpunkt vorliegenden Phasenergebnisse umfassen und unterscheidet sich daher bezüglich der zu berücksichtigenden V&V-Elemente grundsätzlich nicht von der Validierung am Ende der Phase.

- Negative Validierungsergebnisse in einer Phase können ihre Ursache in jeder der vorhergehenden Phasen haben. Für eine vollständige Validierung sind dann alle V&V-Elemente erneut auszuführen, die auf dem Ergebnis dieser (früheren) Phasen aufbauen. In Abbildung 14 ist beispielhaft illustriert, wie die zu wiederholenden V&V-Elemente von der Fehlerursache abhängen. Verifiziert und validiert wird in dem Beispiel das Konzeptmodell.

  a. Die intrinsische V&V zeigt einen Fehler im Konzeptmodell auf. Der Fehler ist zu beheben, und danach das V&V-Element (3,3) nochmals durchzuführen.

  b. Aus der V&V des Konzeptmodells gegen die Aufgabenspezifikation ergibt sich, dass das Konzeptmodell eine der dort beschriebenen Anforderungen nicht korrekt erfüllt. Das Konzeptmodell ist entsprechend zu ergänzen. Danach sind nicht nur die Prüfungen des Elementes (3,2) nochmals durchzuführen, durch die die Abweichungen aufgedeckt wurden. Da das Phasenergebnis „Konzeptmodell" modifiziert wurde, muss auch dessen intrinsische V&V (sowie ggf. alle weiteren bereits erfolgten V&V-Aktivitäten mit Bezug auf das Konzeptmodell) wiederholt werden.

  c. Aus der V&V des Konzeptmodells gegen die Aufgabenspezifikation ergibt sich, dass die Aufgabenspezifikation in einem bestimmten Punkt nicht erfüllt ist, aber auch nicht erfüllbar ist. Daher ist zunächst die Aufgabenspezifikation zu überarbeiten und deren intrinsische Verifikation und Validierung (V&V-Element (2,2)) erneut durchzuführen. Danach ist zu prüfen, ob das Konzeptmodell nach der Änderung der Aufgabenspezifikation zu revidieren ist; gegebenenfalls ist die intrinsische V&V des Konzeptmodells (V&V-Element (3,3)) ebenfalls zu wiederholen. Im Anschluss wird über das V&V-Element (3,2) geprüft, ob die Aufgabenspezifikation hinreichend und geeignet in das Konzeptmodell überführt wurde.

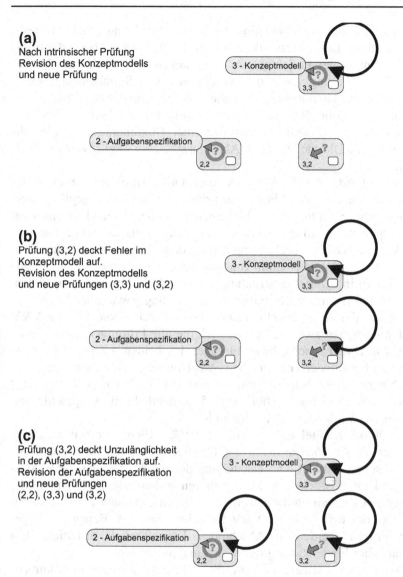

Abb. 14. Iterationen im V&V-Vorgehensmodell (beispielhafte Ausschnitte)

6.1.3 Dokumentation der V&V

Die in Abschnitt 4.2 beschriebenen Dokumentstrukturen beinhalten umfassende Vorgaben zur Dokumentation der Phasenergebnisse, aber (fast) keine Hinweise zur Dokumentation der V&V. Dies ist ausdrücklich beabsichtigt, da diese Dokumentstrukturen sich auf die Beschreibung der originären Ergebnisse der Projektphasen beschränken. Im Verlauf der Vorbereitung, Durchführung sowie des Abschlusses von Simulationsprojekten entstehen weitere Dokumentationen wie z. B. Angebote, Projektpläne, Besprechungsprotokolle, Entscheidungsprotokolle über Änderungen von Annahmen oder Modellinhalten, Statusberichte, Dokumente über die Abnahme von (Teil)Modellen oder Abschlussberichte (vgl. Wenzel et al. 2008, S. 18-31).

Genau so führt auch die V&V-Dokumentation zu einem weiteren Dokument, das während des Simulationsprojektes erstellt und gepflegt werden muss. Die Struktur dieses Dokumentes sollte dabei einerseits dem V&V-Vorgehensmodell entsprechen und andererseits der Zeitachse und damit den *Spalten* des V&V-Vorgehensmodells folgen. Empfohlen wird daher, die V&V-Dokumentation zunächst nach den Phasen der Modellbildung (1 bis 6) in *Kapitel* zu strukturieren, und dann Abschnitte zu bilden, die die V&V-Ergebnisse der intrinsischen Prüfung sowie aller Prüfungen in Bezug auf die zuvor erstellten Dokumente beschreiben. Für die V&V der Daten entstehen zwei weitere Kapitel, die alle Prüfungen unter Einbeziehung von Daten beschreiben und daher den beiden unteren *Zeilen* des V&V-Vorgehensmodells entsprechen. Aus Übersichtlichkeitsgründen wird vorgeschlagen, diese Kapitel entsprechend der V&V-Elemente mit „R" und „A" zu kennzeichnen. Abbildung 15 verdeutlicht die vorgeschlagene Einteilung der V&V-Dokumentation in Kapitel.

Innerhalb der Kapitel sollte es für jedes V&V-Element einen Abschnitt geben, der die *Ergebnisse* der V&V für dieses Element zusammenfasst. Dieser Abschnitt enthält eine Darstellung der durchgeführten V&V-Aktivitäten und ihrer Ergebnisse. Dazu gehören insbesondere die Antworten auf Fragen aus einem an die jeweilige Studie angepassten Fragenkatalog, der sich an der Erfüllung der V&V-Kriterien orientiert. Beispiele für geeignete Fragen werden in Abschnitt 6.3 ausführlich diskutiert. Ein exemplarischer Fragenkatalog findet sich in Anhang A2.

Für jedes V&V-Element sind vor allem folgende Aspekte zu dokumentieren (vgl. die Ausführungen zum V&V-Plan in Abschnitt 6.3):

- Gegenstand der Prüfung
- Nicht durchgeführte Prüfungen, Begründung der Entscheidung
- Eingesetzte V&V-Techniken
- Prüfende Simulationsfachleute oder V&V-Experten
- Versionsstand der verwendeten Phasenergebnisse
- Ergebnisse der Prüfung

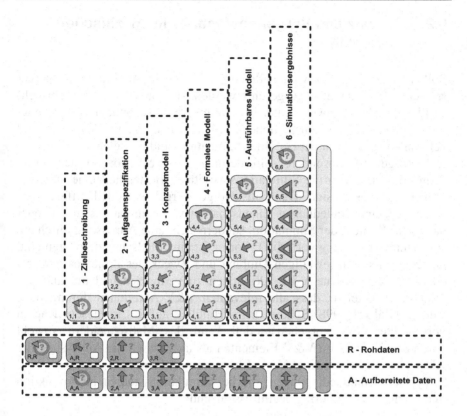

Abb. 15. Vorschlag für die Strukturierung der V&V-Dokumentation

Auf diese Weise entsteht zu jedem Element ein eigener Abschnitt als *V&V-Report*. Analog zu der Dokumentation der Phasenergebnisse (vgl. Abschnitt 4.2) gilt, dass es sich bei der V&V-Dokumentation nicht notwendigerweise um ein physisch zusammenhängendes Dokument handeln muss. Gleichwohl bietet es sich an, die V&V-Reports in den vorgeschlagenen Kapiteln zusammenzufassen. Zusätzlich können diese Kapitel in einem V&V-Gesamtdokument gebündelt werden. Alternativ ist es möglich, die Kapitel mit den einzelnen Phasenergebnissen abzulegen.

Für die V&V-Dokumentation ist also nicht von Bedeutung, ob sie als unabhängiger Bericht geführt oder in anderer Weise strukturiert wird. Wesentlich ist, dass die Dokumentation für jedes V&V-Element jederzeit eindeutig auffindbar dokumentiert und als solche gekennzeichnet ist. Dies gilt sowohl für die zu dem V&V-Element geplanten Aktivitäten als auch – nach Durchführung der Aktivitäten – für die jeweiligen Ergebnisse.

6.2   Einsatz des Vorgehensmodells in spezifischen Projekten

Sollen im Sinne einer vollständigen V&V alle in Abbildung 13 dargestellten V&V-Elemente ausgeführt werden, dies iterativ (also mehrfach) und idealer Weise jeweils unter Einsatz mehrerer Techniken (vgl. Kapitel 5), so kann dies mit einem hohen zeitlichen und finanziellem Aufwand verbunden sein, der nicht bei jeder Simulationsstudie in gleicher Weise zu rechtfertigen ist. Besondere Anforderungen an V&V können sich ferner dann ergeben, wenn die Simulationsaktivitäten Bestandteil eines übergeordneten Projektes sind. Das vollständige Vorgehensmodell differenziert nicht nach unterschiedlichen Eigenschaften von Simulationsstudien oder nach dem Kontext der Simulation, sondern sieht eine Anpassung durch ein sogenanntes *Tailoring* vor. Mit Tailoring ist ein „Maßschneidern" gemeint, um einerseits dem jeweiligen Umfang und Zweck des Projektes entsprechend unangemessene V&V-Aktivitäten zu vermeiden und um andererseits sicherzustellen, dass alle relevanten V&V-Aktivitäten durchgeführt werden (Balzert 1998, S. 109ff.). Im Hinblick auf das in diesem Kapitel vorgestellte V&V-Vorgehensmodell kann das Maßschneidern sowohl durch den Entfall von V&V-Elementen als auch durch die Anpassung der Aktivitäten innerhalb eines V&V-Elementes erfolgen.

Typische Randbedingungen, die bei Simulationsstudien in Produktion und Logistik ein Tailoring beeinflussen, sind:

- Komplexität einer Simulationsstudie
- Einsatz von bausteinorientierten Simulationswerkzeugen
- Automatische Generierung des Modells
- Betriebsbegleitende Nutzung der Simulation
- Nutzung der Simulation als Testumgebung für reale Software (Emulation)

Der Einfluss dieser Randbedingungen auf das Tailoring des V&V-Vorgehensmodells wird in den Abschnitten 6.2.1 bis 6.2.5 erläutert.

Als weitere Randbedingung hat der Abstraktionsgrad einen Einfluss auf die V&V. Beispielsweise können bei der Modellierung von Lieferketten andere (abstraktere) Modellelemente zum Einsatz kommen als bei der detaillierten Abbildung einer Montagelinie. Daraus können sich Rückwirkungen auf die inhaltliche Detaillierung der zu erstellenden Dokumente ergeben. Dies hat jedoch keinen Einfluss auf die zu durchlaufenden Elemente des V&V-Vorgehensmodells, sondern allenfalls auf Art und Umfang der Tests, die bei der Bearbeitung eines V&V-Elementes durchgeführt werden.

Ferner können auch die Rollen (vgl. Abschnitt 2.4) von Projekt zu Projekt unterschiedlichen Mitarbeitern zugeordnet sein. Hierdurch ändert sich die Zuordnung von V&V-Elementen zu Projektbeteiligten, aber nicht die zu bearbeitenden V&V-Elemente oder die Intensität der Durchführung. Daher besitzt auch diese Randbedingung keinen Einfluss auf das Tailoring des Vorgehensmodells.

Grundsätzlich soll das Tailoring bereits zu Beginn eines Projektes im Rahmen der Planung der für das Projekt erforderlichen V&V-Aktivitäten erfolgen. In diesem Zusammenhang wird auch von einem statischen Tailoring gesprochen (vgl. KBSt 2006b, S. 3-7). Natürlich können Vereinfachungen und Annahmen bei der Modellbildung auch zu einem Tailoring im weiteren Projektverlauf führen. Stellt sich beispielsweise während des Projektes heraus, dass kein formales Modell nötig ist, so ist ein Tailoring der V&V durchzuführen. Zudem ist die Entscheidung über das Tailoring nur Personen in bestimmten Rollen (Projektleiter, V&V-Experte) erlaubt, damit insbesondere das Weglassen einzelner V&V-Elemente keinesfalls unreflektiert, sondern grundsätzlich als *bewusster* Schritt im Rahmen des V&V-Prozesses erfolgt.

6.2.1 Tailoring nach Komplexität einer Simulationsstudie

Die Komplexität von Simulationsstudien wird bestimmt durch den finanziellen Umfang sowie den Bearbeitungsaufwand einer Studie einerseits und durch die Komplexität der zu erstellenden Simulationsmodelle andererseits. Sowohl Umfang als auch Komplexität können je nach Aufgabenstellung sehr unterschiedlich sein. Das gilt insbesondere, wenn unterschiedliche Anwendungsbereiche (z. B. Simulation im militärischen Bereich oder Simulation in Produktion und Logistik) betrachtet werden. Ein Indikator für die Unterschiede im Umfang ist die Bandbreite des verfügbaren Budgets für Simulationsstudien. Laut einer Untersuchung des Marktforschungsunternehmens Frost & Sullivan werden alleine im militärischen Bereich in Europa pro Jahr mehr als eine Milliarde US-Dollar für Simulation ausgegeben (Frost & Sullivan 2003). Eine andere Untersuchung zu Simulationsmodellen, die bei der amerikanischen Armee im Einsatz sind, beziffert die Kosten pro Simulation in einer Spanne von 150.000 US-Dollar bis zu 40 Millionen US-Dollar, allerdings ohne konkrete Angaben zur verwendeten Simulationstechnologie oder zu Ziel und Zweck der Applikationen zu geben (Ewing 2001).

Auch im Bereich Produktion und Logistik ist der finanzielle Umfang von Simulationsstudien nach Erfahrung der Autoren deutlich unterschiedlich, wenngleich die mittlere finanzielle Größenordnung wesentlich geringer zu sein scheint als im militärischen Bereich. Bei Simulationsstudien geringer finanzieller Größenordnung, beispielsweise für die Pufferauslegung in einem eingeschränkten Fertigungsbereich, bewegt sich der Aufwand im Bereich weniger Personentage. Auf der anderen Seite gibt es Studien zur Simulation von Lieferketten oder zur simulationsunterstützten Analyse kompletter Unternehmensstandorte, bei denen der Gesamtumfang durchaus mehrere Personenjahre erreichen kann. Natürlich erlauben die Kosten einer Studie keinen unmittelbaren Rückschluss auf die Komplexität der Projektabwicklung, Modellierung und Simulation. Sie geben aber zumindest einen starken Hinweis darauf, wie unterschiedlich Projektinhalt und -umfang sein können.

Für die Komplexität von *Simulationsmodellen* gibt es in der Literatur keine eindeutige Definition. Wie Chwif et al. (2000) und Robinson (2004, S. 5) ausführen, wird die Komplexität im Wesentlichen von zwei Aspekten geprägt: zum einen vom Umfang und zum anderen vom Detaillierungsgrad des Modells. In der Tendenz nimmt die Komplexität sowohl mit dem Umfang als auch mit dem Detaillierungsgrad zu. Chwif et al. (2000) machen deutlich, dass es für den Umfang sowie für den Detaillierungsgrad und damit letztendlich auch für die Komplexität bislang kein allgemeines Maß gibt. Eine Rolle spielen z. B. die Anzahl der Elemente im Modell, der Umfang der verwendeten Daten oder die Beziehungen der Elemente untereinander.

Es liegt auf der Hand, dass der Aufwand für V&V sowohl der Komplexität des Modells als auch den finanziellen Gegebenheiten Rechnung tragen muss. Die entsprechenden V&V-Aktivitäten müssen bei komplexen Modellen umfangreicher sein. Das Tailoring des V&V-Vorgehensmodells wird diesen unterschiedlichen Anforderungen zum einen dadurch gerecht, dass der Umfang der mit einem Element verbundenen Aktivitäten angepasst wird und zum anderen dadurch, dass V&V-Elemente komplett weggelassen („herausgeschnitten") werden. Dies wird im Folgenden an zwei kurzen Beispielen erläutert.

Bei sehr komplexen Modellen ist allein für den in jeder Phase zu erstellenden intrinsischen V&V-Report die generische Prüfung, ob das jeweilige Dokument vollständig und konsistent ist, so umfangreich, dass als Aktivität ein einfaches „Abhaken" inhaltlicher Gliederungspunkte nicht ausreichend erscheint. Vielmehr sind die einzelnen Punkte der Dokumentstruktur durchzugehen und zu prüfen.

Bei weniger komplexen Modellen kommt es immer wieder vor, dass keine Unterscheidung zwischen Konzeptmodell und formalem Modell erfolgt, da die wenigen notwendigen Formalisierungen schon im Konzeptmodell durchgeführt werden. Wenn die entsprechenden Dokumente als (Zwischen-)Produkte des Simulationsvorgehensmodells nicht vorliegen,

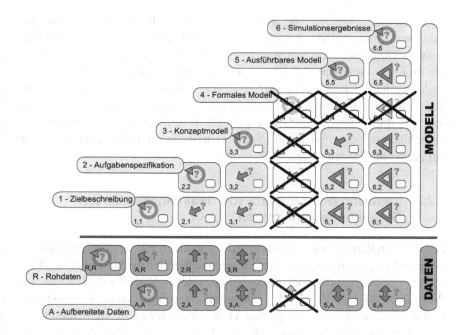

Abb. 16. Tailoring: Wegfall der V&V-Elemente für das formale Modell

können im V&V-Vorgehensmodell die dazugehörigen V&V-Elemente nicht durchgeführt werden, d. h. die jeweilige Zeile und Spalte entfallen (Abbildung 16). Die Zusammenfassung von Konzeptmodell und formalem Modell führt dazu, dass überprüft werden muss, welche Inhalte der Dokumentstruktur des formalen Modells in das Dokument des Konzeptmodells übernommen werden müssen und welche Elemente in beiden Dokumentstrukturen (vgl. Abschnitte 4.2.3 und 4.2.4) vorkommen und somit weggelassen werden können. Auch bei den V&V-Elementen ist zu prüfen, welche V&V-Aktivitäten des formalen Modells übernommen werden müssen und in die Prüfung des (erweiterten) Konzeptmodells zu integrieren sind.

Davis (1992) macht deutlich, dass der Entfall eines expliziten formalen Modells gute und schlechte Gründe haben kann. Ein schlechter Grund ist jedenfalls die in einer Organisation fehlende Disziplin, vor der Implementierung einen sorgfältigen Entwurf zu erzwingen. Dieses Vorgehen führt vorhersehbar zu unverständlichen Modellen, die überwiegend implizit über Bausteine und Code des Simulationswerkzeuges gegeben sind. Gute Gründe können in einer Entwurfsunterstützung der verwendeten Bausteine liegen, bei der eine Dokumentation des Modells quasi mit entsteht. In diesem Fall ist jedoch zu hinterfragen, welche Teile des Modells „selbst ver-

ständlich" sind und welche Teile (z. B. zusätzlich erzeugter Programm-
code) von einer explizit verständlichen Formalisierung profitieren würden.
Zusammenfassend ist zu sagen, dass unabhängig von der Komplexität eines Projektes in jedem Fall eine angemessene V&V durchzuführen ist. Das
Tailoring nach Komplexität darf keinesfalls zu der Annahme führen, dass
bei vermeintlich kleinen Projekten keine Validierung nötig ist. Insgesamt
bedeutet das Tailoring nach Komplexität also, die V&V-Aktivitäten dem
tatsächlichen Vorgehen in der Simulationsstudie und dem Projektumfang
mit Augenmaß anzupassen.

6.2.2 Tailoring beim Einsatz von bausteinorientierten Simulationswerkzeugen

Für die Simulation in Produktion und Logistik werden zahlreiche Simulationswerkzeuge angeboten, die auf unterschiedlichen Modellierungskonzepten – z. B. Sprach- oder Bausteinkonzepten – basieren (vgl. Kuhn und
Wenzel 2008). Der Vorteil des Bausteinkonzeptes ist, dass die Funktionalität eines Bausteines festliegt und vom Anwender nicht mehr hinterfragt
werden muss. Werden bausteinorientierte Simulationswerkzeuge zur Modellerstellung eingesetzt, so bringt dies besondere Anforderungen an die
V&V mit sich. Hierbei sind grundsätzlich zwei Fälle zu unterscheiden:

1. Die *Entwicklung* von Bausteinen (ggf. als eigenständiges Projekt)
2. Der *Einsatz* von Bausteinen in Projekten

Bausteine können als Teilmodelle verstanden werden, die in einer Reihe
nachfolgender Simulationsstudien wieder verwendet werden. Die Entwicklung dieser Bausteine erfordert natürlich ebenfalls eine sorgfältige Verifikation und Validierung. Da es sich in diesem Zusammenhang aber um
keine Simulationsstudie im eigentlichen Sinne handelt, in der Ergebnisse
für reale Anwendungsfälle ermittelt werden, finden keine Experimente und
keine Ergebnisauswertung statt. Die Spalte Simulationsergebnisse kann
daher weggelassen werden. Zudem ist zu beachten, dass ein ausführbares
Modell hier in der Regel eine Testumgebung für die jeweiligen Bausteine
darstellt, und dessen Dokumentstruktur sowie die zugeordneten V&V-Ele-
mente entsprechend ergänzt werden müssen.

Beim Einsatz von vorgefertigten Simulationsbausteinen können aufgrund der vorab für diese Bausteine erfolgten V&V-Aktivitäten einige Inhalte der Verifikation und Validierung entfallen. So ist beispielsweise die
Formalisierung der Abläufe in den Bausteinen vorab bei der Bausteinent-
wicklung erfolgt und nun im Rahmen der Bausteinanwendung nicht mehr
notwendig (es sei denn, die Bausteine müssen für das Projekt angepasst

werden). Erfordert die Modellierung aber eine zusätzliche, modellspezifische und bausteinübergreifende Logik, so wird in der Regel hierfür eine Formalisierung notwendig sein. Die V&V-Elemente im Zusammenhang mit dem formalen Modell beziehen sich daher zunächst auf die bausteinübergreifenden Abläufe und die damit einhergehenden Wechselwirkungen. Auch die Überprüfung der Eignung der Bausteine für die jeweilige Aufgabenstellung und die Verwendbarkeit innerhalb des spezifischen Kontextes ist in jedem Fall notwendig, um ungewollte Nebeneffekte zu vermeiden. Für diese Prüfung ist die Dokumentation der Simulationsbausteine heranzuziehen. Zu weiteren Fragen der Nachnutzung sei auch auf Wenzel et al. (2008, S. 153-167) verwiesen.

6.2.3   Tailoring bei automatisch generierten Modellen

Bei automatisch generierten Modellen können im Wesentlichen drei Fälle unterschieden werden:

1. Generierung von Layoutdaten für das Simulationsmodell auf der Grundlage eines vorhandenen CAD-Layouts, z. B. unter Nutzung des Standardaustauschformates „Simulation Data Exchange" (SDX) für den Austausch von Simulationsdaten (vgl. Moorthy 1999)
2. Erzeugung von Modellen mithilfe von Arbeitsplandaten, die beispielsweise in Datenbanken hinterlegt sein können (vgl. Rabe und Gocev 2006; Jensen und Hotz 2006)
3. Generierung ausführbarer Modelle auf Basis vorhandener (nicht ausführbarer) Modellbeschreibungen, beispielsweise anhand von ARIS-Prozessbeschreibungen (vgl. Kalasky und Levasseur 1997, Rabe 1994)

Die Verifikation und Validierung des Generierungsprogramms soll an dieser Stelle, da es sich um eine nicht der Simulation zugehörige spezielle Software handelt, nicht weiter betrachtet werden. Die Autoren weisen jedoch darauf hin, dass auch bei einer Automatisierung des Modellbildungsprozesses in keinem Fall auf die V&V des generierten Modells verzichtet werden kann.

Die Erwartung liegt nahe, dass eine automatische Generierung des Modells zu einem reduzierten Aufwand in der V&V führt. Diese Annahme stellt sich bei einer genaueren Betrachtung jedoch als falsch heraus. Im Gegenteil entsteht unter Umständen sogar ein erhöhter V&V-Aufwand, da durch die Automatisierung des Generierungsprozesses das Risiko wächst, Fehler in den Daten nicht zu erkennen. Bei automatisch generierten Modellen kommt daher der Datenvalidität (vgl. Abschnitte 6.3.7 und 6.3.8) eine noch zentralere Bedeutung zu.

Bei den V&V-Aktivitäten an den Rohdaten ist zusätzlich zu überprüfen, ob die zur automatischen Generierung des Modells verwendeten Daten korrekt sind und in der richtigen Form vorliegen.

Beispielsweise ist zu beachten, dass die Ausgangsdaten der Generierung, z. B. das CAD-Layout, Fehler beinhalten können. Hierzu zählen grundsätzliche Fehler des Layouts ebenso wie eine falsche Vorbereitung für die Generierung. Ein typischer Fehler ist beispielsweise die falsche Orientierung (falsche Förderrichtung) von Bausteinen im CAD-Layout. Bei einer manuellen Modellerstellung wird dies während der Modellierung normalerweise durch den Modellierer erkannt und korrigiert. Bei einer automatischen Modellgenerierung ist nicht ohne weiteres gewährleistet, dass derartige Fehler erkannt werden.

Ebenso können bei der Verwendung von Arbeitsplandaten aus PPS- oder ERP-Systemen falsche Daten Eingang in ein generiertes Modell finden. Immer wieder finden sich in den Datenbeständen solcher Systeme durch Fehleingaben entstandene falsche Bearbeitungszeiten oder Rüstzeiten. Beispielsweise kann es vorkommen, dass die Einheit verwechselt oder übersehen wird und anstelle von Sekunden Minuten eingegeben werden. Bei einer manuellen Eingabe werden Rüstzeiten von wenigen Sekunden bemerkt und ggf. korrigiert. Eine automatische Übernahme der Daten kann dies nur bei sorgfältiger Definition und Durchführung von Plausibilitätsprüfungen sicherstellen.

Bei der vollständigen Generierung des Modells aus einer anderen Beschreibungssprache werden in dieser Sprache abgebildete Modellstrukturen automatisch in ein ausführbares Modell überführt. Beispiele sind die Generierung von Modellen aus Netzplänen (vgl. Bley und Zenner 2005) oder die Überführung von Prozesskettenmodellen in ausführbare Simulationsmodelle (vgl. Kalasky und Levasseur 1997, Rabe 1994). Nun ließe sich argumentieren, dass die Netzpläne oder ARIS-Modelle bereits ein implizites Konzeptmodell seien und daher auf eine explizite Konzeptmodellierung (und damit auch auf die Validierung des Konzeptes) verzichtet werden könne. Tatsächlich beinhalten diese Modelle aber in der Regel keine Aussagen über Ablauflogiken (oder sie setzen implizit sehr einfache Regeln voraus). Ein wichtiges Merkmal des Simulationseinsatzes in Produktion und Logistik ist aber, dass gerade über Steuerungsregeln explizit Aussagen gemacht werden müssen. Dies erfordert eine intensive Auseinandersetzung mit diesen Regeln spätestens mit dem Beginn der Konzeptmodellierung. Auch und gerade die Verwendung anderer Beschreibungssprachen und die daraus erfolgende automatische Modellgenerierung entheben den Modellierer nicht von der Pflicht, bewusst konzeptionelle Entscheidungen zu treffen und zu dokumentieren. Damit sind dann aber auch die entsprechenden V&V-Aktitiväten erforderlich.

6.2.4 Tailoring bei betriebsbegleitender Simulation

Zusätzlicher Bedarf an Tailoring entsteht, wenn die Simulation nicht in Form einer Simulationsstudie eingesetzt wird. Dies ist beispielsweise bei der betriebsbegleitenden Simulation von Produktions- und Logistiksystemen der Fall. Die typische Anwendung liegt hier in der Unterstützung der kurzfristigen Planung und Steuerung, wobei sowohl die Feinplanung von Aufträgen als auch die Überwachung der zuvor (mit oder ohne Simulationsunterstützung) erstellten Planung (Frühwarnwerkzeug) unterstützt werden können.

Für das Tailoring des V&V-Prozesses ist in diesem Zusammenhang der Entstehungsweg des Simulationsmodells von Bedeutung:

1. Entwicklung als Bestandteil einer komplexen Software (z. B. als Feinplanungsmodul eines Manufacturing Execution System (MES)
2. Ausbau eines vorhandenen Simulationsmodells zu einem betriebsbegleitenden Simulationsmodell

Wird das Simulationsmodell als Bestandteil eines umfassenderen Softwaresystems entwickelt, so ergibt sich die Zielbeschreibung aus dem übergeordneten Projekt. Die V&V muss dann im Rahmen der entsprechenden Aktivitäten des gesamten Softwareprojektes durchgeführt werden. Die V&V des ausführbaren Modells muss so erfolgen, dass bei der späteren Verwendung des Modells als integralem Bestandteil des Planungssystems die dann erzeugten Ergebnisse als gültig angesehen werden können. Dazu muss durch Testläufe mit verschiedenen Eingangsdaten (die nach Möglichkeit spätere Einsatzfälle nachstellen) die Validität geprüft werden. Daher verschieben sich einige V&V-Aktivitäten der Phase „Simulationsergebnisse" in die Phase „ausführbares Modell". Hier ist vor allem die Identifikation der zu variierenden Parameter im Abschnitt Experimentpläne des Dokumentes Simulationsergebnisse zu beachten, da hiermit entscheidend festgelegt wird, in welchen Bereichen die Eingangsdaten für das Modell verändert werden dürfen.

Bei dem Ausbau eines vorhandenen Simulationsmodells zu einem betriebsbegleitenden Softwarewerkzeug ist nicht nur die hierzu vorgenommene Schnittstellenerweiterung zu prüfen. Vielmehr müssen alle V&V-Elemente erneut durchlaufen werden, da sich die Zielbeschreibung und Aufgabenspezifikation durch das neue Einsatzgebiet verändert haben. Es muss geprüft werden, inwieweit durchgeführte V&V-Aktivitäten unter den neuen Bedingungen noch gültig sind. Auch in diesem Fall werden einige V&V-Aktivitäten der Phase „Experimente und Analyse" in die Phase „Implementierung" übernommen. Beispielsweise kann in einem vorhandenen Modell, das zur Auslegung eines Fertigungsbereiches eingesetzt wurde, ein Bereitstellungs- und Lagerbereich vereinfacht durch eine Blackbox abgebildet sein. Dieser Bereich spielt aber bei der Feinplanung eine entscheidende Rolle, da die Reihenfolge dort die Auslastung des Fertigungsbereiches beeinflusst.

Ein besonderes Augenmerk ist grundsätzlich auf die durch den Nutzer veränderbaren Eingabegrößen zu richten. Dies ist notwendig, da der Anwender meist das Simulationsmodell nicht kennt. Möglicherweise ist dem Anwender gar nicht bekannt, dass ein Simulationsmodell im Hintergrund verwendet wird. Das Simulationsmodell muss daher Eingabegrößen auch hinsichtlich der Überschreitung der vorgegebenen Bereiche prüfen und dem Anwender entsprechende Meldungen anzeigen.

Neben der Prüfung der veränderbaren Eingabegrößen ist auch die Validität der aus einem übergeordneten System übernommenen Daten zu untersuchen. So muss beispielsweise bei einer simulationsgestützten Feinplanung sichergestellt werden, dass keine fehlerhaften Arbeitsplandaten aus dem ERP-System übernommen werden.

6.2.5 Tailoring bei Emulation

Mit dem Begriff Emulation wird in der Computertechnologie im Allgemeinen das Nachbilden der Eigenschaften eines Systems durch ein anderes System verstanden (vgl. z. B. Schelp 2001). Im Bereich Simulation in Produktion und Logistik werden mit dem Begriff Anwendungen gekennzeichnet, bei denen reale Steuerungssoftware (beispielsweise ein Lagerverwaltungssystem oder ein Materialflussrechner) vor dem Aufbau bzw. vor der eigentlichen Inbetriebnahme des realen Produktions- oder Logistiksystems mit Hilfe von Simulation getestet wird. Dazu wird ein Simulationsmodell über Schnittstellen mit der realen Steuerungssoftware gekoppelt. Der Steuerungssoftware wird dann „vorgespiegelt", sie steuere bereits eine reale Anlage, während sie tatsächlich nur das Simulationsmodell steuert. So können Softwarefehler vorab aufgedeckt und behoben werden. Das Simulationsmodell dient also der Unterstützung der Inbetriebnahme des realen Systems bzw. der realen Steuerungssoftware. Ein ausführlicher Überblick über Konzepte, Vorgehensweisen und Randbedingungen von Emulationsprojekten findet sich in Follert und Trautmann (2006). Weitere Anwendungsfälle finden sich auch unter den Bezeichnungen Soft-Commissioning, Online-Kopplung oder Testumgebungen für Steuerungssoftware (vgl. Auinger et al. 1999, Gutenschwager et al. 2000, Noche 1997 sowie Schürholz et al. 1993).

Für die Emulation spielt die Verifikation und Validierung in dreifacher Hinsicht eine besondere Rolle. Erstens muss an den Schnittstellen zwischen Simulationsmodell und realer Steuerungssoftware ein umfangreicher Datenaustausch etabliert werden, der in der Regel auf einem Austausch von Telegrammen basiert (vgl. Mayer und Burges 2006; Kiefer 2006). Diese Telegramme müssen im Modell geeignet erzeugt und verarbeitet werden. Für das V&V-Vorgehensmodell hat dies die Konsequenz, dass die V&V-Elemente beispielsweise um Konventionen und Testverfahren für den Telegrammverkehr erweitert werden müssen. Besondere Sorgfalt erfordert in diesem Zusammenhang auch die Überprüfung der zeitlichen Synchronisation des Zusammenspiels aus Simulationsmodell, Telegrammen und realer Software.

Die zweite Besonderheit bei der V&V von Simulationsanwendungen zur Emulation tritt nur auf, wenn das Simulationsmodell spezifisch für die Emulation erstellt wurde. In vielen Fällen wird dies nicht zutreffen, weil das Simulationsmodell im Rahmen der Planung des Produktions- oder Logistiksystems als eigenständig lauffähige Anwendung und zur Unterstützung von Planungsentscheidungen im Sinne des Simulationsvorgehensmodells in Abschnitt 1.3 entstanden ist und es dann *darüber hinaus* auch für die Emulation herangezogen werden soll. Das V&V-Vorgehensmodell kann dann ohne grundsätzliche Veränderungen angewendet werden und ist lediglich um die besonderen Aspekte, die aus der diskutierten Berücksichtigung der Schnittstellen und der Synchronisationsanforderungen resultieren, zu erweitern. Wird das Simulationsmodell aber nur für den Zweck der Emulation erstellt, so kann das auf Emulationszwecke eingeschränkte Modell typischerweise ohne die reale Steuerungssoftware gar nicht umfassend getestet werden. Um in diesem Fall trotzdem einen Mindestumfang an Prüfungen mit dem Modell *vor* der Kopplung mit der realen Software durchführen zu können, müssen die V&V-Elemente ergänzt werden. So ist insbesondere zu spezifizieren, welche Umfänge zusätzlich zu den Modellfunktionen als Test-Module für eine separate V&V des Simulationsmodells implementiert werden müssen und welche Tests damit durchzuführen sind. Mit diesen Tests soll vor der Kopplung von Simulationsmodell und Steuerungssoftware sichergestellt werden, dass die Abläufe im Modell zumindest verifiziert sind.

Der dritte spezielle Aspekt bei der Verifikation und Validierung von Modellen, die für Emulation verwendet werden, ergibt sich aus der engen Wechselwirkung mit der Entwicklung der realen Steuerungssoftware. Diese Software muss selbstverständlich auch nach einem Vorgehensmodell entwickelt werden (z. B. nach dem in Abschnitt 3.4 diskutierten

V-Modell der Softwareentwicklung). Gutenschwager et al. (2000) verdeutlichen am Beispiel des V-Modells 97, dass damit das Simulationsmodell
zu einem wichtigen Bestandteil der Verifikation und Validierung der
realen Steuerungssoftware wird. Das Erzeugen von Simulationsergebnissen im Rahmen eines Emulationsprojektes dient demnach unmittelbar
der V&V der realen Steuerungssoftware. Insofern bedarf es für diese letzte
Phase des Simulationsvorgehensmodells im Grunde einer Abstimmung der
V&V-Elemente aus der Simulation und der Softwareentwicklung. Da in
diesem Buch die V&V von Simulationsmodellen betrachtet wird, nicht
aber die V&V sonstiger Software aus dem Bereich der Produktion und
Logistik, ist diese Abstimmung nicht Gegenstand der Betrachtung.

6.3   V&V-Elemente

Abschnitt 6.1 beschreibt die Struktur des V&V-Vorgehensmodells, das
sich aus einzelnen V&V-Elementen zusammensetzt. Durch das spezifische
Tailoring (vgl. Abschnitt 6.2) wird festgelegt, welche dieser Elemente in
einem konkreten Projekt tatsächlich relevant sind. Das dadurch entstehende projektspezifisch angepasste Vorgehensmodell sagt jedoch wenig
über die für jedes einzelne V&V-Element durchzuführenden Aktivitäten
aus.

Daher werden in den Abschnitten 6.3.1 bis 6.3.8 für jedes einzelne
V&V-Element Hinweise zu wichtigen V&V-Aktivitäten gegeben. Die Beschreibung der Aktivitäten orientiert sich an den in Abschnitt 2.3 beschriebenen V&V-Kriterien (vgl. Tabelle 1). Zur besseren Übersicht sind diese
Kriterien im Text jeweils kursiv gesetzt. Die Darstellung der Aktivitäten
wird ergänzt durch die Angabe von V&V-Techniken, die für das V&V-
Element typischerweise Anwendung finden können. Die Beschreibung
dieser Techniken findet sich in Kapitel 5.

Typische Fragen, die im Rahmen dieser Aktivitäten zu beantworten
sind, sind im Anhang A2 abgedruckt. Zu beachten ist, dass die aufgeführten V&V-Aktivitäten sowie die Fragen angesichts der Breite des Anwen-
dungsfeldes nur als Beispiele und Anregungen zu verstehen sind. Weder
sind alle Fragen in jedem Fall sinnvoll anwendbar, noch sind diese Fragen
für alle Anwendungen vollständig. Letztlich ist für die richtige Auswahl
der erforderlichen Aktivitäten die Erfahrung der Simulationsfachleute und
V&V-Experten entscheidend, die durch ein systematisches Vorgehen wesentlich ergänzt, aber niemals ersetzt werden kann: „The whole [V&V]
process has elements of art as well as of science" (Kleijnen 1995, S. 146).

Folglich sind die V&V-Elemente projektspezifisch anzupassen. Diese Anpassung hat ebenso wie das Tailoring auf Elementebene systematisch und möglichst frühzeitig zu erfolgen, spätestens aber vor Beginn der Phase, auf die sich das V&V-Element bezieht. Zwar spricht nichts dagegen, bei erst im Zuge der Modellierung oder während der V&V-Arbeiten erkannten Risiken weitere – ursprünglich als nicht erforderlich vorgesehene V&V-Aktivitäten – zu *ergänzen*. Die nachträgliche *Streichung* von Aktivitäten ist eher unüblich und muss im Bedarfsfall begründet werden. Die Begründung ist in der V&V-Dokumentation niederzulegen (vgl. Abschnitt 6.1.3).

Für die V&V gibt das Vorgehensmodell (Abbildung 13) eine Struktur vor. Eine solche Struktur auch für jedes einzelne V&V-Element festzulegen, erscheint angesichts der Vielfalt möglicher Problemstellungen nicht sinnvoll. Dies bedeutet jedoch keinesfalls, dass die V&V für ein bestimmtes V&V-Element keinen Plan erfordert. In diesem Zusammenhang sprechen einige Autoren von der Aufstellung so genannter V&V-Pläne (z. B. Balci et al. 2000; Pohl et al. 2005), die u. a. die folgenden Punkte enthalten:

- Was ist Gegenstand der Prüfung?
- Welche V&V-Technik soll eingesetzt werden?
- Wer soll die Untersuchung machen?
- Welche Voraussetzungen sind zu schaffen, damit die Untersuchung durchgeführt werden kann?
- Wann ist die Prüfung durchzuführen?
- Wann muss das Ergebnis der Prüfung vorliegen?
- Welcher Aufwand kann für die Prüfung eingeplant werden (Kostenrahmen)?

Zielsetzung ist, auf der Basis der systematisch durchgeführten V&V-Aktivitäten zu prüfen, inwieweit ein Phasenergebnis die V&V-Kriterien (vgl. Abschnitt 2.3), aber insbesondere auch die in der Zielbeschreibung und in der Aufgabenspezifikation benannten Akzeptanz- und Abnahmekriterien erfüllt.

Grundsätzlich lässt sich festhalten, dass alle V&V-Aktivitäten systematisch in V&V-Reports zu dokumentieren sind (vgl. Abschnitt 6.1.3). Die Inhalte der V&V-Reports umfassen die V&V-Pläne, die Ergebnisse der V&V-Aktivitäten und damit auch die Antworten zu den Fragen.

Im Folgenden werden die Inhalte der V&V-Elemente (Abbildung 13) im Detail beschrieben. Die Beschreibung folgt dabei der in Abschnitt 6.1.3 vorgeschlagenen Struktur der V&V-Dokumentation (vgl. Abbildung 15). Dementsprechend wird dieser Abschnitt zunächst nach den *Spalten* strukturiert, beginnend bei der Zielbeschreibung (6.3.1) bis zu den Simulationsergebnissen (6.3.6). Die V&V-Elemente für die *Zeilen* Rohdaten und aufbereitete Daten werden in den Abschnitten 6.3.7 und 6.3.8 gesondert behandelt.

Die Beschreibung des V&V-Vorgehensmodells in den Abschnitten 6.3.1 bis 6.3.8 ist in die einzelnen Elemente (i,j) gegliedert. An erster Stelle steht immer die Erläuterung der intrinsischen Verifikation und Validierung des entsprechenden Phasenergebnisses, d. h. das Element (i,i) wird betrachtet. Die Prüfungen „Phasenergebnis gegen Phasenergebnis" in den Elementen (i,j) werden jeweils im Anschluss beschrieben.

6.3.1 Zielbeschreibung

Die Zielbeschreibung als das Ausgangsdokument für ein beginnendes Projekt (vgl. Abschnitt 1.3) beinhaltet die primär vom Auftraggeber formulierten Anforderungen an das Projekt und die Projektdurchführung. Nicht als fehlend oder unvollständig erkannte Anforderungen oder fehlerhafte Angaben können die Umsetzbarkeit des geplanten Projektes, das gemeinsame Verständnis der Projektinhalte und die spätere Projektbearbeitung negativ beeinflussen. Aus diesem Grund ist eine umfassende Prüfung des erstellten Dokumentes möglichst in Abstimmung mit den später einzubeziehenden potentiellen Projektpartnern wie externen Dienstleistern oder Anlagenlieferanten, aber auch den Fachabteilungen im Unternehmen notwendig, um ein gemeinsames Verständnis bezüglich der Projektinhalte zu erreichen. Die Zielbeschreibung stellt für die einzubeziehenden Projektpartner die Grundlage zur Erstellung eines Angebotes dar (vgl. Wenzel et al. 2008, S. 69-107).

Aufgrund der Tatsache, dass die Zielbeschreibung das *erste* gemäß dem Simulationsvorgehensmodell zu betrachtende Dokument darstellt, ist für dieses Dokument nur die *intrinsische* Prüfung möglich. Die Aufgaben der V&V beziehen sich auf die korrekte und angemessene Darstellung der geplanten Aufgaben und beabsichtigten Projektinhalte. Typische V&V-Techniken sind Validierung im Dialog, Schreibtischtest, Begutachtung und Strukturiertes Durchgehen (vgl. Abschnitt 5.2) sowie Documentation Checking und Inspection (vgl. Berchtold et al. 2002; Balci 1998; Balci 1998a).

Intrinsische Prüfung (1,1)

Die Prüfung auf *Vollständigkeit* umfasst zum einen die Durchsicht, ob die in der Dokumentstruktur benannten Gliederungspunkte beschrieben sind.

Zum anderen bezieht sie sich auf das Aufzeigen möglicher Defizite in der Beschreibung des beabsichtigten Untersuchungszwecks. Hierzu zählt insbesondere die Überprüfung, ob alle geplanten Projektziele und alle für das zu untersuchende System zu betrachtenden Strukturen und Prozesse und die geplanten Systemvarianten benannt sind.

> Der Satz „Das zu untersuchende System besteht aus einem Lager und einer anschließenden Kommissionierung." ist unzureichend. Es müssen auch Art und Technik des Lagers und der Kommissionierung sowie die zugehörigen Prozesse grob skizziert sein.

In diesem Zusammenhang sind auch Konsistenz, Genauigkeit und Aktualität der jeweiligen Aussagen zu prüfen. Fragen der *Konsistenz* beziehen sich u. a. auf die Prüfung, ob die Beschreibung der Anforderungen in einer einheitlichen Terminologie erfolgt ist oder ob Widersprüche in den Anforderungen erkennbar sind. So könnten die Zielvorgaben „kurze Modelllaufzeit" und „Verwaltung jedes einzelnen Lagerfaches eines Hochregallagers" zu nicht miteinander vereinbarenden Anforderungen führen. Während der *Genauigkeitsprüfung* ist zu klären, ob die benannten Anforderungen in Bezug auf die zu betrachtenden Fragestellungen und die Umsetzbarkeit hinreichend präzise formuliert sind. Nur eine kurze Modelllaufzeit zu fordern, ist nicht ausreichend. Hier muss der Begriff „kurz" präzisiert werden. Hinsichtlich der *Aktualität* wird geprüft, ob die aufgeführten Informationen und die formulierten Aussagen in der vorliegenden Form für die weitere Projektdurchführung noch ihre Gültigkeit besitzen.

Des Weiteren muss nochmals abgewogen werden, ob mit den in der Zielbeschreibung dargestellten Vorgehensweisen, Methoden und Untersuchungsgegenständen der angestrebte Untersuchungszweck hinreichend erfüllt werden kann (*Eignung*). Dies betrifft vor allem die Ziele des Projektes sowie die sich daraus ergebenden Untersuchungen einschließlich der erwarteten Ergebnisse und die Form der Modellnutzung. Der Einsatz einer modellgestützten Analysemethode, vor allem der Simulation, ist kein Ersatz für eine Planung (ASIM 1997; VDI 2008; Wenzel et al. 2008). Nur wenn erste Planungskonzepte vorliegen, können diese auch mit entsprechenden Analysemethoden bewertet werden. Allerdings sei darauf hingewiesen, dass in der modellgestützten Planung die Aufgaben der Planung, Modellierung und Simulation häufig eng verzahnt sind. Dies impliziert eine entsprechende Projektplanung und die Einbeziehung aller an diesen Aufgaben beteiligten Personenkreise. Gegenstand der Prüfung ist vor allem auch die Beantwortung der Frage, ob die Simulation als Problemlösungsmethode für die formulierte Aufgabe geeignet ist und damit die Simulationswürdigkeit für den Zweck und die konkreten Untersuchungsziele vorliegt.

> Soll der Durchsatz einer Fertigungsstraße unter Verwendung eines durchschnittlichen Auftragsspektrums pro Tag ermittelt werden, ohne dass Zufälligkeiten für die Bearbeitungszeiten oder Störungen eine Rolle spielen, ist eine rein deterministische Betrachtung vollkommen ausreichend.

In Ergänzung zur Eignung bestimmen *Plausibilität* und *Verständlichkeit* der Zielbeschreibung die Angemessenheit für die durchzuführende Aufgabe. Die Plausibilität bezieht sich u. a. auf die Schlüssigkeit im Projektvorgehen (z. B. zeitliche Einplanung der Einbindung des Betriebsrates, wenn manuelle Bearbeitungszeiten zu erfassen sind), die geeignete Wahl der Systemvarianten oder auch die Angemessenheit des beschriebenen Projektumfangs in Bezug auf die durchzuführenden Aufgaben. Da die Zielbeschreibung für alle potentiellen Projektpartner (Auftraggeber und -nehmer) das Basisdokument zur weiteren Vorgehensweise darstellt und häufig auch die Grundlage für die Angebotserstellung ist, sind insbesondere die Verständlichkeit der Beschreibung und die Machbarkeit der weiteren Vorgehensweise zu prüfen. Das V&V-Kriterium *Verständlichkeit* spielt neben der Eignung vor dem Hintergrund der späteren Glaubwürdigkeit der Ergebnisse eine besondere Rolle und umfasst die transparente und klare Beschreibung aller Sachverhalte. Die *Machbarkeit* bezieht sich auf die grundsätzliche Umsetzbarkeit und Bearbeitbarkeit des Projektes. Dies umfasst zum einen die Prüfung der grundsätzlichen simulationstechnischen Machbarkeit, d. h. die Beantwortung der Frage, ob die Komplexität der Fragestellung, der Systemumfang und der geforderte Detaillierungsgrad den Einsatz der Simulation überhaupt zulassen. Zum anderen ist abzusichern, dass bestehende Randbedingungen (z. B. Termin- oder Budgetvorgaben; Qualifikation des Personals, Einbeziehung externer Partner) die Projektbearbeitung grundsätzlich ermöglichen. Zu prüfen ist auch, in welcher Form Modell- und Projektabnahme erfolgen sollen und unter welchen Bedingungen die Projektergebnisse akzeptiert werden können.

6.3.2 Aufgabenspezifikation

Die Aufgabenspezifikation ist das erste von den Projektbeteiligten gemeinsam erstellte Dokument innerhalb eines Simulationsprojektes. Basis der Aufgabenspezifikation sind die Zielbeschreibung oder auch Ausschreibungsunterlagen sowie ggf. vorliegende Angebote und unternehmensinterne projektrelevante Dokumente (vgl. Abschnitt 4.2.2). Der Inhalt der Aufgabenspezifikation gibt den Rahmen für alle weiteren Aufgaben und Modellierungsschritte vor und bestimmt damit in entscheidender Weise den weiteren Projektverlauf und den einzuschlagenden Lösungsweg. Jetzt noch fehlende, fehlerhafte, unvollständige oder nicht umsetzbare Anforderungen ziehen mit hoher Wahrscheinlichkeit Folgefehler im Projektverlauf nach sich und stellen die Zuverlässigkeit der Weiterbearbeitung in Frage. Daher muss dieses Dokument gemeinsam zwischen Auftraggeber und Auftragnehmer und allen Fachverantwortlichen abgestimmt, validiert und durch den Auftraggeber abgenommen werden.

Die Aufgabenspezifikation ist sowohl in sich (intrinsisch) als auch gegen die Zielbeschreibung zu prüfen. In Analogie zur Zielbeschreibung beziehen sich die Aktivitäten der V&V auf eine Überprüfung von beschreibenden Dokumenten. Typische V&V-Techniken sind daher auch hier Validierung im Dialog, Schreibtischtest, Begutachtung und Strukturiertes Durchgehen (vgl. Abschnitt 5.2) sowie Documentation Checking und Inspections (vgl. Berchtold et al. 2002, Balci 1998; Balci 1998a). Ergänzend kann auch das Audit als klassische Managementtechnik zur Sicherstellung der organisatorischen Abläufe eingesetzt werden (vgl. Berchtold et al. 2002; Balci 1998).

Intrinsische Prüfung (2,2)

Alle Anforderungen an die Projektdurchführung, alle Prämissen und relevanten Annahmen sind möglichst umfassend zu dokumentieren. Die *Vollständigkeit* bezieht sich somit nicht nur auf die formale Prüfung der Formulierung aller in der Dokumentstruktur benannten Aspekte, sondern auch auf deren jeweilige Ausformulierung.

> Zur Festlegung der Projektziele ist die Formulierung „Mit dem Simulationsmodell ist zu prüfen, ob mit Hilfe der vorgesehenen Maßnahmen der Durchsatz um mindestens 20 % erhöht werden kann." unzureichend. Hier sind auch Prämissen und Annahmen über mögliche Systemanpassungen zu erläutern.

Zur Vollständigkeit der Beschreibung zählen auch Details wie die Kennzeichnung der zu verwendenden Anlageninformationen und -daten (beispielsweise durch Versionsnummern und Datum) sowie ggf. auch Angaben über die geforderte notwendige zeitliche Aktualität der relevanten Unterlagen.

> Die Aussage „Basis der Untersuchungen ist das aktuelle Layout des Hochregallagers" enthält keine Angaben über die Layoutversion und das Datum der Layouterstellung. Daher ist eine Präzisierung in der Form „Basis der Untersuchungen ist das Layout des Hochregallagers vom 27.03.2005; Dokumentnummer 4711" besser.

Bei der Prüfung auf *Konsistenz* wird auf die Schlüssigkeit der innerhalb der Aufgabenspezifikation dokumentierten Aussagen geachtet. Hier ist beispielsweise zu klären, ob Mitarbeiterinformationen, die laut Aufgabenspezifikation in Interviews zu erheben sind, überhaupt zur Erfüllung der Aufgabe notwendig sind (Vergleich mit den benannten Daten, die erhoben werden sollen), oder ob angegebene PPS-Daten tatsächlich für die Durchführung der formulierten Aufgabe benötigt werden. Ergänzend ist zu hinterfragen, ob die in der Aufgabenspezifikation formulierten Sachverhalte *plausibel, hinreichend genau* und *aktuell* dargestellt sind. In diesem Zusammenhang wird beispielsweise geprüft, ob der genannte Personenkreis tatsächlich die Kenntnis über die notwendigen Informationen besitzt.

Bei der Prüfung der Einzelkapitel der Aufgabenspezifikation spielt die grundlegende *Verständlichkeit* der formulierten Aussagen eine wichtige Rolle. Für alle Projektbeteiligten müssen alle Beschreibungen präzise und nachvollziehbar sein. Die in der Aufgabenspezifikation festgelegten Systemgrenzen sind beispielsweise darüber hinaus hinsichtlich ihrer *Eignung* für die dargestellte Aufgabenstellung zu prüfen. In diesem Zusammenhang ist des Weiteren kritisch zu hinterfragen, ob der geplante Lösungsweg mit dem während der Aufgabendefinition erarbeiteten Kenntnisstand (immer noch) geeignet und die Simulation als Problemlösungsmethode (immer noch) die Methode der Wahl ist. Hinsichtlich der Vorgehensweise zur Zielerreichung ist insbesondere zu klären, ob die Projektschritte inhaltlich und terminlich sinnvoll aufeinander abgestimmt sind und das Vorgehen insgesamt der Aufgabenstellung entsprechend schlüssig ist (*Plausibilität*), aber auch ob die geplante Vorgehensweise im Hinblick auf Zeit- und Budgetplanung und die formulierten technischen Anforderungen an die Modellbildung (z. B. das geforderte Laufzeitverhalten oder die Hierarchisierung des Modells) zu realisieren sind (*Machbarkeit*).

Von nicht zu unterschätzender Bedeutung ist auch die Überprüfung der Vollständigkeit, Konsistenz, Eignung und Machbarkeit der für das Simulationsprojekt genannten Abnahme- bzw. Akzeptanzkriterien. Nicht machbare Kriterien wie unrealistische Projektendtermine können eine ordnungsgemäße Projektbeendigung gefährden. Das gleiche gilt für ungeeignete Kriterien wie beispielsweise eine Mindestdurchsatzsteigerung für die zu untersuchende Anlage, deren Erfüllbarkeit sich möglicherweise erst als Projektergebnis ergeben wird. Auch kann die Benennung von falschen oder unzureichenden Kriterien in erheblichem Maße die spätere Beurteilung der Glaubwürdigkeit der Simulationsmodelle und -ergebnisse beeinflussen.

> Die Aussage „Zur Bestätigung der Modellgültigkeit darf der Durchsatz des Modells maximal 5 % vom Durchsatz des realen Systems abweichen" ist ein mögliches Akzeptanzkriterium für die Modellabnahme, aber als einziges Akzeptanzkriterium nicht ausreichend. Wenn das Modell den Durchsatz hinreichend exakt abbildet, können trotzdem andere Kenngrößen (wie beispielsweise die Durchlaufzeit) vom Verhalten des realen Systems in nicht akzeptabler Weise abweichen.

Prüfung gegen die Zielbeschreibung (2,1)

Die Kriterien zur Überprüfung der Aufgabenspezifikation gegen die Zielbeschreibung beziehen sich vor allem auf die *vollständige, konsistente* und *genaue* (sorgfältige) Berücksichtigung aller relevanten Aspekte der Zielbeschreibung in der Aufgabenspezifikation. Dies betrifft beispielsweise die Fragen,

- ob die in der Aufgabenspezifikation dargelegte geplante Modellnutzung den ursprünglichen Angaben in der Zielbeschreibung entspricht,
- ob alle Randbedingungen aus der Zielbeschreibung in die Aufgabenspezifikation eingeflossen sind oder
- ob die in der Zielbeschreibung genannten Systemvarianten in der Aufgabenspezifikation aufgegriffen und hinreichend konkretisiert werden.

> Wenn beispielsweise in der Zielbeschreibung angegeben ist, dass die Leistungsfähigkeit eines Hochregallagers bewertet werden soll, dann muss die Aufgabenspezifikation Aussagen über Wareneingang, Auslagerungen zur Kommissionierung und zu Umlagerungen enthalten. Andernfalls ist die Konkretisierung unzureichend.

Wenn die in der Zielbeschreibung genannten Systemvarianten mit denen in der Aufgabenspezifikation nicht mehr übereinstimmen, ist beispielsweise zu klären, ob sich diese Änderungen aufgrund neuer Planungserkenntnisse ergeben haben, so dass eine Anpassung der Zielbeschreibung notwendig wird, oder ob die Aufgabenspezifikation fehlerhaft ist.

Im Zusammenhang mit der *Genauigkeit* und der *Eignung* der Aufgabenbeschreibung im Hinblick auf das spezifizierte Problem sind Fragen nach dem dafür hinreichenden Detaillierungsgrad und nach den geeigneten Systemgrenzen ebenso zu beantworten wie nach der Angemessenheit des Detaillierungsgrades für den Untersuchungszweck.

> Die Zielbeschreibung gibt vor, dass der für den Betrieb eines Umschlagszentrums erforderliche Personalbedarf ermittelt werden soll. Wenn die Aufgabenspezifikation die Betrachtung der Bereitstellflächen im Wareneingang und -ausgang als Systemgrenzen vorsieht, ist dies nicht ausreichend, wenn die Gabelstaplerfahrer auch die Be- und Entladung von LKWs durchführen. Dann müssen die Be- und Entladeprozesse an den Toren ebenfalls betrachtet und die Systemgrenzen in der Aufgabenspezifikation entsprechend verändert werden.

In diesem Zusammenhang ist auch nochmals die *Aktualität* der in der Aufgabenspezifikation formulierten Angaben in Bezug auf die Aussagen in der Zielbeschreibung zu prüfen. Der gewählte Lösungsweg und die einzusetzende Problemlösungsmethode sind im Hinblick auf ihre *Eignung* für die Beantwortung der Fragestellungen abschließend zu bestätigen (vgl. auch die intrinsische Prüfung im V&V-Element (2,2)).

6.3.3 Konzeptmodell

Das Konzeptmodell stellt das Ergebnis der ersten Modellierungsstufe innerhalb einer Simulationsstudie dar. Auf ihm bauen alle nachfolgenden Modellierungsschritte auf, daher bestimmt es in entscheidender Weise den weiteren Modellierungsverlauf und ist entsprechend sorgfältig zu erstellen. Fehlende, fehlerhafte oder unvollständige Konzeptmodelle können ebenso schwerwiegende Folgefehler nach sich ziehen wie ein für die Aufgabenstellung ungeeigneter Detaillierungsgrad oder ein unvollständiges Modell. Vor allem resultiert aus fehlenden oder unvollständigen Modellen in der Regel ein deutlich höherer Aufwand in den nachfolgenden Modellierungsphasen.

Das Konzeptmodell als Phasenergebnis der Systemanalyse ist einerseits intrinsisch und andererseits gegen die Aufgabenspezifikation und die Zielbeschreibung zu prüfen.

Intrinsische Prüfung (3,3)

Zwei der wesentlichen Anforderungen an das Konzeptmodell sind, dass es ohne erneute Analyse formalisierbar ist und dass es eine hinreichende Grundlage für die nächsten Modellierungsschritte darstellt. Das stellt erhebliche Ansprüche an die *Vollständigkeit* Dokumentinhalte sowie die inhaltliche Vollständigkeit der Beschreibung des abzubildenden Systems und des entwickelten Konzeptmodells. Die Prüfung auf Vollständigkeit der Dokumentinhalte kann in Analogie zu den V&V-Elementen (2,2) oder (1,1) erfolgen. Im Sinne der inhaltlichen Vollständigkeit der Beschreibung des abzubildenden Systems ist zu prüfen, ob es hinreichend mit allen relevanten Aspekten dargestellt ist; ob alle benannten zusätzlichen (ggf. extern vorliegenden oder zu beschaffenden) Dokumente (z. B. Layouts) tatsächlich vorliegen und ob die dort dargestellten Sachzusammenhänge erläutert sind. Zur Vollständigkeit des erstellten Konzeptmodells ist beispielsweise zu prüfen, ob als relevant gekennzeichnete Systemkomponenten auch innerhalb des Konzeptmodells umgesetzt oder mit schlüssiger Begründung weggelassen worden sind.

Die Prüfung auf *Konsistenz* untersucht die Widerspruchsfreiheit der einzelnen Beschreibungen innerhalb des Konzeptmodells zueinander. Hier ist beispielsweise zu klären, ob die Modellstruktur und die beschriebenen Ursache-Wirkungszusammenhänge im Konzeptmodell mit der Beschreibung des abzubildenden Systems übereinstimmen oder ob die Schnittstellen der beschriebenen Teilmodelle zu den übergeordneten Prozessen passen.

> Innerhalb eines Konzeptmodells für ein Distributionszentrum wird das Teilmodell „Kommissionierplätze" beschrieben. Wenn es dort heißt, dass ein Kommissionierer jede Entnahme aus einem Lagerbehälter bestätigt, bevor er den Lagerbehälter auf der Fördertechnik weiterschickt, dann muss im Rahmen der Beschreibung der übergeordneten Prozesse erläutert werden, welche Bestandsänderungen und ggf. weiteren Aktionen mit der Bestätigung ausgelöst werden müssen.

Eine Prüfung auf Konsistenz muss sich darüber hinaus auch auf die in der Dokumentation aufgeführte Zusammenstellung der erforderlichen Modelldaten beziehen. Hier ist zu klären, ob die beschriebenen temporären und permanenten Elemente des Konzeptmodells (vgl. dazu Abschnitt 4.2.3) mit den spezifizierten Modelldaten übereinstimmen.

> Wenn im Konzeptmodell als permanente Elemente batteriebetriebene Gabelstapler unterschiedlicher Tragkraft vorgesehen sind, dann muss die zugeordnete Datentabelle die erforderlichen Attribute (Geschwindigkeit, Tragkraft in kg, Betriebsdauer der Batterie in h) spezifizieren.

In Ergänzung zu den obigen Prüfschritten ist das Konzeptmodell vor allem im Hinblick auf die nachfolgenden Modellierungsschritte (Formalisierung, Implementierung) auf *Genauigkeit* und *Eignung* zu überprüfen. Dabei ist u. a. zu klären, ob der Detaillierungsgrad für eine Modellimplementierung geeignet ist und ob das Konzeptmodell ohne erneute Analyse formalisiert werden kann. Des Weiteren ist zu prüfen, ob die für das Konzeptmodell verwendeten detaillierten Anlagen- und Ablaufbeschreibungen dem geforderten Stand entsprechen (*Aktualität* der zugrunde liegenden Informationen und Dokumente).

Da das Konzeptmodell als Ergebnis der Systemanalyse einer umfassenden Bewertung durch Projektbeteiligte wie z. B. Fachexperten, IT-Verantwortliche oder andere Ansprechpartner beim Auftraggeber unterzogen werden muss, sind alle Beschreibungen eindeutig und klar verständlich zu formulieren. Die Prüfung des Phasenergebnisses in Bezug auf das Kriterium *Verständlichkeit* spielt daher in diesem Kontext eine besonders wichtige Rolle.

Typische V&V-Techniken, die bei der intrinsischen Prüfung des Konzeptmodells zur Anwendung kommen, sind die Begutachtung, der Schreibtischtest und das Strukturierte Durchgehen (vgl. Abschnitt 5.2). Darüber hinaus können Ursache-Wirkungs-Graphen genutzt werden, um beispielsweise Regeln im Konzeptmodell daraufhin zu überprüfen, ob sie unter bestimmten Eingangsbedingungen (Ursachen) zu den erwarteten Wirkungen führen (vgl. Abschnitt 5.2.16).

Prüfung gegen die Aufgabenspezifikation (3,2)

Die Überprüfung des Konzeptmodells gegen die Aufgabenspezifikation bezieht sich zum einen auf die *vollständige, konsistente* und *sorgfältige* Umsetzung aller Vorgaben aus der Aufgabenspezifikation in das Konzeptmodell. Zum anderen sind die *Eignung, Aktualität, Plausibilität* und *Machbarkeit* des Konzeptmodells im Hinblick auf die in der Aufgabenspezifikation formulierte Aufgabenstellung, die geplante Modellnutzung, den formulierten Lösungsweg und die Modellanforderungen zu überprüfen. In diesem Zusammenhang ist sowohl die Dokumentation der Aufgabenspezifikation als auch die in der Aufgabenspezifikation enthaltene oder der Aufgabenspezifikation zugeordnete Beschreibung des geplanten oder realen Systems sowie aller vorgesehenen Systemvarianten Gegenstand der V&V. Aus diesem Grund ist das Erfahrungswissen der Fachexperten für dieses V&V-Element von hoher Bedeutung. V&V-Techniken wie insbesondere Validierung im Dialog, Schreibtischtest und Strukturiertes Durchgehen (vgl. Abschnitt 5.2) unterstützen die unerlässliche Einbindung der Fachexperten.

Die Umsetzung der Vorgaben aus der Aufgabenspezifikation erfordert, dass alle in der Aufgabenspezifikation genannten und für die Modellierung relevanten Prozesse, Strukturen, Systemkomponenten, Strukturierungsvorgaben (Teilmodelle, Modellhierarchien), organisatorischen Angaben wie Arbeitszeiten und Schichtmodelle sowie Systemschnittstellen und Systemlastvorgaben im Konzeptmodell hinreichend berücksichtigt sind (*Vollständigkeit*). Diese Forderung gilt auch für alle notwendigen Modellvarianten. Dies impliziert auch eine Überprüfung, ob für den Untersuchungszweck die durchgeführten Abstraktionen bei der Modellbildung zulässig sind. Als mögliche V&V-Technik ist neben den oben bereits erwähnten Techniken auch der Test von Teilmodellen (vgl. Abschnitt 5.2.13) einsetzbar.

Gegenstand der Prüfung des Konzeptmodells ist aufgrund der Tatsache, dass das Konzeptmodell das zu untersuchende System statisch beschreibt und keine dynamische Betrachtung zulässt, die Analyse der abgebildeten System- und Prozessstrukturen. Diese erfolgt insbesondere über die Beantwortung von Fragen nach der Ähnlichkeit der Strukturen und der Widerspruchsfreiheit zwischen dem Konzeptmodell und dem geplanten oder realen System, das in der Aufgabenspezifikation beschrieben ist (*Konsistenz*) und nutzt Verfahren wie Validierung im Dialog und Ursache-Wirkungs-Graphen (vgl. Abschnitt 5.2) sowie die Fault/Failure-Analysis (vgl. u. a. Berchtold et al. 2002; Balci 1998; Balci 1998a). Zur Überprüfung der Modellstruktur zählt insbesondere auch die Bestätigung der korrekten Erfassung aller wesentlichen Elemente, Attribute und Relationen im Modell (vgl. Page 1991). Zusätzlich sind Fragen nach der Wahl des Detaillierungsgrades und seiner Angemessenheit (z. B. Relevanz der Modellstruktur in Bezug auf die Fragestellung und das betrachtete System) zu beantworten (*Genauigkeit*).

> Die Anzahl der Fahrzeuge für ein Fahrerloses Transportsystem soll ermittelt werden. Das zu modellierende Wegenetz darf hinsichtlich der real existierenden Wegeführung nicht in dem Sinne reduziert werden, dass im System vorhandene Verbindungen zwischen Übergabe- und Übernahmestationen im Konzeptmodell nicht mehr möglich sind. Redundante Streckenführungen können unter der Annahme eines höheren Durchsatzes für die verbleibende Strecke ggf. vereinfacht werden, wenn gegenseitige Blockierungen von Fahrzeugen keine oder eine untergeordnete Rolle spielen.

Neben der hinreichend detaillierten Modellierung des geplanten oder realen Systems ist auch die richtige Berücksichtigung der gewünschten Ausgabegrößen wie beispielsweise Durchlaufzeiten, Durchsätze, Warteschlangenlängen, Puffergrößen oder Auslastungsgrade als Basis der späteren Bewertung zu prüfen. Diese leiten sich zum Teil aus der in der Aufgabenspezifikation formulierten Aufgabenstellung, den Untersuchungszielen sowie den Anforderungen an die Experimentpläne und die Ergebnisdarstellung ab. Im Konzeptmodell müssen die zur Ermittlung der Ausgabegrößen notwendigen Modellelemente und Modellelementattribute beschrieben sein.

> Eine Maschine kann mehrere unterschiedliche Produkte fertigen. Ein Produktwechsel bedingt eine Rüstzeit, die abhängig ist von dem aktuell bearbeiteten und dem im Anschluss zu fertigenden Produkt. Die Untersuchung der Auswirkung unterschiedlicher Losgrößen auf den Durchsatz erfordert die Abbildung einer vollständigen Rüstzeitmatrix für die Maschine, damit als Ergebnisgrößen Bearbeitungs-, Rüst- und Wartezeitanteile in Abhängigkeit der unterschiedlichen Losgrößenbildung ermittelt werden können.

In der Aufgabenspezifikation geforderte umfangreiche Ergebnisdarstellungen (z. B. 3D-Animationen) bedingen ggf. strukturelle Ergänzungen im Konzeptmodell, die ebenfalls hinsichtlich Vollständigkeit, Konsistenz und Genauigkeit geprüft werden müssen. Gleiches gilt für die in der Aufgabenspezifikation formulierten Anforderungen an die Modellstruktur oder an die Modellbildung wie die Implementierung, Bereitstellung und Nutzung von wiederverwendbaren Modellelementen. Genauigkeit und Konsistenz bedingen darüber hinaus auch die Prüfung, ob die in der Aufgabenspezifikation angegebenen Modellierungsvorgaben (z. B. Namenskonventionen, Strukturvorgaben, Verwendung von Modellbibliotheken) eingehalten werden.

Die Genauigkeitsprüfung bezieht sich darüber hinaus auch auf die Klärung, ob die in der Aufgabenspezifikation benannten Akzeptanz- und Abnahmekriterien über das erstellte Konzeptmodell geeignet berücksichtigt, messbar und abfragbar sind.

Die ergänzende Prüfung des Konzeptmodells auf *Eignung* für den Untersuchungszweck beinhaltet – je nach Anwendungsfall – die Überprüfung der Nutzbarkeit und Angemessenheit des Konzeptmodells im Hinblick auf

- die Berücksichtigung der Anforderungen an die Modellbildung wie z. B. die Bildung von Teilmodellen zur arbeitsteiligen Projektbearbeitung oder die Verwendung von Modellbibliotheken,
- Art und Umfang der geplanten Modellnutzung z. B. während des operativen Anlagenbetriebes,

- die geplanten Modellvarianten und die vorgesehene Experimentdurchführung, für die im Konzeptmodell entsprechende variierbare Eingabeparameter, Messpunkte und Ausgabegrößen berücksichtigt sein müssen, und

- die aufgrund der Modellierung der Systemstruktur und der Teilsysteme zu erwartende Leistungsfähigkeit des ausführbaren Modells.

Ist eine Modellnutzung während des operativen Anlagenbetriebes vorgesehen, müssen neben den modellspezifischen und simulationstechnischen Aspekten auch allgemeine Anforderungen an die Software detailliert werden. So ist ggf. noch eine geeignete Bedienoberfläche zu spezifizieren, die Freiheitsgrade der Parametrisierung des Simulationsmodells festzulegen oder die Schnittstellen zur Anbindung an die eine Datenbank des Unternehmens vorzubereiten.

Darüber hinaus ist zu klären, ob die gewählte Lösungsmethode und das geplante Projektvorgehen auch nach Erstellung des Konzeptmodells in sich schlüssig sind (*Plausibilität*). Die technische Umsetzbarkeit der Anforderungen (z. B. Laufzeitverhalten des auf Basis des Konzeptmodells zu erstellenden Simulationsmodells) und die Erreichbarkeit der Projektziele sind Prüfgegenstände im Rahmen der *Machbarkeitsprüfung*.

Prüfung gegen die Zielbeschreibung (3,1)

Die Überprüfung des Konzeptmodells gegen die Zielbeschreibung ergänzt die Überprüfung des Konzeptmodells gegen die Aufgabenspezifikation im V&V-Element (3,2) um die in Kapitel 1 der Aufgabenspezifikation formulierten grundsätzlichen Ziele und Randbedingungen. Dies impliziert neben der Prüfung der adäquaten Berücksichtigung der Aussagen aus der Zielbeschreibung in das Konzeptmodell primär eine Überprüfung der Angemessenheit des entwickelten Konzeptmodells für die Anwendung. Daher ist auch grundsätzlich sicherzustellen, dass alle in der Zielbeschreibung benannten externen Partner bei der abschließenden Abstimmung des Konzeptmodells einbezogen werden und dass das Konzeptmodell hinsichtlich Ziel und Untersuchungszweck mit dem Auftraggeber abgestimmt und abgenommen wird. In Analogie zum V&V-Element (3,2) sind auch hier die typischen V&V-Techniken „Validierung im Dialog", „Schreibtischtest" und „Strukturiertes Durchgehen" (vgl. Abschnitt 5.2), aber auch „Documentation Checking" und „Audit" (vgl. u. a. Berchtold et al. 2002; Balci 1998; Balci 1998a) anzuwenden.

Um die zweckgemäße Verwendung der Inhalte aus der Zielbeschreibung sicherzustellen, wird geprüft, ob das in der Zielbeschreibung vorgegebene System mit den genannten Systemfunktionen, -komponenten und -grenzen im Konzeptmodell berücksichtigt ist (*Vollständigkeit*) oder ob es eine begründete Abweichung gibt. In diesem Zusammenhang ist insbesondere zu untersuchen, ob bei der Erstellung des Konzeptmodells implizite Annahmen getroffen wurden, die dem in der Zielbeschreibung formulierten Untersuchungsziel widersprechen könnten (*Konsistenz*). Die Prüfungen auf Vollständigkeit und Konsistenz beziehen sich grundsätzlich auch auf alle innerhalb der Simulationsstudie geplanten Systemvarianten und die zugehörigen Modellvarianten (vgl. Abschnitt 4.2.3).

Ein wichtiger V&V-Aspekt bei der Prüfung des Konzeptmodells gegen die Zielbeschreibung ist die Beantwortung der Frage nach der *Eignung* des Konzeptmodells und seiner Modellvarianten. Hierzu muss beispielsweise untersucht werden, ob Umfang und Detaillierung des Konzeptmodells zu den in der Zielbeschreibung formulierten Zielen passen und die erwarteten Ergebnisaussagen überhaupt erzeugt werden können.

> Sollen zwei Systemvarianten mit unterschiedlich leistungsstarken Maschinen vergleichend bewertet werden, müssen im Konzeptmodell die Maschinen mit Bearbeitungs- und Rüstzeiten für alle zu erzeugenden Produkte vorgesehen werden. Ferner muss das Modell für jede Maschine als Bewertungsgrundlage die Ermittlung aller anfallenden Zeitanteile (Bearbeitungs-, Rüst-, Blockier-, Wartezeiten, Pausenzeiten, etc.) berücksichtigen.

Für die Erreichbarkeit der Untersuchungsziele ist auch zu prüfen, ob mit den vorgesehenen Modellvarianten die Ziele der Simulation erreicht werden können.

> Soll die Erweiterungsplanung eines Fördersystems analysiert werden, so sind neben der Ist-Situation des Fördersystems alle geplanten und zu bewertenden Varianten der Erweiterungsplanung (ggf. unter Berücksichtigung verschiedener Ausbaustufen) in einem Konzeptmodell umzusetzen. Dabei ist zu berücksichtigen, dass die jeweiligen Ausbaustufen als spezifische Modellvarianten vorzusehen sind.

Ein Aspekt der Eignungsprüfung ist die Frage, ob das Konzeptmodell der geplanten späteren Modellnutzung gerecht wird und den formulierten Abnahmekriterien entspricht. Dies kann sich u. a. auf eine möglicherweise gewünschte eingeschränkte Zugänglichkeit von Modellelementen und Parametern im Simulationsmodell beim Einsatz im operativen Betrieb beziehen. In der späteren Nutzung soll der Anwender dann beispielsweise nur die Systemlasten an den Quellen modifizieren dürfen; während eine Veränderbarkeit der technischen Systemparameter nicht vorgesehen ist.

6.3.4 Formales Modell

Das formale Modell entsteht durch einen Formalisierungsprozess aus dem Konzeptmodell und stellt die Basis der späteren Implementierung des ausführbaren Modells dar. Falsche oder unzureichende Formalisierungen können zu Folgefehlern bei der späteren Implementierung führen oder auch die Machbarkeit der Implementierung in Frage stellen. Allerdings sei darauf hingewiesen, dass sich im Hinblick auf die heutigen Simulationswerkzeuge mit umfangreichen Standardbibliotheken die Formalisierung des Modells auf die ergänzenden, d. h. die nicht zur Standardfunktionalität gehörenden, Implementierungen beschränkt. Eine begründete Entscheidung für den Verzicht der Formalisierung einzelner Teile des Konzeptmodells ist daher häufig möglich, in diesen Fällen jedoch zwingend zu dokumentieren.

Das formale Modell ist sowohl intrinsisch als auch gegen alle vorherigen Phasenergebnisse, d. h. das Konzeptmodell, die Aufgabenspezifikation und die Zielbeschreibung, zu prüfen. Die Aufgaben der V&V beziehen sich dabei sowohl auf eine Überprüfung der beschreibenden Dokumente als auch auf die ggf. über entsprechende formale Beschreibungssprachen wie Petri-Netze, Entity-Relationship-Diagramme oder UML erstellten Modelle.

Intrinsische Prüfung (4,4)

Bei der intrinsischen Prüfung des formalen Modells steht – wie auch bei den anderen intrinsischen V&V-Elementen – vor allem die Prüfung auf Vollständigkeit, Genauigkeit, Konsistenz und Eignung des Phasenergebnisses im Vordergrund.

Die Prüfung auf *Vollständigkeit* bezieht sich auf eine Analyse hinsichtlich inhaltlicher Vollständigkeit der zugehörigen Dokumente sowie des entwickelten formalen Modells. Ergänzt wird diese Prüfung für die Dokumente um *Konsistenztests* der Dokumente untereinander, um beispielsweise sicherzustellen, dass diese für die einzelnen Teilmodelle in sich aber auch in Bezug auf die Beschreibungen untereinander schlüssig sind. V&V-Techniken, die die intrinsische Prüfung auf Vollständigkeit und inhaltliche Konsistenz der Dokumente unterstützen, sind wie bei dem V&V-Element (3,3) bereits erwähnt, die Begutachtung, der Schreibtischtest und das Strukturierte Durchgehen (vgl. Abschnitt 5.2).

Für das eigentliche formale Modell ist ergänzend zu prüfen, ob das Modell formal *konsistent* und *plausibel* ist. Einzusetzende Techniken in diesem Zusammenhang beziehen sich u. a. auf die Überprüfung der Datenabhängigkeiten und des Datenflusses z. B. unter Verwendung von Datenflussgraphen (Data Analysis, vgl. Berchtold et al. 2002), der entwickelten Modellstruktur und der aufgebauten Teilmodelle (Test von Teilmodellen, vgl. Abschnitt 5.2.13) sowie der Schnittstellen zwischen den Modellen selbst und zum Benutzer (Interface Analysis, vgl. Berchtold et al. 2002). Die im formalen Modell entwickelten Formeln lassen sich mittels des Dimensionstests und je nach Komplexität auch mittels des Festwert- und Grenzwerttests (vgl. Abschnitt 5.2) auf ihre Korrektheit überprüfen. Die Analyse der Wirkungsweise der formalisierten Steuerungsregeln kann durch Ursache-Wirkungs-Graphen (vgl. Abschnitt 5.2.16) unterstützt werden.

Darüber hinaus ist zu klären, ob das formale Modell für die Umsetzung in ein ausführbares Modell grundsätzlich *geeignet* ist, d. h. ob die im formalen Modell beschriebenen Teilssysteme in Form von Strukturbeschreibungen und aufgestellten Algorithmen derart formuliert sind, dass hieraus ohne weiteres ein ausführbares Modell entwickelt werden kann. Dabei müssen die erstellten Beschreibungen für die mit der Umsetzung betrauten Projektbeteiligten hinreichend *verständlich* sein, damit eine richtige Implementierung gewährleistet werden kann. Als Techniken sind das Strukturierte Durchgehen und die Validierung im Dialog (vgl. Abschnitt 5.2) zweckdienlich. In diesem Zusammenhang kann eine im Sinne der Eignung hinreichende *Vollständigkeit* des formalen Modells überprüft werden, indem überprüft wird, ob *alle* für die Erstellung des ausführbaren Modells erforderlichen Informationen formalisiert sind bzw. die Vernachlässigbarkeit der Formalisierung begründet ist.

Prüfung gegen das Konzeptmodell (4,3)

Die Prüfung des formalen Modells gegen das Konzeptmodell bezieht sich auf eine Überprüfung einer *vollständigen* und *konsistenten* Umsetzung des Konzeptmodells in das formale Modell. Zu untersuchen ist, ob *alle* im Konzeptmodell benannten Prozesse und Strukturen inklusive ihrer Schnittstellen im formalen Modell benannt und formalisiert enthalten sind oder – wie schon zu Beginn dieses Abschnittes dargestellt – die Vernachlässigbarkeit ihrer Formalisierung begründet ist. Formalisiert vorliegen müssen vor allem problemspezifische, nicht standardisierte Prozessabläufe und Vorschriften, die nicht trivialen Regeln folgen und für die keine festen Funktionsblöcke bzw. Bausteine existieren.

> In einem durch einen Werkstückträgerkreislauf verketteten Montagesystem werden Produkte mit einer hohen Varianz gefertigt. Die Montagestationen sind über parallel zum Werkstückträgerkreislauf verlaufende Strecken angebunden. An den Weichen vor den Montagestationen muss nun aufgrund der Belegung der Puffer vor dieser Montagestation sowie vor weiteren möglichen Ziel-Montagestationen entschieden werden, ob der Werkstückträger ausgeschleust oder weitertransportiert werden soll. Eine geeignete Steuerungsstrategie ist für das vorliegende Montagesystem zu entwickeln und daher im formalen Modell zu formalisieren.

Die Prüfung auf *Konsistenz* bezieht sich auch darauf, für die beim Formalisierungsprozess als für den Untersuchungszweck nicht relevant eingestuften Prozesse und Systemkomponenten zu klären, ob diese tatsächlich in der vorliegenden Weise vernachlässigt oder verallgemeinert werden durften. Wenn sich durch den Prozess der Formalisierung Unterschiede zum Konzeptmodell ergeben, ist zu begründen, weshalb das formale Modell dem Konzeptmodell in Umfang und Detaillierung nicht entspricht. Unterschiede können allerdings nicht nur durch Modellvereinfachungen, sondern auch durch Modellerweiterungen entstehen. Umfassende Abweichungen weisen zumeist auf ein unzureichendes Konzeptmodell hin und bedingen daher ggf. einen erneuten Iterationsschritt in der Modellierung und eine entsprechende Konzeptmodellanpassung. Die Prüfung auf Konsistenz umfasst zudem die Frage, ob für die im Konzeptmodell beschriebenen Datenelemente z. B. die geforderten Namenskonventionen und Strukturierungsvorgaben, aber auch die ordnungsgemäße Verwendung von Modellbibliotheken eingehalten wurden. Die ergänzende Prüfung des formalen Modells auf *Eignung* für den Untersuchungszweck bezieht die im Konzeptmodell enthaltene ausführliche Systembeschreibung ein. Insbesondere ist zu prüfen, ob sich die beschriebene Systemstruktur in dem formalen Modell in wiederfindet.

Weitere Prüfungen auf Eignung können sich beispielsweise auf die Berücksichtigung festgelegter Modellnutzungsaspekte beziehen. Aus diesen Aspekten können gegebenenfalls Hinweise auf eine unzureichende Formalisierung abgeleitet werden.

> Für den betriebsbegleitenden Einsatz ist das Modell so zu gestalten, dass es durch eine anwenderfreundliche Bedienoberfläche interaktiv anwendbar ist und die Betriebsdaten direkt eingelesen werden können. Dies impliziert, dass die Gestaltung der Bedienschnittstellen sowie die Anbindung an die Online-Datenbanken für den Zugriff auf die Betriebsdaten formalisiert sein müssen.

Einzusetzende V&V-Techniken sind u. a. Schreibtischtests sowie das Strukturierte Durchgehen (vgl. Abschnitt 5.2).

Prüfung gegen die Aufgabenspezifikation (4,2)

Die Prüfung des formalen Modells gegen die Aufgabenspezifikation soll sicherstellen, dass bei der Formalisierung des Konzeptmodells die Anforderungen, Annahmen und Restriktionen aus der Aufgabenspezifikation immer noch berücksichtigt sind bzw. ihre Weiterentwicklung und Konkretisierung nicht zu einem Widerspruch zu den ursprünglichen Angaben geführt hat. Dies umfasst nicht nur die Prüfung des formalen Modells gegen das Dokument „Aufgabenspezifikation", sondern insbesondere auch die Prüfung gegen die Beschreibung des realen oder geplanten Systems, die ein Bestandteil dieser Aufgabenspezifikation ist. Damit wird – im Gegensatz zu den vorherigen V&V-Elementen des formalen Modells – die Einbeziehung des Erfahrungswissens von – bezüglich der Modellerstellung unabhängigen – Experten notwendig. Typische V&V-Techniken, die hier zum Einsatz kommen, sind daher die Validierung im Dialog (mit Fachexperten) und das Strukturierte Durchgehen (vgl. Abschnitt 5.2). Weiterhin muss überprüft werden, ob die erstellten Teilmodelle mit den Komponenten aus dem realen System hinreichend übereinstimmen (Test von Teilmodellen, Abschnitt 5.2.13).

Aufgrund der Tatsache, dass das formale Modell eine Formalisierung des Konzeptmodells darstellt, dessen Anforderungen in der Aufgabenspezifikation formuliert sind, beinhalten die V&V-Elemente (3,2) und (4,2) ähnliche Fragestellungen in Bezug auf *Vollständigkeit*, *Konsistenz* und *Genauigkeit* der Umsetzung, die an dieser Stelle nicht im Einzelnen wiederholt werden sollen (vgl. Abschnitt 6.3.3). Im formalen Modell liegen allerdings erstmals formalisierte anwendungsspezifische Steuerungsregeln vor. Die Überprüfung des formalem Modells beinhaltet daher auch die Abfrage, ob *alle* in der Aufgabenspezifikation benannten Steuerungsregeln entweder formalisiert sind oder als bekannte Standardregeln vorliegen und damit implizit ebenfalls formalisiert sind (*Vollständigkeit*), und gleichzeitig die Klärung, ob die formale Beschreibung logisch *konsistent* ist und die reale Steuerung *hinreichend genau* abbildet.

Sollen Fahrerlose Transportfahrzeuge abgebildet werden, muss für ein vorgegebenes Wegenetz eine Standardstrategie zur Optimierung der Leer- bzw. Anschlussfahrten wie die Kürzeste-Wege-Strategie nicht nochmals formalisiert werden. Sollen jedoch systemspezifische Gegebenheiten wie aktuelle Streckenbelegungen oder spezifische Eigenschaften der Auftragsstruktur bei der Ermittlung der nächsten Anschlussfahrt berücksichtigt werden, ist eine Formalisierung des Berechnungsalgorithmus notwendig.

Neben der Prüfung auf Korrektheit der Umsetzung liegt das Hauptaugenmerk dieses V&V-Elementes in der Prüfung des formalen Modells auf *Eignung* im Hinblick auf die in der Aufgabenspezifikation formulierten Anforderungen. Auch hier gelten in Analogie die bei dem V&V-Element (3,2) benannten Punkte der Prüfung. Die Prüfung des formalen Modells gegen die Aufgabenspezifikation kann allerdings sehr viel präziser erfolgen als beim Konzeptmodell. So kann beispielsweise die Verwendung von Bibliotheken, der Aufbau wiederverwendbarer Modellkomponenten oder die geeignete Strukturierung des Modells in Submodelle nicht nur im Hinblick auf die Frage „Was soll grundsätzlich gemacht werden?", sondern vor allem im Hinblick auf die Frage „Entspricht die geplante technische Lösung meinen Anforderungen?" überprüft werden (Die erste Frage ist bereits Gegenstand des Konzeptmodells, die zweite Gegenstand des formalen Modells). Auch ergänzende Anforderungen an Simulationswerkzeug und -modell, die im Konzeptmodell nicht behandelt werden, müssen im formalen Modell im Detail entworfen sein und sind damit Gegenstand der Prüfung. Allerdings wird die technische Korrektheit bereits im Rahmen der intrinsischen Prüfung im V&V-Element (4,4) betrachtet. Dagegen wird im Rahmen der Prüfung gegen die Aufgabenspezifikation untersucht, ob die mit dem formalen Modell geplante technische Umsetzung den dort genannten Anforderungen entspricht. Dies bezieht sich beispielsweise darauf, ob das formale Modell die Anforderungen an die Datenstrukturen bei der Umsetzung der Ein- und Ausgabeschnittstellen des Modells berücksichtigt.

Ist in der Aufgabenspezifikation festgehalten, dass die Systemlasten für das zu untersuchende System aus einer unternehmensspezifischen ASCII-Datei einzulesen sind, muss im formalen Modell der konkrete Tabellenaufbau festliegen und die Schnittstelle zum Einlesen der Datei hinsichtlich der notwendigen Datenstrukturen und der beim Einlesen erforderlichen Operationen an den Daten formal definiert sein.

In Analogie zu V&V-Element (3,2) ist auch hier die *Genauigkeit* des formalen Modells im Hinblick auf die in der Aufgabenspezifikation definierten Abnahmekriterien Betrachtungsgegenstand. Die Prüfung basiert jetzt jedoch auf den formalen Ergänzungen und den definierten Datenstrukturen für Eingangs- und Ergebnisdaten. Des Weiteren kann auf Basis der formal entworfenen Funktionen abgeleitet werden, ob die Kennzahlen zur Abnahme überhaupt erzeugt werden können.

Prüfung gegen die Zielbeschreibung (4,1)

Auch dieses V&V-Element umfasst neben der Prüfung der korrekten Umsetzung der Anforderungen aus der Zielbeschreibung in das formale Modell primär eine Überprüfung der Angemessenheit des Phasenergebnisses hinsichtlich Ziel und Untersuchungszweck. Allerdings ist das formale Modell in der Regel für den Auftraggeber nicht mehr verständlich. Ganz oder in Teilen verständlich sollte es aber für IT-Verantwortliche, Simulationsfachleute, Softwareexperten und V&V-Experten sein. Auch Fachexperten, die ihre Expertise im Bereich der Steuerungstechnik haben, sind erfahrungsgemäß in der Lage, die formal beschriebenen Steuerungsabläufe zu verstehen. Diese Projektbeteiligten können bei der Prüfung des formalen Modells gegen die Zielbeschreibung einbezogen werden, z. B. unter Einsatz der V&V-Techniken „Validierung im Dialog" und „Strukturiertes Durchgehen" (vgl. Abschnitt 5.2)

Ob die Anforderungen aus der Zielbeschreibung im Sinne von *Vollständigkeit*, *Konsistenz* und *Genauigkeit* angemessen umgesetzt sind, lässt sich im Wesentlichen in Analogie zu V&V-Element (3,1) prüfen. Aus diesem Grund sei an dieser Stelle auf die Aussagen in Abschnitt 6.3.3 verwiesen. Allerdings lässt die Formalisierung des Modells erheblich weniger Interpretationsspielraum in Bezug auf die Einhaltung der Anforderungen.

Auch bei der Prüfung auf *Eignung* des formalen Modells geht es in Analogie zu V&V-Element (3,1) um die Bestätigung, dass die in der Zielbeschreibung benannten Anforderungen hinreichend erfüllt sind. Beispielsweise ist zu überprüfen, ob die nach der Zielbeschreibung erwarteten Ergebnisaussagen mittels des formalen Modells überhaupt in dem vorgesehenen Umfang erzeugt werden können.

Laut Zielbeschreibung sollen für ein Modell Nettodurchlaufzeiten (Durchlaufzeiten ohne Liegezeiten während Schichtpausen) als Ergebnisgrößen erhoben werden. Wenn die Fertigungsaufträge im Modell nacheinander Bereiche durchlaufen, in denen voneinander abweichende Arbeitszeitmodelle gelten, dann kann die korrekte Ermittlung der Nettodurchlaufzeiten aufwendige Messungen und Berechnungen erfordern. Die notwendigen Schritte müssen formal spezifiziert sein.

Zur Überprüfung der Zweckorientierung des Modells für die vorgesehenen Untersuchungen ist zu klären, ob Umfang und Detaillierung des formalen Modells angemessen, die gewünschten variierbaren Systemstrukturen im formalen Modell umgesetzt und mit dem Modell und den ggf. erstellten Modellvarianten Zweck und Ziel der Simulation erreichbar sind. Ob das formale Modell für die geplante spätere Modellnutzung geeignet ist, wird über die in der Zielbeschreibung benannten funktionalen und im formalen Modell abgebildeten Einschränkungen und die ggf. notwendigen entworfenen Zusatzfunktionen bestimmt.

Bei der späteren Nutzung des Simulationsmodells im laufenden Betrieb soll der Anwender nur die Systemlasten an den Quellen modifizieren dürfen; eine Veränderbarkeit der technischen Systemparameter ist aber nicht vorzusehen. In diesem Fall ist zu überprüfen, ob im formalen Modell die Variation der Systemlast über geeignete Quellenparameter oder Dateischnittstellen festgelegt wird. Im formalen Modell müssen daher die Parametermasken für die Eingabe technischer Daten für den späteren Nutzer als nicht zugänglich und die zugehörigen Attribute der Modellelemente als „nicht änderbar" markiert sein.

Ergänzend sei darauf hingewiesen, dass auch mit der Formalisierung des Modells die Einhaltung der organisatorischen und finanziellen Randbedingungen für den Projektverlauf (*Machbarkeit*) nochmals zu bestätigen ist.

6.3.5 Ausführbares Modell

Auf der Basis der in den vorherigen Modellierungsschritten erarbeiteten Spezifikationen und formalen Beschreibungen wird das ausführbare Modell in einem Simulationswerkzeug implementiert. In der Regel erfolgt die Umsetzung unter Verwendung vordefinierter, werkzeugspezifischer Modellelemente und wird je nach Werkzeug durch eine spezifische Skriptsprache oder eine allgemeine Programmiersprache ergänzt. Mit der Erstellung des ausführbaren Modells entsteht zum ersten Mal im Rahmen einer Simulationsstudie ein ablauffähiges und experimentierbares Modell.

Die V&V-Maßnahmen zum ausführbaren Modell beinhalten daher im Unterschied zu den vorherigen V&V-Elementen weitere Prüfungen, die sich auf das Modellverhalten beziehen. Hierzu sind Prüfungen des ausführbaren Modells zusammen mit den aufbereiteten Daten notwendig. Allerdings steht in den V&V-Elementen (5,5), (5,4) und (5,3) die Prüfung des Modells im Vordergrund, während bei den V&V-Elementen (5,2) und (5,1) das Modell *gemeinsam* mit den für die Aufgabenstellung aufbereiteten Daten *gegen* die Aufgabenspezifikation bzw. *gegen* die Zielbeschreibung geprüft werden. Ab diesem Zeitpunkt der V&V bilden somit Daten und Simulationsmodell wieder eine Einheit (vgl. Verwendung des Dreiecksymbols in Abbildung 13).

Des Weiteren sei darauf hingewiesen, dass sich die Prüfungen zum ausführbaren Modell grundsätzlich auf alle innerhalb der Simulationsstudie geplanten Systemvarianten und die zugehörigen Modellvarianten (vgl. Abschnitt 4.2.3) beziehen müssen. In den folgenden Ausführungen wird dieser Sachverhalt implizit angenommen.

Intrinsische Prüfung (5,5)

Die intrinsische Prüfung umfasst zum einen – wie bei allen anderen intrinsischen Prüfungen – die Überprüfung der erstellten beschreibenden Dokumente, zum anderen aber auch die Prüfung des ausführbaren Modells als den ablauffähigen Teil des Phasenergebnisses.

Die Überprüfungen zur *Vollständigkeit* und *Konsistenz* beziehen sich auf die Analyse der inhaltlichen Vollständigkeit der Dokumente und des ausführbaren Modells sowie in Analogie zum V&V-Element (4,4) auf die Untersuchung der Zusammenhänge zwischen den einzelnen Teilen des Phasenergebnisses (Dokumente und Simulationsmodell) in Bezug auf eine schlüssige, einheitliche und fehlerfreie Abbildung. V&V-Techniken zur intrinsischen Prüfung auf Vollständigkeit und Konsistenz der Dokumente sind die Begutachtung, der Schreibtischtest und das Strukturierte Durchgehen (vgl. Abschnitt 5.2). Zur Überprüfung der Konsistenz des ausführbaren Modells und insbesondere der neu implementierten Algorithmen lassen sich Testmethoden des Software-Engineerings wie Debugging, Blackbox- oder Whitebox-Test einsetzen (vgl. Balzert 2005, S. 166ff. und S. 538ff.). Die Überprüfung der Korrektheit von Inhalt und Struktur des Simulationsmodells bezieht sich u. a. auf die Modellstruktur und die Vernetzung der Modellelemente, die Vollständigkeit der Modellparameter sowie ihre vollständige Initialisierung. Auch hier lassen sich die V&V-Techniken

„Begutachtung", „Schreibtischtest" und „Strukturiertes Durchgehen" (vgl. Abschnitt 5.2) verwenden.

> Wird ein bestimmter Lageranfangsbestand benötigt, um ein Montagesystem zu simulieren, so ist der Lagerbestand zu Beginn eines Simulationslaufs auch entsprechend zu initialisieren.

Bei der intrinsischen Prüfung des ausführbaren Modells ist des Weiteren die *Genauigkeit*, also eine fehlerfreie und sorgfältige Modellierung, ein wichtiges Prüfkriterium. Hierbei können zum Beispiel mittels des Dimensionstests (vgl. Abschnitt 5.2.3) Inkonsistenzen innerhalb von Formeln im ausführbaren Modell aufgedeckt werden. Weiterhin ist zu prüfen, ob voneinander unabhängigen stochastischen Prozessen auch innerhalb des Simulationsmodells unterschiedliche Zufallszahlenströme zugeordnet sind. Ist das der Fall, muss unbedingt sichergestellt sein, dass die unterschiedlichen Zufallszahlenströme bei jeweils voneinander verschiedenen Startwerten beginnen.

Da undefinierte Reihenfolgen bei Initialisierungsprozessen ggf. zu Fehlern führen können, ist sicherzustellen, dass die geplante Reihenfolge der Initialisierungen eingehalten wird. Diese Problematik tritt beispielsweise bei einem hierarchisch aufgebauten Modell auf, bei dem etwaige Initialisierungsprozesse innerhalb von Submodellen auf eine Initialisierung des übergeordneten Modells angewiesen sind.

Zur Beurteilung der *Plausibilität* des ausführbaren Modells, d. h. der Nachvollziehbarkeit der Zusammenhänge und der Schlüssigkeit der Ergebnisse, wird erstmals das ausführbare Modell im Zusammenhang mit den aufbereiteten Daten analysiert. Hier greifen Sensitivitätsanalysen, Fest- und Grenzwerttests (vgl. Kapitel 5.2), um beispielsweise die Abhängigkeit der Ausgabegrößen von Schwankungen in den Eingabegrößen zu ermitteln oder das Modellverhalten in Grenz- oder Extremsituationen zu analysieren und dabei zu prüfen, ob das Modell erwartungsgemäß reagiert. Bei derartigen Prüfungen kann durch Verwendung konstanter Parameterwerte oder einer Deaktivierung aller zufälligen Störungen auf mögliche Fehler im Modellverhalten geschlossen werden.

> Sind bei einer Fließfertigung mit Maschinen gleicher Taktzeit Puffer integriert, um das System bei Störungen der verketteten Maschinen zu entkoppeln, so dürfte sich in dem Extremfall, dass keine Störungen auftreten, kein Bestand in den Puffern aufbauen.

Derartige Tests sind dringend zu empfehlen, da sie zeigen, ob Ausnahmesituationen in einem Modell (z. B. Rückstaus) aufgrund von Fehlern entstehen oder ob unter Umständen ungenügende Materialflusskonzepte eine

Rolle spielen könnten. In Ergänzung zu diesen Prüfungen ist ebenfalls zweckmäßig, mehrere Simulationsläufe mit identischen Parameterkonstellationen (Replikationen) miteinander zu vergleichen, um statistische Unsicherheiten zu ermitteln (Test der internen Validität, vgl. Abschnitt 5.2.12).

Zweckmäßig sind in diesem Zusammenhang auch Vergleiche mit anderen Modellen des gleichen Untersuchungsgegenstandes (vgl. Abschnitt 5.2.19). Vergleichende Modelle können bereits erstellte Simulationsmodelle oder auch analytische Modelle sein, die im Vorfeld oder parallel zur Simulation entstanden sind. Dabei ist nicht zwingend, dass die Vergleichsmodelle bereits positiv geprüft wurden, da evtl. auftretende Abweichungen auch bei nicht geprüften Vergleichsmodellen einen interessanten Hinweis geben können.

Die Erstellung zusätzlicher Ursache-Wirkungs-Graphen (vgl. Abschnitt 5.2.16) für ausgewählte Teile des Modells kann die Validierung weiter unterstützen und darüber hinaus helfen, Testfälle für die Prüfung der Funktionsweise des Modells systematisch abzuleiten. Hierfür – aber auch für viele weitere Untersuchungen – kann die systematische Untersuchung von Teilen des Modells sehr hilfreich sein (Test von Teilmodellen, vgl. Abschnitt 5.2.13).

Weitere Fragen nach Plausibilität können sich auf die Ergebnisgrößen und deren Reproduzierbarkeit beziehen. Dies kann relativ einfach überprüft werden, indem beispielsweise untersucht wird, ob das ausführbare Modell bei mehrmaligem Durchlauf, bei gleicher Konfiguration und unveränderten Startwerten für die Generierung der stochastischen Verteilungen immer dieselben Ergebnisse erzeugt.

> Manche Simulationswerkzeuge belegen zu Beginn eines Simulationslaufes Variablen, die nicht explizit initialisiert werden, mit einem beliebigen Wert (etwa dem letzten Wert aus dem vorhergehenden Simulationslauf). Werden in solchen Fällen nicht alle Variablen initialisiert, gibt es keinen klar definierten Startzustand des Modells. Damit geht die Reproduzierbarkeit der Simulationsergebnisse verloren.

Insgesamt ist bei diesen Prüfungen zu beachten, dass ein auftretendes Fehlverhalten möglicherweise seine Ursache auch in einem Fehler des Simulationswerkzeuges haben könnte.

Prüfung gegen das formale Modell (5,4)

Da das formale Modell die Vorgaben für die Implementierung des ausführbaren Modells darstellt, wird im Rahmen der Prüfung gegen das formale Modell untersucht, ob die Umsetzung der Vorgaben vollständig, konsistent und genau erfolgt ist. Fragen der *Vollständigkeit* beziehen sich unter anderem auf die Klärung, ob sich die gesamte Modellstruktur des formalen Modells im ausführbaren Modell widerspiegelt und ob alle entworfenen Steuerungsstrategien implementiert sind. Die Prüfungen der *Konsistenz* und *Genauigkeit* umfassen die hinreichende und fehlerfreie Umsetzung der Vorgaben in Bezug auf den durch das formale Modell vorliegenden Entwurf. Dies beinhaltet beispielsweise auch die Prüfungen der Konsistenz der implementierten Schnittstellen nach außen sowie zwischen den Teilmodellen.

Da die spezifischen Eigenschaften eines Simulationswerkzeuges häufig nicht die direkte Umsetzung des formalen Modells zulassen oder zusätzliche werkzeugspezifische Implementierungen erfordern, ist im Rahmen der Prüfungen auch zu klären, ob entsprechende Spezifikationen in den Dokumenten zum ausführbaren Modell enthalten sind. Dies kann sich beispielsweise auf die Nutzung wiederverwendbarer Modellelemente beziehen, die für ihren Einsatz im ausführbaren Modell nochmals angepasst werden müssen. Ein weiteres Beispiel ist die Anpassung von formalisierten Steuerungsstrategien, die den spezifischen internen Abläufen des Simulationswerkzeuges entsprechen müssen. In Analogie hierzu ist auch zu prüfen, ob ergänzende Annahmen erläutert und begründet sind.

Bei einem Teil der hier vorliegenden Prüfungen handelt es sich um den Vergleich verschiedener Dokumente. Insofern eignen sich als V&V-Techniken die Begutachtung, der Schreibtischtest und das Strukturierte Durchgehen (vgl. Abschnitt 5.2). Das ausführbare Modell kann allerdings auch formal unter Verwendung von Testmethoden des Software Engineerings (vgl. Balzert 2005, S. 503-546) gegen das formale Modell geprüft werden, wenn beispielsweise formale Beschreibungssprachen wie UML verwendet werden.

Prüfung gegen das Konzeptmodell (5,3)

Die Prüfung des ausführbaren Modells gegen das Konzeptmodell umfasst in Analogie zum V&V-Element (4,3) die Sicherstellung einer *vollständigen* und *konsistenten* Modellumsetzung. Da das formale Modell als Basis des ausführbaren Modells das Konzeptmodell fortschreibt, müssen vor allem diejenigen Modellteile einer Prüfung unterzogen werden, die im formalen Modell keine explizite Abbildung erhalten haben, sondern im Konzeptmodell als Anforderungen an die Modellbildung formuliert sind. Die Prüfungen können sich zum Beispiel darauf beziehen, ob die im Konzeptmodell beschriebene Modellstruktur einschließlich der dort festgelegten Systemgrenzen abgebildet ist oder ob die benannten Teilmodelle sowie die als wiederverwendbar festgelegten Modellelemente auch als solche im ausführbaren Modell ihre Umsetzung gefunden haben. Auch im Konzeptmodell formulierte Annahmen oder Vergaben hinsichtlich des Modellverhaltens sind im Hinblick auf ihre Nachvollziehbarkeit im ausführbaren Modell zu überprüfen. Als mögliche V&V-Techniken, die hier zum Einsatz kommen, sind vor allem die Validierung im Dialog (mit Fachexperten), die Animation und das Strukturierte Durchgehen (vgl. Abschnitt 5.2) sowie Testmethoden des Software Engineerings (vgl. Balzert 2005, S. 503-546) zu nennen.

Da im ausführbaren Modell aufgrund simulationswerkzeugspezifischer Eigenschaften möglicherweise Änderungen oder Erweiterungen gegenüber dem formalen Modell erfolgen, muss ebenfalls geprüft werden, ob das ausführbare Modell bezüglich der Beschreibungen des Konzeptmodells noch konsistent ist. Im schlechtesten Fall kann eine Erweiterung gegenüber dem formalen Modell im Widerspruch zum Konzeptmodell stehen.

> Sind im Konzeptmodell Modellhierarchien vorgesehen und lässt das verwendete Simulationswerkzeug keine hierarchische Modellierung zu, wird die Hierarchisierung bei der Implementierung des ausführbaren Modells beispielsweise durch die Bildung von Modellen unterschiedlicher Abstraktionsgrade umgangen oder ggf. ganz vernachlässigt. Die sich daraus ergebenden Konsequenzen müssen entsprechend dokumentiert werden. Dabei ist auch zu prüfen, ob mit der gewählten Implementierung die Anforderungen aus dem Konzeptmodell, z. B. in Bezug auf die zu ermittelnden Ergebnisgrößen, noch erfüllt sind.

Existieren nicht explizit getrennte Modelle für die Phasen „Systemanalyse" und „Formalisierung" (zum Tailoring vgl. Abschnitt 6.2), so sind für den Validierungsprozess die Inhalte der V&V-Elemente (5,4) und (5,3) gemeinsam zu berücksichtigen.

Prüfung gegen die Aufgabenspezifikation (5,2)

Im Gegensatz zu den bisher vorgestellten V&V-Elementen wird ab dem V&V-Element (5,2) zur Durchführung der V&V-Aktivitäten das erstellte ausführbare Simulationsmodell gemeinsam mit den für die Aufgabenstellung aufbereiteten Daten gegen ein weiteres Phasenergebnis geprüft (vgl. Verwendung des Dreiecksymbols in Abbildung 13).

Die V&V-Aktivitäten des Elementes (5,2) beziehen sich dabei auf eine Prüfung gegen das Dokument „Aufgabenspezifikation" und gegen das reale oder geplante System, das in der Aufgabenspezifikation über entsprechende Dokumente beschrieben ist. Damit umfasst dieses V&V-Element wesentliche Aspekte des in älteren Vorgehensmodellen (vgl. Abschnitt 3.2) unter dem Begriff „Validierung" verstandenen Abgleichs, ob eine hinreichende Übereinstimmung von ausführbarem Modell und betrachtetem System vorliegt. Hier ist sicherzustellen, dass das Modell das Verhalten des Systems im Hinblick auf den Untersuchungsgegenstand hinreichend genau widerspiegelt. Die Übereinstimmung ist nur innerhalb eines als akzeptierbar vorgegebenen Toleranzrahmens möglich.

Stärker noch als in den V&V-Elementen (4,2) und (3,2) ist in diesem V&V-Element die Einbindung unabhängiger Experten sowie der erfahrenen Fachexperten vorzusehen. Insbesondere ist die Prüfung mit einer abschließenden Modellabnahme durch den Fachexperten zwingend.

Bei der Prüfung des ausführbaren Modells ist zunächst wie auch in den V&V-Elementen (3,2) und (4,2) die Modellstruktur Prüfgegenstand. In diesem Zusammenhang ist – allerdings noch ohne die aufbereiteten Daten – zu prüfen, ob die Modellstruktur und die implementierten Ursache-Wirkungs-Zusammenhänge die Strukturen des realen Systems hinreichend abbilden (*Vollständigkeit*, *Konsistenz* und *Genauigkeit*) und ob die Abbildung in der vorliegenden Form tatsächlich für die Problemlösung *geeignet* ist. Als V&V-Techniken kommen z. B. Validierung im Dialog (mit Fachexperten), die Animation und das Strukturierte Durchgehen (vgl. Abschnitt 5.2) zum Einsatz. Auch die Umsetzung des in der Aufgabenspezifikation geforderten Modellaufbaus bezüglich der Teilmodelle oder auch die grundsätzliche Einhaltung von Vorgaben zur Modellstrukturierung (beispielsweise Strukturierung des Simulationsmodells in Analogie zum Layout des abzubildenden Systems) sind hier nochmals abschließend zu prüfen (*Genauigkeit*). Im Wesentlichen umfassen diese Prüfschritte daher die bereits unter den V&V-Elementen (4,2) und (3,2) benannten Punkte und werden an dieser Stelle nicht weiter ausgeführt. Ein positiver Abschluss der Prüfungen in den vorangegangenen V&V-Elementen lässt in der Regel keine gravierenden Fehler in der Modellstruktur des ausführbaren Modells erwarten. Werden allerdings bei der Implementierung des ausführbaren Modells zusätzliche Annahmen ergänzend zum formalen Modell getroffen, ist zu klären, ob diese Annahmen der Aufgabenspezifikation widersprechen könnten.

Neben dem Abgleich von Modell und zu untersuchendem System ist auch die *Konsistenz* beider Phasenergebnisse und damit die *Genauigkeit* der Einhaltung aller Anforderungen aus der Aufgabenspezifikation zu prüfen. Beispielsweise ist zu klären, ob alle notwendigen Ergebnisgrößen erzeugt werden, ob die spezifizierte Hard- und Software eingesetzt wird und ob diese den gesetzten Anforderungen (z. B. im Hinblick auf Bedienoberfläche, Statistikfunktionen; Schnittstellen) genügt.

Ergänzend zur Überprüfung der Modellstruktur ist das Verhalten des ausführbaren Modells mit dem realen Systemverhalten abzugleichen. Dieser Schritt basiert im Gegensatz zur Prüfung der Struktur auf der Beobachtung des Simulationsmodells einschließlich seiner Daten während einer hinreichenden Anzahl an Simulationsläufen (vgl. Abschnitt 4.2.6 sowie Wenzel et al. 2008, S. 139-148). Die Prüfung umfasst hinsichtlich der V&V-Kriterien *Vollständigkeit* und *Genauigkeit* Fragen nach der hinreichenden Abbildung des Verhaltens unter Berücksichtigung des gemäß Aufgabenspezifikation geforderten Detaillierungsgrades, der animierten Elemente sowie der abzubildenden Steuerungsregeln und Funktionsweisen.

> Zur Prüfung einer systemspezifischen Steuerungsregel zur Disposition von Aufträgen auf Gabelstapler ist es sinnvoll, die reale bzw. die erwartete Abarbeitungsreihenfolge der Transportaufträge mit denen des Simulationsmodells zu vergleichen und mögliche Abweichungen aufzuzeigen und zu bewerten. Größere oder nicht erklärbare Abweichungen weisen in der Regel auf Fehler in der modellierten Disposition hin.

Eng verbunden mit den obigen Prüfungen ist die Frage nach der *Plausibilität* des Modellverhaltens. Ziel der Plausibilitätsprüfung ist die Klärung, ob das Modellverhalten schlüssig und nachvollziehbar ist und den Erwartungen entspricht. Hierbei spielt auch eine Rolle, ob sich die Wirkung der in der Aufgabenspezifikation beschriebenen veränderbaren Parameter und Systemstrukturen nachvollziehen lässt. Neben den bereits oben angesprochenen Techniken wie Validierung im Dialog (mit Fachexperten), Animation und Strukturiertem Durchgehen sind für die Plausibilitätsprüfung der Vergleich des Auftretens von Ereignissen im Simulationsmodell mit denen in der Realität (Ereignisvaliditätstests, vgl. Abschnitt 5.2.4), das Nachverfolgen einzelner Objekte im Modell (Trace-Analyse, vgl. Abschnitt 5.2.14) und die Beobachtung des Modellverhaltens mittels Animation (vgl. Abschnitt 5.2.1) sinnvoll einzusetzende Techniken. Um die Schlüssigkeit der Ergebnisse nachzuvollziehen, werden z. B. auch spezielle Modellsituationen analysiert (z. B. Festwert- und Grenzwerttest, vgl. Abschnitt 5.2.5 und 5.2.6) oder Sensitivitätsanalysen, (vgl. Abschnitt 5.2.9) zur Untersuchung der Robustheit eines Modells bezüglich der Veränderung von

Eingabewerten eingesetzt. Zur empirischen Absicherung des Verhaltensspektrums eines Modells können auch Messergebnisse des realen Systems mit Experimentergebnissen verglichen werden (Turing-Tests, die Validierung nach Vorhersagen oder der Vergleich mit aufgezeichneten Daten vgl. Abschnitte 5.2.15, 5.2.18 und 5.20). Neben der qualitativen, d. h. der subjektiven Bewertung durch den Systemexperten kann darüber hinaus auch die quantitative, d. h. statistisch untermauerte Ergebnisbewertung zum Einsatz kommen (Statistische Techniken, vgl. Abschnitt 5.2.10).

In Ergänzung zu den obigen V&V-Inhalten ist auch die *Eignung* des Simulationsmodells für die laut Aufgabenspezifikation zu beantwortenden Untersuchungsfragen zu prüfen. Hier ist beispielsweise zu klären, ob das ausführbare Modell in Umfang und Detaillierung den in der Aufgabenspezifikation beschriebenen Zwecken angemessen ist und sich mit dem ausführbaren Modell die erwarteten Ergebnisgrößen ermitteln lassen. Ferner ist zu prüfen, ob absehbar ist, dass die benannten Abnahmekriterien erfüllt und alle in der Aufgabenspezifikation enthaltenen Anforderungen an das Modell eingehalten werden können. Unter anderem ist zu klären, ob das geforderte Laufzeitverhalten erreicht wird und damit das Modell für die geplante Nutzung – z. B. im operativen Betrieb – geeignet ist.

Im Hinblick auf die *Verständlichkeit* des Simulationsmodells ist vor allem zu prüfen, ob ein übersichtlich strukturierter, systematischer Modellaufbau erfolgt ist, eine einheitliche Terminologie gewählt wurde und ob geforderte Modellierungskonventionen (z. B. zur Strukturierung von Bausteinen oder Quellcode) eingehalten sind. Die grundsätzliche Modellverständlichkeit beeinflusst letztendlich die Nachvollziehbarkeit von Modellstruktur und -verhalten und besitzt damit auch für die abschließende Modellabnahme, in der geprüft wird, ob die vorher definierten Abnahmekriterien erreicht sind, einen nicht zu unterschätzender Stellenwert.

Prüfung gegen die Zielbeschreibung (5,1)

Dieses V&V-Element beschränkt sich – wie bereits die V&V-Elemente (4,1) und (3,1) – im Wesentlichen auf die Prüfung der korrekten Umsetzung der Anforderungen aus der Zielbeschreibung sowie der Angemessenheit des Phasenergebnisses hinsichtlich Ziel und Untersuchungszweck. Da das ausführbare Modell *das* Ergebnis der Modellbildungsphase ist und als solches möglicherweise auch an den Auftraggeber übergeben wird, muss die Funktionsweise des ausführbaren Modells für den Auftraggeber verständlich und nachvollziehbar sein (zur Prüfung der Verständlichkeit des ausführbaren Modells vgl. die Beschreibungen zum V&V-Element (5,2)). Der Auftraggeber ist daher auch explizit in die Prüfung des ausführbaren Modells gegen die Zielbeschreibung einzubeziehen, z. B. unter Einsatz der

V&V-Techniken „Validierung im Dialog", „Animation", „Monitoring" und „Strukturiertes Durchgehen" (vgl. Abschnitt 5.2). Hierfür ist das ausführbare Modell in geeigneter Weise präsentierbar zu halten. Auftraggeber und Auftragnehmer prüfen in der Regel gemeinsam, ob das ausführbare Modell den Inhalten der Zielbeschreibung und dem dort beschriebenen Untersuchungsgegenstand hinsichtlich *Vollständigkeit, Konsistenz* und *Genauigkeit* in einem akzeptablen Toleranzrahmen entspricht. Hierbei muss vor allem geklärt werden, ob implizite Annahmen während der Modellbildung den in der Zielbeschreibung formulierten Randbedingungen oder dem Untersuchungsziel widersprechen. Gleichzeitig ist auch die *Aktualität* des ausführbaren Modells für den Zweck der Untersuchung zu bestätigen.

Die Prüfung des ausführbaren Modells einschließlich der aufbereiteten Daten gegen die Zielbeschreibung umfasst für den Auftraggeber vor allem auch die Frage der *Eignung* und die Klärung, ob mit dem ausführbaren Modell die gewünschten Untersuchungen durchgeführt und die erwarteten Ergebnisaussagen ermittelt werden können. Zur Eignung zählt daher auch die Frage, ob die geplante Modellnutzung ermöglicht wird und ob die formulierten Abnahmekriterien erfüllt sind (vgl. hierzu die ausführlichere Darstellung zum V&V-Element (3,1) in Abschnitt 6.3.3) oder erfüllt werden können. Dieser Aspekt ist eng mit der *Machbarkeit* und damit der grundsätzlichen Möglichkeit der Zielerreichung verknüpft.

Ein wichtiger Aspekt der Validierung ist in diesem Zusammenhang auch die Frage nach der *Plausibilität* des Modellverhaltens. Mittels V&V-Techniken wie z. B. Animation, Monitoring und Sensitivitätsanalyse sowie dem Vergleich mit aufgezeichneten Daten (vgl. Abschnitt 5.2) kann sich der Auftraggeber von der Gültigkeit des Modellverhaltens im Sinne der Zielbeschreibung überzeugen. Da die Zielbeschreibung in der Regel vollständig in der Aufgabenspezifikation aufgeht, sind die V&V-Elemente (5,2) und (5,1) an dieser Stelle eng miteinander verzahnt. Abschließendes Ziel der Prüfungen ist die Modellabnahme durch den Auftraggeber unter Berücksichtigung der in der Zielbeschreibung und in der Aufgabenspezifikation formulierten Abnahmekriterien.

6.3.6 Simulationsergebnisse

Das wesentliche Ziel des Einsatzes von Simulation ist die Erzeugung von Simulationsergebnissen. Diese – quantitativen oder qualitativen – Ergebnisse dienen in Simulationsstudien zur Beurteilung eines Untersuchungsgegenstandes (zur speziellen Rolle der Simulationsergebnisse bei betriebsbegleitender Simulation vgl. Abschnitt 6.2.4). Wichtiger Bestandteil der

Simulationsergebnisse sind Handlungsempfehlungen, die Einfluss auf Entscheidungen in der Realität haben (vgl. VDI 2008 und Abschnitt 4.2.6). Für den Anwender hängt daher in vielen Fällen die Glaubwürdigkeit des gesamten Simulationsmodells maßgeblich von der Glaubwürdigkeit der Ergebnisse ab. Das verleiht der V&V der Simulationsergebnisse eine große Bedeutung.

Die Bedeutung der V&V der Simulationsergebnisse darf allerdings keinesfalls zu einer derartigen Konzentration der V&V-Aktivitäten auf diese Phase führen, dass dadurch der alle Phasen begleitende Charakter des V&V-Vorgehensmodells verloren geht. Eine konsequente Anwendung des Vorgehensmodells führt vielmehr dazu, dass sich der Validierungsaufwand in dieser Phase im Vergleich zu einer ausschließlich auf die Simulationsergebnisse bezogenen V&V deutlich reduziert, da auf validierten Phasenergebnissen aufgebaut werden kann.

Intrinsische Prüfung (6,6)

Wie bei allen intrinsischen Prüfungen ist auch bei der intrinsischen Prüfung der Simulationsergebnisse die *Vollständigkeit* der Beschreibungen in den zugehörigen Dokumenten abzufragen. In diesem Zusammenhang muss berücksichtigt werden, dass zur Dokumentation der Simulationsergebnisse beispielsweise auch Experimentpläne sowie die Ablage von Eingangsdaten, ausführbarem Modell und Ergebnisdaten gehören. Wesentliche Ziele dieser Dokumentation sind die Reproduzierbarkeit von Experimenten sowie die klare Zuordnung von Eingangsdaten, Modellvarianten und Ergebnisdaten. Die Ablagestrukturen sind hinsichtlich *Konsistenz* und *Eignung* daraufhin zu überprüfen, ob diese Ziele erreicht werden können.

> Ergebnisgraphiken müssen jederzeit den zugrundeliegenden Experimenten klar zugeordnet werden können. Dies gilt unabhängig davon, ob sie in Präsentationen aufgenommen werden, in Tabellenkalkulationsprogrammen vorliegen oder in anderer Form abgelegt sind.

In der Regel kommen in Produktion und Logistik stochastische Simulationsmodelle zum Einsatz (vgl. Abschnitt 4.2.6). Das führt dazu, dass *Genauigkeit* und *Konsistenz* der Ergebnisse unter statistischen Gesichtspunkten sorgfältig geprüft werden müssen. Abschnitt 5.2.10 beschreibt einige Beispiele statistischer V&V-Techniken, die auf Ausgangsgrößen angewendet werden können. Auch die notwendige Absicherung der angemessenen Festlegung der Einschwingphase erfolgt mit Hilfe geeigneter statistischer Techniken.

Simulationsexperimente müssen anhand von Experimentplänen durchgeführt werden (vgl. Abschnitt 4.2.6). Eine Aufgabe der V&V ist zu prüfen, ob Experimentpläne vorliegen, ob die Experimente gemäß diesen Plänen durchgeführt worden sind bzw. ob Abweichungen von den Plänen geeignet erläutert, begründet und dokumentiert sind (*Vollständigkeit, Genauigkeit*).

> Einige Simulationswerkzeuge unterstützen die Durchführung von Experimenten mit Hilfe von Funktionen zur Experimentverwaltung. Werden derartige Funktionen verwendet, so muss sichergestellt werden, dass mit möglicherweise auftretenden Ausnahme- bzw. Extremsituationen bei der Durchführung einzelner Simulationsläufe geeignet verfahren wird. So kann etwa ein Fehler in einer Steuerungsstrategie dazu führen, dass das Modell eines Produktionssystems vor dem festgesetzten Simulationsende blockiert wird. In einem solchen Fall darf der in diesem Simulationslauf ermittelte Durchsatz nicht zur Bestimmung eines Mittelwertes verwendet werden, da der am Ende fehlende Durchsatz diesen Mittelwert in unsinniger Weise beeinflussen würde.

Dieses Beispiel zeigt, wie es zu statistisch nicht verwendbaren Simulationsläufen kommen kann. Der Test auf interne Validität (vgl. Abschnitt 5.2.12) kann als Hilfsmittel zur Ermittlung solcher Simulationsläufe eingesetzt werden.

Zur Überprüfung der *Eignung* und der *Genauigkeit* der Simulationsergebnisse ist in vielen Fällen eine Betrachtung unterschiedlicher Ergebnisgrößen aus verschiedenen Blickwinkeln hilfreich und notwendig:

- Erzeugung und Vergleich unterschiedlicher Kennzahlen (Durchsatz, Durchlaufzeit, Work-in-Progress)
- Auswertung unterschiedlicher zeitlicher Aggregationen der Ergebnisgrößen (Mittelwerte für Stunden, Tage, Wochen; Vergleich gleicher Tageszeiten an unterschiedlichen Tagen)
- Auswertung unterschiedlicher inhaltlicher Aggregationen von Ergebnisgrößen (z. B. Artikel, Artikelgruppen)
- Erzeugung und Auswertung von Kennzahlen für einzelne logische Abschnitte des Modells und Abstimmung mit den für das ganze Modell gültigen Kennzahlen

Zur Sicherstellung der Konsistenz solcher Auswertungsschritte kann – wie auch für andere Berechnungen auf Basis der Ergebnisdaten – der Dimensionstest verwendet werden (vgl. Abschnitt 5.2.3).

Die aus den Ergebnissen abgeleiteten Erkenntnisse und Schlussfolgerungen werden an unterschiedliche Zielgruppen (Auftraggeber, Fachexperte, Simulationsfachleute) kommuniziert. Die auf den Simulationsergebnissen basierenden Aussagen müssen daher in sich sowie untereinander *konsistent* und *plausibel* sein. Darüber hinaus ist zu prüfen, ob die Darstellung der Erkenntnisse aus Sicht der unterschiedlichen Zielgruppen *verständlich* ist.

Neben den oben bereits erwähnten statistischen V&V-Techniken werden zur intrinsischen Prüfung vor allem auch die V&V-Techniken „Validierung im Dialog", „Schreibtischtest", „Begutachtung" und „Strukturiertes Durchgehen" (vgl. Abschnitt 5.2) eingesetzt. Wenn Ergebnisse aus anderen Modellen vorliegen, kann im Rahmen dieses V&V-Elementes auch die Technik „Vergleich mit anderen Modellen" eingesetzt werden (vgl. Abschnitt 5.2.19).

Prüfung gegen das ausführbare Modell (6,5)

Bezüglich der V&V-Kriterien *Vollständigkeit* und *Eignung* ist vor der Durchführung der Simulationsexperimente sicherzustellen, dass die im Experimentplan benannten zu variierenden Eingabegrößen im ausführbaren Modell tatsächlich eingegeben werden können. Nach der Experimentdurchführung muss unter *Konsistenz*gesichtspunkten geprüft werden, ob tatsächlich die vorgesehenen Eingabegrößen verwendet und die Parametervariationen in den vorgesehenen Wertebereichen durchgeführt worden sind. Entsprechend der involvierten Rollen bei der Erstellung des Experimentplans (Auftraggeber, Fachexperte, Projektleiter, Simulationsfachleute) sowie bei der Implementierung des ausführbaren Modells (Projektleiter, Simulationsfachleute, IT-Verantwortliche) eignen sich für den Abgleich von Experimentplänen in erster Linie die V&V-Techniken „Validierung im Dialog", „Schreibtischtest", „Begutachtung" und „Strukturiertes Durchgehen" (vgl. Abschnitt 5.2).

Hinsichtlich der *Plausibilität* der Simulationsergebnisse in Bezug auf das ausführbare Modell ist zu untersuchen, ob die Ergebnisse und die aus den Ergebnissen gezogenen Schlussfolgerungen im Hinblick auf die der Modellierung zugrunde liegenden Annahmen grundsätzlich überhaupt zulässig sind.

> Wenn gemäß einer Modellprämisse, dass immer Maschinenbediener und Instandhalter zur Verfügung stehen, eine Fertigung ohne explizite Berücksichtigung des Personals abgebildet ist, dann sind Schlüsse über die benötigte Anzahl und die Auslastung des Personals aus den Simulationsergebnissen nicht zulässig.

Im Rahmen der Plausibilitätsprüfungen ist des Weiteren zu hinterfragen, ob aus den Simulationsergebnissen abgeleitete Schlussfolgerungen, die den Erwartungen widersprechen, tatsächlich gerechtfertigt sind oder ob das Verhalten des Modells in den entsprechenden Situationen fehlerhaft ist.

> Bei einem Nacharbeitsanteil von 10 % kommt es im Nacharbeitsbereich des Simulationsmodells regelmäßig zu Stillständen durch Verklemmungen, obwohl die installierten Kapazitäten eigentlich die Abarbeitung von bis zu 12 % Nacharbeit zulassen müssten. Eine Interpretation, dass die Verklemmungen tatsächlich systembedingt sind und auf die stochastischen Schwankungen im Nacharbeitsaufkommen zurückzuführen seien, ist kritisch zu prüfen. Tatsächlich kann es sich um Fehler bei der Vergabe des Nacharbeitsstatus oder um eine fehlerhafte Steuerung der Nacharbeitsteile handeln.

Neben den V&V-Techniken „Validierung im Dialog", „Schreibtischtest", „Begutachtung" und „Strukturiertes Durchgehen" eignen sich für derartige Prüfungen insbesondere Techniken wie der Grenzwerttest, der Festwerttest oder auch Sensitivitätsanalysen (vgl. Abschnitt 5.2).

Prüfung gegen das formale Modell (6,4)

Die Validierung zwischen Modellen und Simulationsergebnissen findet hauptsächlich im V&V-Element (6,5) und nicht in den im Folgenden beschriebenen Elementen (6,4) oder (6,3) statt. Die Fokussierung auf das Element (6,5) entsteht, weil in das ausführbare Modell alle Annahmen, Strukturen und Algorithmen der vorherigen Modellierungsschritte eingehen und für die Erzeugung von Simulationsergebnissen das Vorliegen des ausführbaren Modells eine unbedingte Voraussetzung ist.

Allerdings kann es *Plausibilität*sprüfungen der Simulationsergebnisse geben, für die sich das formale Modell aufgrund seiner Beschreibungsmittel (z. B. Pseudo-Code oder UML) besser eignet als die Codierung im ausführbaren Modell.

> Ob die Ergebnisse eines Einplanungsalgorithmus für Aufträge in ein Fertigungssystem den Vorgaben entsprechen, lässt sich unter Umständen am effizientesten und effektivsten durch einen Abgleich mit der formalen Spezifikation feststellen.

Als V&V-Techniken für derartige Prüfungen kommen in erster Linie Schreibtischtest, Begutachtung und Strukturiertes Durchgehen in Betracht (vgl. Abschnitt 5.2).

Prüfung gegen das Konzeptmodell (6,3)

Wie bereits im V&V-Element (6,4) diskutiert finden Prüfungen zwischen den Simulationsergebnissen und Modellen in erster Linie unter Verwendung des ausführbaren Modells statt. Gleichwohl gilt wie schon bei der Prüfung der Ergebnisse gegen das formale Modell, dass für bestimmte *Konsistenz-* oder *Plausibilitäts*prüfungen ein Rückgriff auf das Konzeptmodell hilfreich sein kann.

> Für einen simulierten Fertigungsbereich zeigen die Simulationsergebnisse erhebliche Durchlaufzeitunterschiede in Abhängigkeit von Bauteilvarianten. Gemäß Konzeptmodell sollte der Bereich jedoch als Black-Box ohne Einfluss der Varianten abgebildet sein, und dürfte daher keine statistisch signifikanten Durchlaufzeitunterschiede aufweisen.

Ähnlich wie im V&V-Element (6,4) kommen als V&V-Techniken vor allem Schreibtischtest, Begutachtung und Strukturiertes Durchgehen in Frage (vgl. Abschnitt 5.2).

Prüfung gegen die Aufgabenspezifikation (6,2)

Die Verifikation und Validierung der Simulationsergebnisse gegen die Aufgabenspezifikation stellt sicher, dass die erarbeiteten Simulationsergebnisse mit den in der Aufgabenspezifikation geforderten Vorgaben in Bezug auf die Experimentphase erfüllt werden. Dies impliziert zunächst eine Überprüfung der *Vollständigkeit* und *Konsistenz*. Festzustellen ist, ob alle in der Aufgabenspezifikation genannten Anforderungen an Experimentplanung und -durchführung sowie an Ergebnisaufbereitung, -bewertung und -darstellung sorgfältig umgesetzt sind. Zur Erfüllung dieser Anforderungen zählt, dass die laut Aufgabenspezifikation geforderten Experimentreihen in den Experimentplänen berücksichtigt sind und die Ergebnisdarstellung in einer in der Aufgabenstellung gewünschten Form erfolgt.

In Verbindung mit dem Simulationsmodell ist des Weiteren die *Konsistenz* und *Genauigkeit* zu prüfen. Dies beinhaltet beispielsweise Fragen nach der Berücksichtigung der zu variierenden Eingabegrößen im ausführbaren Modell sowie im Experimentplan, um die in der Aufgabenspezifikation geforderten Parameter- und Strukturvariationen durchzuführen. Ferner ist zu klären, ob der betrachtete Simulationszeitraum dem in der Aufgabenspezifikation festgesetzten Zeitraum entspricht. Sollte dies nicht der Fall sein, ist die Begründung für die Abweichungen zu untersuchen. Hinsichtlich der Ausgabe- und Ergebnisgrößen ist zu prüfen, ob die formulierten Anforderungen aus der Aufgabenspezifikation erfüllt werden. Für die Prüfungen auf Vollständigkeit, Konsistenz und Genauigkeit der Umsetzung eignen sich vor allem die V&V-Techniken „Validierung im Dialog", „Schreibtischtest", „Begutachtung" und „Strukturiertes Durchgehen" (vgl. Abschnitt 5.2).

Ein in diesem V&V-Element sehr wichtiges V&V-Kriterium ist die Frage nach der *Eignung* der Simulationsexperimente und -ergebnisse in Bezug auf die in der Aufgabenstellung formulierten Untersuchungsziele. Hier wird die Intention der Simulationsstudie in den Vordergrund gestellt und hinterfragt, ob mit den Experimenten die formulierten Untersuchungsziele erreicht und die Ergebnisse für den in der Aufgabenspezifikation formulierten Untersuchungszweck genutzt werden können. Dieses Kriterium bezieht sich allerdings auf die grundsätzliche Nutzbarkeit der Ergebnisse für den Untersuchungszweck, und nicht – wie fälschlicherweise manchmal angenommen – auf die Erfüllung einer unter Umständen vorhandenen Erwartungshaltung hinsichtlich konkreter Ergebniswerte für die Untersuchung. Diese können im Bedarfsfall allerdings als Abnahmekriterium gefordert werden (zur Festlegung von Abnahmekriterien vgl. Wenzel et al. 2008, S. 118).

> Wenn eine Leistung von 120 % der Ausgangsleistung eines realen Systems als Abnahmekriterium für eine Simulationsstudie gefordert wird, sind in entsprechenden Experimenten geeignete Modellverbesserungen zur Leistungssteigerung zu analysieren. Im schlechtesten Fall kann allerdings die geforderte Leistungssteigerung nicht oder nur mit nicht vertretbarem Aufwand erreicht werden. Dieses Risiko ist bei der Festlegung der Abnahmekriterien zu bedenken.

Insgesamt ist zu prüfen, ob die Ergebnisse der Simulationsstudie den in der Aufgabenspezifikation benannten Abnahmekriterien im Hinblick auf Umfang, Detaillierungsgrad und Darstellungsform genügen und ob der Dokumentationsumfang den Anforderungen der Aufgabenspezifikation entspricht. Hierzu zählt ebenfalls, ob die spezifizierten Systemvarianten und die daraus abgeleiteten Modellvarianten entsprechend den Vorgaben in die Untersuchungen einbezogen sind.

Da die Aufbereitung der Simulationsergebnisse und ihre Analyse in der Regel für einen Auftraggeber erfolgt, ist weiterhin zu prüfen, ob die erarbeiteten Simulationsergebnisse für die Zielgruppe verständlich aufbereitet und nachvollziehbar dokumentiert sind (*Verständlichkeit*). Das betrifft Form und Umfang der Aufbereitung ebenso wie die verwendete Terminologie.

Auch die Kriterien Eignung und Verständlichkeit lassen sich mittels der V&V-Techniken „Validierung im Dialog" (mit Fachexperten und Auftraggeber), „Schreibtischtest", „Begutachtung" und „Strukturiertes Durchgehen" überprüfen und bewerten (vgl. Abschnitt 5.2).

Prüfung gegen die Zielbeschreibung (6,1)

Wie schon bei den V&V-Elementen (5,1), (4,1) und (3,1) bezieht sich die Prüfung im Rahmen dieses V&V-Elementes vor allem auf die angemessene Berücksichtigung der Anforderungen aus der Zielbeschreibung sowie die Angemessenheit des Phasenergebnisses hinsichtlich Ziel und Untersuchungszweck. Dabei stehen die Prüfungen in enger Beziehung zum V&V-Element (6,2). Da die Simulationsergebnisse ein Projektergebnis für den Auftraggeber darstellen, wird der Auftraggeber, aber ggf. auch in der Zielbeschreibung genannte externe Partner, explizit in die Prüfung gegen die Zielbeschreibung einbezogen. Auftraggeber und Auftragnehmer prüfen – ähnlich wie in V&V-Element (5,1) – gemeinsam, ob die Simulationsergebnisse den Inhalten der Zielbeschreibung und dem dort beschriebenen Untersuchungsziel hinsichtlich *Vollständigkeit, Konsistenz* und *Genauigkeit* in einem akzeptablen Toleranzrahmen genügen. In diesem Zusammenhang ist auch zu klären, ob die benannten Anforderungen aus der Zielbeschreibung wie Einbeziehung externer Partner oder Vorgaben in Bezug auf Art und Umfang der Dokumentation und Präsentation oder der Ergebnisübergabe erfüllt sind. Gleichzeitig muss überprüft werden, ob die Projektergebnisse den in der Zielbeschreibung dokumentierten Erwartungen beispielsweise hinsichtlich Umfang, Detaillierungsgrad sowie Art der Darstellung genügen. Für diese Prüfungen bieten sich V&V-Techniken „Validierung im Dialog" und „Strukturiertes Durchgehen" sowie unter Nutzung des ausführbaren Modells die Techniken „Animation" und „Monitoring" (vgl. Abschnitt 5.2) an.

Die Prüfung der dokumentierten Simulationsergebnisse gegen die Zielbeschreibung beinhaltet aber vor allem die Frage nach der *Eignung* der Simulationsergebnisse zur Lösung der in der Zielbeschreibung formulierten Problemstellung. In diesem Zusammenhang ist auch zu klären, ob und inwieweit die in der Zielbeschreibung benannten Abnahmekriterien durch das ausführbare Modell und die Simulationsergebnisse erfüllt sind. Diesen in erster Linie vom Auftraggeber der Simulationsstudie zu beantwortenden Fragen kommt eine besondere Bedeutung zu: Wenn die Simulationsergebnisse im Sinne der Zielbeschreibung geeignet sind und die Abnahmekriterien erfüllt werden, dann ist der wesentliche Zweck des Simulationsprojektes erreicht und die Studie kann (abgesehen von Dokumentationstätigkeiten oder sich unter Umständen anschließenden Erweiterungen der Problemstellung) beendet werden.

Auch wenn den Fragen nach der Eignung eine hohe Bedeutung zukommt, muss ergänzend und unterstützend die *Verständlichkeit* gewährleistet werden. Dazu ist zu prüfen, ob Dokumentation und Präsentation der Simulationsergebnisse transparent und nachvollziehbar sind. In Analogie zu V&V-Element (6,2) sind die V&V-Kriterien Eignung und Verständlichkeit in jedem Fall gemeinsam mit dem Auftraggeber zu prüfen. Hierzu bieten sich die V&V-Techniken „Validierung im Dialog", „Begutachtung" und „Strukturiertes Durchgehen" an (vgl. Abschnitt 5.2).

6.3.7 Rohdaten

Im Rahmen der Prüfungen der Rohdaten als Ergebnis der Datenbeschaffung sind in der Regel mindestens zwei (zeitlich unterschiedlich einzuordnende) Prüfschritte zu berücksichtigen: Zunächst ist sicherzustellen, dass das Dokument „Rohdaten" tatsächlich alle zu erhebenden Daten, die notwendigen Konsistenzprüfungen auf den Daten sowie die möglichen Fehlerquellen bei der Datenbeschaffung beschreibt. Im Rahmen der V&V der Rohdaten muss dementsprechend die Beschreibung der zu beschaffenden Daten und die Art, wie die Daten beschafft werden sollen, geprüft werden. Während und nach der Beschaffung der Daten sind dann unter anderem die im Dokument beschriebenen Prüfungen tatsächlich und möglichst vollständig durchzuführen und in ihrem Ergebnis festzuhalten. Verifikation und Validierung beziehen sich dann also auf die Prüfung der beschafften Rohdaten selbst.

Diese zwei Perspektiven (Prüfung vor und Prüfung nach Durchführung der Datenbeschaffung) spielen in den nun folgenden beiden Abschnitten zu Rohdaten und zu aufbereiteten Daten wiederholt eine Rolle. Dabei stellt dieser Abschnitt zunächst die Verifikation und Validierung der Rohdaten (d. h. der noch nicht aufbereiteten Eingangsdaten) dar, die im V&V-Element (R,R) intrinsisch erfolgt. Ferner werden die Rohdaten mit den Beschreibungen in der Aufgabenspezifikation (2,R) sowie mit dem Konzeptmodell (3,R) abgeglichen. Die gleichfalls erforderliche Verifikation und Validierung der aufbereiteten Daten gegen die Rohdaten wird dann im Abschnitt 6.3.8 beschrieben.

Die Anregung von Carson (2002), bei der V&V der Daten in Datenfehler („Data Errors") und Datenmodellierungsfehler („Data Modelling Errors") zu unterscheiden, spielt bei einigen der beschriebenen V&V-Aktivitäten eine Rolle. *Datenfehler* betreffen laut Carson z. B. die Daten selbst oder ihre Vollständigkeit. Bei *Datenmodellierungsfehlern* ist die Nutzung der Daten im Modell falsch. Bei der V&V der Daten sowie der V&V im Zusammenhang mit den Daten (vgl. die Dreieckssymbole in Abbildung

13) können Fehler beider Arten auftreten. Die V&V-Aktivitäten sollen dazu beitragen, diese Fehler aufzudecken und zu beseitigen.

Intrinsische Prüfung (R,R)

Wie bei allen anderen intrinsischen Prüfungen sind auch in diesem V&V-Element Fragen nach der *Vollständigkeit und Konsistenz* der Beschreibungen im Dokument zu stellen. Hierzu eignen sich z. B. die V&V-Techniken „Schreibtischtest" und „Strukturiertes Durchgehen" (vgl. Abschnitt 5.2)

Ergänzend sind unter den Aspekten *Machbarkeit und Verfügbarkeit* unter anderem die folgenden beiden organisatorischen Punkte sicherzustellen: Wenn Rohdaten regelmäßig im Projektverlauf bereitzustellen sind, so ist zu prüfen, ob die Installation eines geeigneten Prozesses bereits erfolgt oder für den zukünftigen Projektverlauf vorgesehen ist. Das kann eine Überprüfung technischer Abläufe (Schnittstellen, wiederholt ausgeführte Programme) aber auch organisatorische Schritte (regelmäßige manuelle Datenaufbereitungen) beinhalten. Wenn bei der Datenbeschaffung Standards oder Vorgaben aus dem IT-Bereich eines Unternehmens zu beachten sind, dann ist bei der intrinsischen Prüfung der Rohdaten auch deren Berücksichtigung und Einhaltung zu prüfen. Für die Prüfung dieser beiden Punkte können z. B. die V&V-Techniken „Validierung im Dialog" und „Strukturiertes Durchgehen" eingesetzt werden (vgl. Abschnitt 5.2).

Ein Großteil der zu überprüfenden Fragestellungen ergibt sich allerdings aus den im Rohdatendokument (vgl. Abschnitt 4.2.7) enthaltenen Anforderungen an den Schritt der Datenerfassung als Bestandteil der Datenbeschaffung hinsichtlich *Konsistenz, Eignung* oder entitätstypenübergreifenden *Plausibilitäts*prüfungen der Rohdaten. Der Umfang der in diesem Zusammenhang entstehenden Herausforderungen an den V&V-Prozess ist sehr vielfältig. Die erforderlichen Prüfungen werden im Folgenden anhand einiger (typischer) Beispiele erläutert.

Regelmäßig hängen Fehler in Rohdaten oder die fehlende Konsistenz von Rohdaten mit der Datenerfassung oder -generierung zusammen. So ist bei einer Erfassung zu prüfen, ob die Daten ihrer Spezifikation entsprechend korrekt aufgezeichnet worden sind. Das gilt nicht nur bei manueller Datenerfassung, sondern mindestens in gleichem Maße bei automatisierter Datenaufnahme beispielsweise durch eine Betriebs- oder Maschinendatenerfassung.

Bei der Aufzeichnung von Stördaten, mit deren Hilfe in der Simulation Maschinenausfälle nachgebildet werden sollen, ist sehr genau zu prüfen, ob die aufgezeichneten Daten tatsächlich nur die gewünschten Maschinenstörungen und nicht auch Verkettungseinflüsse (Warten auf Teile, Warten auf die nachfolgende Maschine) beinhalten. Eine vergleichbare Problematik kann auch bei der Erfassung von Nacharbeitsdaten oder Nacharbeitszeiten vorliegen.

Die Kontrolle automatisch aufgezeichneter Daten auf Konsistenz und Eignung reicht von manuellen Stichproben (Gegenproben) bis zur Prüfung der Methodik bei der Aufzeichnung.

Werden Daten speziell für ein Simulationsmodell generiert, so sind diese Daten ebenfalls sorgfältig zu überprüfen. Dabei gibt es ganz einfache grundsätzlich zu prüfende Punkte, die in erster Linie mit der *Vollständigkeit* und *Plausibilität* der erzeugten Daten zusammenhängen. Dazu zählt insbesondere der Abgleich zwischen den Vorgaben für die Datengenerierung (Anzahl und Struktur der generierten Datensätze) und dem Ergebnis der Generierung.

Datengeneratoren für Auftragsdaten kommen in Produktion und Logistik in einer Reihe von Projekten zum Einsatz. Diese Generatoren müssen die für den betrachteten Zeitraum richtige Menge an Aufträgen in der richtigen Zusammensetzung erzeugen. Das erscheint so einfach, dass Anzahl und Struktur der Aufträge nach der Generierung teilweise nicht mehr überprüft werden. Trotz der automatischen Generierung muss aber geprüft werden, ob ggf. vorgegebene Verteilungen in den generierten Daten zu erkennen sind und Mittelwerte eingehalten werden. Ein spezielles Hindernis auf dem Weg zum Einhalten von Mittelwerten ist die unbedarfte Verwendung der Begrenzung von Verteilungen („die Zeit für einen Pick an einem Kommissionierarbeitsplatz ist erlangverteilt mit einem Mittelwert von zehn Sekunden pro Pick bei einer Mindestdauer von sieben Sekunden"). In einem solchen Fall ist durch die Begrenzung der Verteilung der Mittelwert verzerrt. Dementsprechend sind für die generierten Daten die empirischen Kenngrößen wie Mittelwert oder Streuung mit den Vorgaben zu vergleichen.

Eine weitere einfache *Konsistenzprüfung* auf einer Datenentität ist die Einhaltung von Wertebereichen je Attribut. Hierfür können komplexere Regeln erforderlich werden, wenn es Beziehungen zwischen den Werten unterschiedlicher Attribute gibt.

> Mit einem Transportauftrag sind ein Ladehilfsmittel (ein Behälter) und ein Gewicht verknüpft. Wenn bestimmte Ladehilfsmittel nur für bestimmte Gewichtsklassen geeignet sind, besteht die Gefahr von Inkonsistenzen, da hinsichtlich des Gewichtes eines Transportauftrags ein ungeeigneter Behälter zugeordnet sein könnte. In den Attributen Gewicht, Ladehilfsmittel und Gewichtsklasse des Entitätstyps „Transportaufträge" ergeben sich redundante Informationen, die explizit abgeglichen werden müssen.

Dieses Beispiel grenzt bereits (je nach gewählter Datenstruktur) an *entitätstypenübergreifende Plausibilitätsprüfungen* an. Dabei sind die Anforderungen an entitätstypenübergreifende Plausibilität ebenso vielfältig wie abhängig vom konkreten Einzelfall. Konkret ist nach Attributen bei unterschiedlichen Entitätstypen zu suchen, die gleichen oder ähnlichen Inhalt haben, d. h. ganz oder in Teilen redundante Informationen enthalten können. Für diese Aufgabe kann beispielsweise die V&V-Technik „Strukturiertes Durchgehen" (vgl. Abschnitt 5.2) verwendet werden.

> In dem vorstehendem Beispiel kann es etwa für die Ladehilfsmittel einen eigenen Entitätstyp geben, der unter anderem für jedes Ladehilfsmittel die Gewichtsklasse spezifiziert. Wenn ferner ein Entitätstyp „Gewichtsklassen" vorliegt, dann ist die Prüfung der Einhaltung der Gewichtsklasse nicht mehr nur mit den Transportauftragsdaten möglich. Vielmehr werden auch die Stammdaten der Ladehilfsmittel und der Gewichtsklassen benötigt; es ergibt sich eine entitätstypenübergreifende Prüfung.

Entitätstypenübergreifende Plausibilitätsprüfungen haben auch *Vollständigkeits- und Konsistenzaspekte* auf Entitätsebene. Wenn Attributwerte einer Entität sich auf andere Entitäten beziehen, dann ist zu prüfen, ob diese anderen Entitäten auch existieren und die Attributwerte dieser Entitäten konsistent sind.

> Wenn in Auftragsdaten Arbeitspläne angegeben sind, muss jeder dort enthaltene Arbeitsplan als Entität vorhanden sein. Sind Arbeitspläne nur für einen bestimmten Auftragstyp gültig, dann muss die Belegung des Attributes „Typ" eines Auftrages mit der Belegung des Attributes „Auftragstyp" des Arbeitsplans übereinstimmen.

Die Beispiele zeigen, dass es zahlreiche Möglichkeiten zur intrinsischen Prüfung der Rohdaten gibt. Sie sind so umfangreich, dass sie sich im Rahmen dieses Abschnittes nur grob bezogen auf eine bzw. mehrere Entitätstypen in Konsistenz, Vollständigkeit und Plausibilität kategorisieren lassen. Wie bei anderen V&V-Elementen auch bedarf es im Hinblick auf den tatsächlichen Umfang der durchgeführten Prüfung einer Abwägung zwischen den abzusichernden Zielen und Zwecken auf der einen und dem entstehenden Aufwand auf der anderen Seite.

Prüfung gegen die Aufgabenspezifikation (2,R)

Wie aus den Dokumentbeschreibungen (vgl. Abschnitte 4.2.2 und 4.2.7) hervorgeht, wird in der Aufgabenspezifikation bereits angegeben, welche Informationen und Daten in welchem Umfang und in welcher Granularität für das Projekt benötigt werden. Diese Beschreibung ist mit den Rohdaten abzugleichen. Für das Verständnis der folgenden Ausführungen ist wesentlich, dass ein Abgleich mit allen Elementen des Phasenergebnisses (z. B. Dokument für die Rohdaten, tatsächlich erhobene Rohdaten) erfolgen muss.

Hinsichtlich der V&V-Kriterien *Vollständigkeit, Konsistenz* und *Machbarkeit* ist festzustellen, ob die erhobenen Rohdaten der Aufgabenspezifikation entsprechen. Umgekehrt ist aber auch zu überprüfen, ob die in der Aufgabenspezifikation benannten Anforderungen zur Datenbeschaffung im Hinblick auf die Rohdaten vollständig berücksichtigt und umsetzbar sind. Gegebenenfalls muss die Aufgabenspezifikation hinsichtlich der neuen Projekterkenntnisse überarbeitet werden. In diesen Zusammenhang gehört auch die Untersuchung der Frage, ob die in der Aufgabenspezifikation als fehlend bezeichneten Daten tatsächlich nicht beschaffbar sind. Umgekehrt ist zu prüfen, ob als verfügbar gekennzeichnete Daten tatsächlich vorliegen. Geeignete V&V-Techniken sind z. B. Validierung im Dialog und Strukturiertes Durchgehen (vgl. Abschnitt 5.2).

Eine wichtige Rolle bei der V&V der Rohdaten gegen die Aufgabenspezifikation spielt die *Eignung* und *Genauigkeit* der Daten. Zu überprüfen sind insbesondere Umfang und Granularität der Daten. Dazu sind die in der Aufgabenspezifikation angegebenen Zeiträume und Zeiteinheiten mit den vorliegenden Daten zu vergleichen. Unter Umständen kann der Dimensionstest (vgl. Abschnitt 5.2.3) Hinweise auf ungeeignete Datengranularität geben.

> Wenn saisonale Schwankungen der Auftragslast simuliert werden sollen, aber nur die Daten der ersten drei Monate eines Jahres vorliegen, ist keine geeignete zeitliche Repräsentation des zu untersuchenden Problems durch die Daten gegeben. Die Frage nach der geeigneten Granularität stellt sich in diesem Zusammenhang unter Umständen, wenn zwar die Daten der letzten fünf Jahre vorliegen, aber stets nur als Jahresmittelwerte. Die Aggregation kann auch unter örtlichen Gesichtspunkten Schwierigkeiten verursachen, etwa wenn Daten zu Durchlaufzeiten oder Systemfüllungen für Teilabschnitte einer Fertigung benötigt werden, sie aber nur für den gesamten Standort verfügbar sind.

Des Weiteren ist zu hinterfragen, ob tatsächlich ein gemeinsames *Verständnis* der Projektbeteiligten hinsichtlich Struktur und Umfang der benötigten Daten vorliegt. V&V-Techniken wie z. B. Strukturiertes Durchgehen und Validierung im Dialog (vgl. Abschnitt 5.2) können helfen, Missverständnisse frühzeitig aufzudecken.

> Dass eine Fach- oder IT-Abteilung sagt, sie könne Auftragsdaten und Maschinendaten selbstverständlich bereitstellen, heißt noch lange nicht, dass die Daten im Sinne der Aufgabenspezifikation geeignet sind, solange das gemeinsame Verständnis hinsichtlich Granularität, Umfang und anderer Merkmale nicht geschaffen wurde.

Auch wenn die oben genannten Prüfungen zu einem frühen Zeitpunkt im Projektverlauf unter Umständen schwierig sein können, ist es doch in jedem Fall von Vorteil, Unstimmigkeiten möglichst frühzeitig (d. h. bereits zum Zeitpunkt der Erstellung der Rohdatenbeschreibung und nicht erst nach erfolgter Datenbeschaffung) aufzudecken, um z. B. andere Informations- und Datenquellen einzubeziehen, zusätzliche Ressourcen für die Datenbeschaffung bereitzustellen oder auch die Aufgabenspezifikation nochmals zu überarbeiten.

Prüfung zusammen mit dem Konzeptmodell (3,R)

Die Dokumentation des Konzeptmodells umfasst wie die im V&V-Element (2,R) betrachtete Aufgabenspezifikation einen Abschnitt über Daten (vgl. Abschnitt 4.2.3). Dort werden erforderlichen Modelldaten auf Basis der Aufgabenspezifikation weiter detailliert und mit ihren Attributen beschrieben. Ein wichtiges Ziel der gemeinsamen Prüfung von Konzeptmodell und Rohdaten ist daher abzuschätzen, ob sich der aus dem Konzeptmodell ergebende Datenbedarf mit den Rohdaten erfüllen lässt. Dabei kann einerseits der im Konzeptmodell beschriebene Modellierungsansatz dazu führen, dass die Rohdatenbeschreibung erweitert wird und dass zusätzliche Rohdaten erhoben werden. Andererseits kann es aufgrund von Verfügbarkeit, Struktur und Umfang der Rohdaten dazu kommen, dass das Konzeptmodell überarbeitet werden muss. Bei diesem wechselseitigen Abgleich geht es in erster Line um Fragen der *Machbarkeit* und *Konsistenz* (des Modellkonzepts und der Datenbereitstellung).

Wenn im Konzeptmodell eines abzubildenden Lagers Einlagerentscheidungen vom Volumen der gelagerten Artikel abhängig gemacht werden und in den Rohdaten keinerlei Volumeninformationen vorliegen, dann sind aufgrund dieser (negativ ausgegangenen) Prüfung die Inhalte der Rohdaten (beispielsweise durch die Erfassung oder Schätzung zusätzlicher Daten) zu erweitern oder die Algorithmen für die Einlagerung im Konzeptmodell anzupassen (etwa durch Verwendung von Ersatzgrößen anstelle des Volumens).

Ein weiterer wichtiger Teil der Prüfungen bezieht sich auf *Genauigkeit* und *Eignung*. Das Konzeptmodell legt den Abstraktionsgrad der Modellierung im Wesentlichen fest (vgl. Abschnitt 4.2.3). Damit die Rohdaten für das Modell *geeignet* sind, muss ihre Granularität (ihre „*Genauigkeit*") dem Konzeptmodell entsprechen.

Wenn das Konzeptmodell einer Schweißanlage vorsieht, dass Störungen auf Ebene einzelner Stationen modelliert werden müssen, dann dürfen die Stördaten nicht auf höherer Ebene (Schutzkreise oder Anlagen) ermittelt werden. Wenn variantenabhängige Bearbeitungszeiten oder Nacharbeitsraten für die Modellierung relevant sind, dann sind variantenunabhängige Aufzeichnungen nicht ausreichend. Stammdaten (beispielsweise von Artikeln oder von Transportmitteln etc.) müssen dem vom Konzeptmodell geforderten Detaillierungsgrad entsprechen. Wenn die Artikelebene modelliert wird, reichen Daten auf Artikelgruppenebene nicht aus.

Auch zur Prüfung der Eignung der Daten gehört es sicherzustellen, dass Rohdaten in ausreichendem Umfang, d. h. über einen hinreichend großen Zeitraum zur Verfügung stehen. Insbesondere für diese Prüfung können statistische V&V-Techniken zum Einsatz kommen (vgl. Abschnitt 5.2.10). Als weitere V&V-Techniken kommen überwiegend Begutachtung, Schreibtischtest und strukturiertes Durchgehen (des Datenteils des Konzeptmodells und der Rohdaten) in Betracht (vgl. Abschnitt 5.2).

Insgesamt haben die V&V-Aktivitäten an dieser Stelle eher grundsätzlichen Charakter, da das zu erstellende lauffähige Modell mit aufbereiteten

Daten (und nicht unmittelbar mit Rohdaten) arbeiten wird. Im Rahmen der Prüfung ist daher im Wesentlichen abzuschätzen, ob sich aus (fehlenden oder unzureichenden) Rohdaten grundlegende Rückwirkungen auf das Konzeptmodell ergeben. Ein konkreter Abgleich der vorliegenden Daten mit den im Konzeptmodell beschriebenen Entitäten auf Attributebene ist hingegen erst im Rahmen der im folgenden Abschnitt beschriebenen V&V-Aktivitäten zu aufbereiteten Daten sinnvoll.

6.3.8 Aufbereitete Daten

Die aufbereiteten Daten werden in der Phase „Experimente und Analyse" gemeinsam mit dem ausführbaren Modell zur Durchführung von Simulationsexperimenten und letztendlich zur Erzeugung von Simulationsergebnissen verwendet. Insofern kommt der Verifikation und Validierung hier eine besondere Bedeutung mit unter Umständen unmittelbarer Wirkung auf die Güte von Ergebnissen zu.

Die aufbereiteten Daten sind in sich sowie gegen die Rohdaten zu prüfen (V&V-Elemente (A,A) und (A,R)). Ferner ist mit den V&V-Elementen (2,A) bis (6,A) ein Abgleich mit der Aufgabenspezifikation, mit dem Konzeptmodell, dem formalen Modell, dem ausführbaren Modell und den Simulationsergebnissen vorzunehmen. Bei der folgenden Beschreibung der V&V-Aktivitäten ist zu berücksichtigen, dass mit dem Terminus „Aufbereitete Daten" zum einen sowohl das beschreibende Datendokument (vgl. Abschnitt 4.2.8) als auch die Daten selbst gemeint sind.

Intrinsische Prüfung (A,A)

In vielerlei Hinsicht ähnelt die intrinsische Prüfung der aufbereiteten Daten den entsprechenden Aktivitäten bei den Rohdaten (vgl. Abschnitt 6.3.7). So sollte vor der eigentlichen Aufbereitung der Daten bereits das beschreibende Dokument einschließlich der Darstellung der erforderlichen Plausibilitätsprüfungen möglichst *vollständig* sein. Dazu gehört auch eine hinreichend genaue Spezifikation der Aufbereitungsschritte, die unter Umständen so komplex sein können, dass dafür eigene Algorithmen herangezogen, modifiziert oder erstellt werden müssen. Als Beispiel sei die Anpassung von statistischen Verteilungen an empirische Daten („distribution fitting") genannt (vgl. Robinson 2004, S. 112-121). Als V&V-Techniken eignen sich z. B. Schreibtischtest und Strukturiertes Durchgehen (vgl. Abschnitt 5.2) Diese Prüfungen können und sollen frühestmöglich, also durchaus vor den eigentlichen Aufbereitungsschritten, durchgeführt werden. Während und nach der Datenaufbereitung ist sicherzustellen, dass alle spezifizierten Prüfungen auch tatsächlich vorgenommen worden sind. Hierfür sind insbesondere statistische Techniken (vgl. Abschnitt 5.2.10) einsetzbar.

Da die aufbereiteten Daten unmittelbar im Modell verwendet werden (implizit oder explizit; vgl. Abschnitt 4.2.8) kommt einer Prüfung auf *Vollständigkeit*, *Konsistenz* und *Plausibilität* der aufbereiteten Daten selbst besondere Bedeutung zu, d. h. die inhaltlich-logische und die statistische Richtigkeit der Daten muss sichergestellt werden. Ähnlich wie bei der intrinsischen Prüfung der Rohdaten ist zu prüfen, ob für jeden Entitätstyp die benötigte Anzahl von Entitäten vorliegt und ob die Werte der Attribute innerhalb definierter Wertebereiche liegen. Wie bei den Rohdaten auch müssen Plausibilitätsanforderungen auf Entitätstypen- und Entitätsebene erfüllt sein (vgl. für im Wesentlichen übertragbare Beispiele und Prüfungen Abschnitt 6.3.7).

Prüfung gegen die Rohdaten (A,R)

Wie in Abschnitt 4.2.8 beschrieben gibt es eine Vielzahl von Methoden der Datenaufbereitung, zum Beispiel zur Filterung, Extrapolation, Generierung oder Aggregation. Die Anwendung jeder dieser Methoden kann Einfluss auf den Erfüllungsgrad eines oder mehrerer V&V-Kriterien haben.

> Wenn in den Rohdaten Fehler in der Erhebung der Bearbeitungszeiten vorliegen und ein Filter verwendet wird, der beispielsweise die Datensätze mit unplausibel erscheinenden Bearbeitungszeiten entfernt, dann kann sich das negativ auf die *Eignung* der Daten für die Aufgabenstellung auswirken, da sich der Mittelwert der Bearbeitungszeiten verändert.

Eine Extrapolation fehlender Angaben kann Einfluss auf *Konsistenz*, *Vollständigkeit* und *Genauigkeit* der Daten haben. Eine Aggregation verändert typischerweise die Granularität der Daten und hat damit Einfluss auf die Genauigkeit. Durch explizite Prüfung einzelner Datensätze (z. B. durch strukturiertes Durchgehen, Begutachtung, Validierung im Dialog) oder durch statistische Techniken (vgl. Abschnitt 5.2) ist sicherzustellen, dass eine bei der Aufbereitung aufgetretene Verfälschung der Eigenschaften der Rohdaten erkannt wird, um die Weiterverwendung fehlerhafter Daten zu vermeiden (für weitere Techniken zur Validierung von Informationen und Daten vgl. Eppler 2006, S. 127-140).

Zur Überprüfung der Aufbereitung gehört ferner, die einzelnen Aufbereitungsschritte im Hinblick auf ihre *Plausibilität* und *Eignung* zu untersuchen und zu begründen. Dies umfasst beispielsweise bei einer Filterung

der Bearbeitungszeiten eine Begründung, warum es sich bei einer Über-
oder Unterschreitung bestimmter Grenzwerte um Messfehler (und nicht
tatsächlich um sehr lange oder sehr kurze Bearbeitungszeiten) handelt. Ein
gewähltes Extrapolationsverfahren ist im Hinblick auf seine Eignung (Berücksichtigung von Trends etc.) zu hinterfragen. Auch darf eine Aggregation der Daten in der Regel Kennwerte (etwa Mittelwerte o. ä.) nicht ver-
fälschen.

Insgesamt gibt es eine Vielzahl anwendbarer Aufbereitungsverfahren
und damit auch eine Vielzahl sich ergebender Prüfnotwendigkeiten. Die
im Einzelfall zur Anwendung kommenden V&V-Aktivitäten sind eng auf
die angewendeten Aufbereitungsverfahren abzustimmen. Wie umfangreich
die möglichen Verfahren und die Maßnahmen zu ihrer Überprüfung sind,
wird unter anderem daran deutlich, dass es etwa für das Erkennen von
Trends in bzw. die Extrapolation oder Schätzung von ökonomischen Daten
mit der Ökonometrie eine eigene Fachdisziplin innerhalb der Volkswirt-
schaftslehre gibt (für einen einführenden Überblick über Methoden und
Verfahren vgl. Greene 2002).

Prüfung gegen die Aufgabenspezifikation (2,A)

Mit den aufbereiteten Daten muss sich die in der Aufgabenspezifikation
beschriebene Problemstellung unmittelbar (ohne weitere Aufbereitungen)
bearbeiten lassen. Dementsprechend dient die Prüfung der aufbereiteten
Daten gegen die Aufgabenspezifikation vor allem der Bewertung, ob diese
Anforderung erfüllt werden kann.

Die zu prüfenden V&V-Kriterien sind in erster Linie *Vollständigkeit*,
Konsistenz und *Eignung*: Bereits die Aufgabenspezifikation enthält Hinweise auf fehlende Daten. Ferner benennt sie Möglichkeiten zum Schließen dieser Lücken durch separate Datenbeschaffung sowie durch Approximation oder durch Generierung, jeweils unter Nutzung bestehender
Datenbestände. Hier ist zu untersuchen, ob diese Aspekte bei der Datenaufbereitung aufgegriffen worden sind. Analog ist die hinreichende Berücksichtigung von sich ggf. aus der Aufgabenspezifikation ergebenden
Plausibilitäts- oder Qualitätsanforderungen zu prüfen. Dies gilt auch für
weitere Teilaspekten der Aufgabenstellung, die Konsequenzen für die erforderlichen Daten haben könnten. Die folgenden Punkte enthalten Beispiele für solche Prüfungen:

- Ist ein Schichtmodell für die Untersuchung notwendig, müssen in den
  aufbereiteten Daten Informationen über Anzahl und Dauer der Schichten, Kurzpausen und Schichtwechsel enthalten sein. Leistungsdaten von
  Arbeitsplätzen o. ä. müssen zu dem gewählten Schichtmodell passen.

- Lässt sich ableiten, dass das reale System saisonalen Schwankungen unterliegt, müssen diese Schwankungen in den Daten erkennbar sein (Überprüfung im einfachsten Fall durch graphische Darstellung).
- Spezifische Randbedingungen der Aufgabenstellung können dazu genutzt werden, Konsistenzprüfungen durchzuführen. So können z. B. Durchsatzangaben eingesetzt werden, um die Taktzeit- und Verfügbarkeitsdaten einzelner Arbeitsplätze zu prüfen. Angaben zu Durchlaufzeiten können verwendet werden, um die Summe der Bearbeitungszeiten in einem Arbeitsplan auf ihre Richtigkeit hin zu bewerten.

Mit dem Vorliegen der aufbereiteten Daten ist auch eine Prüfung der *Plausibilität* der Daten in Bezug auf die Aufgabenstellung sinnvoll.

> Für jede Maschine liegen die Daten für Taktzeit, Verfügbarkeit und mittlere Fehlerdauer vor. Benennt in dieser Situation die Aufgabenspezifikation ein Durchsatzziel, so kann dieses offensichtlich nur erreicht werden, wenn jede einzelne Maschine die erforderliche Kapazität hat. Das lässt sich unter Anwendung der Grundrechenarten und ohne Simulation prüfen. Wenn nicht jede einzelne Maschine entsprechend der Eingangsdaten die erforderliche Kapazität bietet, kann das Gesamtsystem den Durchsatz nicht erreichen. In diesem Fall muss untersucht werden, ob ein Fehler in den Eingangsdaten, in der Beschreibung des zu untersuchenden Systems oder in der Zielformulierung zu finden ist.

Zur Durchführung der Prüfungen kommen die V&V-Techniken „Begutachtung", „Validierung im Dialog", „Schreibtischtest" oder „Strukturiertes Durchgehen" zum Einsatz (vgl. Abschnitt 5.2).

Da die grundsätzliche Erfüllbarkeit der Aufgabenspezifikation bereits im Rahmen des Abgleichs von Rohdaten und Spezifikation überprüft wird (vgl. Abschnitt 6.3.7) und in diesem Zuge ggf. auch Anpassungen der Aufgabenspezifikation erfolgt sind, werden festgestellte Abweichungen von Aufgabenspezifikation und aufbereiteten Daten in der Regel zu einer Änderung oder Erweiterung der Aufbereitung führen, um so die Eignung der aufbereiteten Daten für die spezifizierte Aufgabe sicherzustellen.

Prüfung zusammen mit dem Konzeptmodell (3,A)

Das Konzeptmodell enthält eine Spezifikation der erforderlichen Daten bis zur Ebene der Attribute (vgl. Abschnitt 4.2.3). Auch das Dokument zu den aufbereiteten Daten umfasst die Entitätstypen einschließlich ihrer Attribute (vgl. Abschnitt 4.2.8). Damit können das Konzeptmodell und die aufbereiteten Daten auf Attributebene miteinander abgeglichen werden und im

Hinblick auf Fragen zur *Vollständigkeit, Konsistenz* und *Eignung* überprüft werden. Das kann je nach gewähltem Beschreibungsmittel für die Spezifikation der Daten durch einen Abgleich der erstellten Entity-Relationship-Diagramme oder durch einen Vergleich der beschriebenen Entitätstyp- und Attributlisten erfolgen. Fehlen Entitätstypen oder Attribute auf einer der beiden Seiten, sind sie im Konzeptmodell oder in den aufbereiteten Daten zu ergänzen. Allerdings muss nicht jede Abweichung auf einen Fehler hindeuten: Eventuell enthalten die aufbereiteten Daten bereits Angaben, die erst in späteren Projektphasen benötigt werden. Gegebenenfalls werden im Konzeptmodell auch Datenstrukturen beschrieben, die mit modellintern erzeugten Daten gefüllt werden sollen.

Gleichfalls zur Vollständigkeitsprüfung zählt die Frage, ob alle im Konzeptmodell beschriebenen Modellelemente mit Hilfe der aufbereiteten Daten parametrisiert werden können. Diese Prüfung wird allerdings noch eher grundsätzlichen Charakter besitzen, da das Konzeptmodell notwendige Modellelemente oftmals nach Klassen zusammenfasst und nicht zwangsläufig bereits einzelne Elemente enthält.

Ein Fördersystem soll detailliert unter Abbildung jedes einzelnen Förderelementes modelliert werden. In diesem Fall wird das Konzeptmodell in der Regel keine vollständige Liste mit allen einzelnen Förderelementen enthalten. Vielmehr wird es benötigte Fördererklassen (Eckumsetzer, Staurollenförderer etc.) spezifizieren und im Hinblick auf die einzelnen Elemente beispielsweise auf ein Layout verweisen. Die aufbereiteten Daten enthalten in diesem Beispiel aber unter Umständen bereits eine Tabelle, die alle Förderelemente mit Angaben wie Bezeichnung des Elements, Typ (Fördererklasse), Länge, Förderrichtung, Geschwindigkeit etc. enthält. Eine solche Tabelle wird sich auf der Ebene einzelner Datensätze typischerweise erst mit dem ausführbaren Modell auf Vollständigkeit abgleichen lassen können.

Zu berücksichtigen sind die Vollständigkeits-, Konsistenz- und Eignungsanforderungen nicht nur im Hinblick auf die aufgeführten Elemente und die beschriebenen Abläufe innerhalb des Modells, sondern auch für die im Konzeptmodell festgelegten Systemgrenzen. Des Weiteren müssen die Quellen für die Material- oder Informationsflüsse mit den Systemlastdaten auf dem benötigten Abstraktionsniveau versorgt werden können.

Ein weiterer Prüfaspekt, der eher mit der technischen *Machbarkeit* zusammenhängt, betrifft die voraussichtliche Laufzeit des ausführbaren Modells: Die Kombination aus Konzeptmodell und aufbereiteten Daten wird in vielen Fällen eine Abschätzung von Speicherplatz- und Rechenzeitanforderungen des Modells erlauben. Natürlich liegt zu diesem Zeitpunkt noch kein ausführbares Modell vor, aber das Konzeptmodell entscheidet maßgeblich über die Granularität der Modellelemente, und die aufbereiteten Daten mit ihren Datensätzen stellen gewissermaßen ein ergänzendes Mengengerüst dar.

> Ein Konzeptmodell, das vorsieht, dass in einer Flaschenabfüllanlage einzelne Flaschen als Modellelemente abgebildet werden sollen, oder dass in einer Spritzgießanlage jeder Schuss (jeder einzelne Produktionsschritt eines Auftrages) betrachtet werden soll, kann zusammen mit den aufbereiteten Daten ein Hinweis auf hohe Rechenzeiten sein , wenn aus den Daten hervorgeht, dass zehntausende von Flaschen oder Schüssen pro Stunde im Modell verarbeitet werden müssen.

Selbstverständlich ergeben sich viele Konsequenzen für die benötigte Rechenzeit aus einer mehr oder weniger günstigen Umsetzung von Abläufen in Algorithmen. Die Gegenüberstellung von Konzeptmodell und Daten bietet aber einen sinnvollen und frühzeitigen „Meilenstein" für eine Abschätzung technischer Machbarkeit.

Im Hinblick auf Simulationsmodelle, die im operativen Betrieb genutzt werden sollen (vgl. dazu auch Abschnitt 6.2.4) ergeben sich aus den Ableitungen für die Rechenzeit auch Hinweise auf die technische *Eignung* des Modells für den vorgesehenen Einsatzzweck: Absehbar hoher Rechenzeitbedarf kann die vorgesehene Verwendung in Abhängigkeit von den Anforderungen in Frage stellen.

In Bezug auf die Eignung ist auch zu prüfen, ob eine Datenaufbereitung im Modell tatsächlich erforderlich ist. Eine Entscheidung über die Durchführung von Datenaufbereitungen innerhalb des Modells oder „außerhalb" (d. h. in vom Modell getrennten Abläufen z. B. in einem Datenbanksystem) muss im Konzeptmodell oder in den aufbereiteten Daten beschrieben sein.

> Prüfungen der aufbereiteten Daten auf Vollständigkeit bzw. Konsistenz werden in einigen Simulationsstudien in das Simulationsmodell integriert und bei (bzw. unmittelbar vor) Ausführung des Modells automatisiert durchgeführt. Eine Automatisierung von Prüfvorgängen ist insbesondere dann hilfreich, wenn eine Simulationsanwendung nicht ausschließlich von Simulationsexperten, sondern überwiegend von modell- oder simulationsunkundigen Anwendern bedient wird.

Tatsächlich ist die Aufnahme derartiger Prüfungen in ein Simulationsmodell keine originäre Modellierungsarbeit, sondern der Datenaufbereitung und genau genommen der Verifikation und Validierung der aufbereiteten Daten zuzurechnen.

Da es sich bei dem Abgleich von Konzeptmodell und aufbereiteten Daten in der Regel um Dokumentvergleiche auf inhaltlicher Ebene handelt, werden überwiegend die V&V-Techniken „Validierung im Dialog", „Begutachtung", „Schreibtischtest" und „Strukturiertes Durchgehen" eingesetzt (vgl. Abschnitt 5.2).

Prüfung zusammen mit dem formalen Modell (4,A)

Im Hinblick auf die Beschreibung der Daten übernimmt und verfeinert das formale Modell die Angaben des Konzeptmodells (vgl. Abschnitt 4.2.4). Der Verifikations- und Validierungsprozess schließt sich hier insoweit an, als dass die an dieser Stelle vorgesehenen Prüfschritte im Wesentlichen eine Verfeinerung der Prüfung des Konzeptmodells mit aufbereiteten Daten darstellen. Die in diesem Zusammenhang beschriebenen Überprüfungen auf *Vollständigkeit, Konsistenz, Eignung* und *Machbarkeit* werden wieder aufgegriffen und mit den nun verfügbaren formaleren Strukturen erneut durchgeführt. Die Formalisierung in der Modellbildung kann z. B. die Darstellung der Entitätstypen, Attribute und Relationen zwischen Entitätstypen betreffen. Typischerweise werden auch die Anforderungen an einzelne Attribute konkretisiert, beispielsweise durch Präzisierung der Wertebereiche, deren Einhaltung dann mit den aufbereiteten Daten überprüft werden kann.

Analog zur V&V des Konzeptmodells mit den aufbereiteten Daten im V&V-Element (3,A) eignen sich die V&V-Techniken „Begutachtung", „Schreibtischtest" und „Strukturiertes Durchgehen" (vgl. Abschnitt 5.2). Aufgrund der stärkeren Formalisierung der Modellbildung kann ggf. auch der Dimensionstest herangezogen werden (vgl. Abschnitt 5.2.3).

Prüfung zusammen mit dem ausführbaren Modell (5,A)

In der Modellbildung stellt die Umsetzung des formalen Modells in ein ausführbares Modell (bei vereinfachter Sichtweise) im Wesentlichen einen Wechsel der Beschreibungsart dar. Dementsprechend sind Prüfungen der aufbereiteten Daten zusammen mit dem formalen Modell in vergleichbarer Art und Weise erneut mit dem ausführbaren Modell durchzuführen. Als V&V-Techniken kommen daher auch die Validierung im Dialog, Begutachtung, Schreibtischtest und strukturiertes Durchgehen zum Einsatz (vgl. Abschnitt 5.2). Grundsätzlich können ein Abgleich der Datentypen oder die richtige Versorgung der Modellelemente mit Daten auch automatisiert überprüft werden. Die heute verfügbaren Simulationswerkzeuge und V&V-Techniken bieten in dieser Hinsicht allerdings nur wenig standardisierte Unterstützung. Insofern sind die beteiligten Simulationsfachleute, V&V-Experten und IT-Verantwortlichen diesbezüglich weitgehend auf die Entwicklung projektspezifischer Prüfmechanismen angewiesen.

In diesem V&V-Element sind darüber hinaus erstmals Fragen zur *Eignung* und *Genauigkeit* der Daten mit Bezug auf das ausführbare Modell zu beantworten. So kann die gewählte Granularität der Daten für den umgesetzten Detaillierungsgrad des Modells ungeeignet sein, so dass die Daten nochmals modifiziert werden müssen. Auch kann die Einschwingphase des Modells erst in dieser Phase hinreichend genau abgeschätzt werden. Daraus kann sich ein zusätzlicher Bedarf an aufbereiteten Daten ergeben.

> Zusätzlicher Datenbedarf kann sich aus einem vorab zu niedrig abgeschätzten Durchsatz eines Modells ergeben: Der Durchsatz eines geplanten Systems wird abgeschätzt, und entsprechend dieser Schätzung stehen Auftragsdatensätze für sieben Monate zur Verfügung, um für einen vorgesehenen Simulationszeitraum von sechs Monaten „auf der sicheren Seite" zu sein. Erreicht das Modell jedoch einen um 20 % höheren Durchsatz als geschätzt, dann fehlen gegen Ende der Simulationszeit Aufträge im Modell.

Das vorstehende Beispiel leitet unmittelbar zu der Frage über, ob sich das Modell mit den aufbereiteten Daten so verhält wie ursprünglich angenommen. Für diese Fragestellung eignen sich zahlreiche V&V-Techniken wie z. B. Animation, Monitoring, Turing-Test oder Sensitivitätsanalyse. Ist das wie eben exemplarisch geschildert nicht der Fall, so kann es sich dabei einerseits um eine Erkenntnis aus dem Simulationsprojekt handeln. Andererseits sind derartige Abweichungen von Modellverhalten und Erwartung in vielen Fällen aber auch ein Hinweis auf Fehler im Modell oder in den Daten. Auch komplexere Unstimmigkeiten zwischen Modell und Daten lassen sich eventuell erst in dieser Phase aufdecken wie die folgenden Beispiele verdeutlichen.

> Werden Aufträge von Arbeitsplandaten durch ein Modell gesteuert, so wird möglicherweise erst jetzt deutlich, dass die Annahmen in den in der Vergangenheit erhobenen Daten nicht zum modellierten Planungsstand passen, weil beispielsweise einzelne abgebildete Maschinen zu Engpässen werden oder aber gar nicht in die Auftragabarbeitung eingebunden sind.

> Wenn der Durchsatz an den Systemgrenzen (Quellen und Senken) durch Leistungsdaten vorgegeben wird, muss die Leistung der modellierten Bereiche mit der Leistung an den Systemgrenzen abgestimmt sein. Ohne diese Abstimmung wird das Modell während eines Simulationslaufs regelmäßig voll- oder leerlaufen.

Im Hinblick auf Daten, die für einen Vergleich mit Simulationsergebnissen aufbereitet worden sind, kann ein erster Abgleich mit den im Modell gesammelten Ergebnisdaten durchgeführt werden. Dabei geht es an dieser Stelle nicht um einen ausführlichen Vergleich mit umfassenden Simulationsergebnisdaten, wie er im V&V-Element (6,A) beschrieben wird. Vielmehr ist hinsichtlich der Kriterien *Plausibilität und Genauigkeit* zu prüfen, ob die für den Vergleich aufbereiteten Daten grundsätzlich für einen Vergleich mit den vom Modell erzeugten Daten im Hinblick auf Umfang und Granularität geeignet sind.

Zur Prüfung des ausführbaren Modells mit den aufbereiteten Daten gehört auch der Test der technischen Funktionalität der implementierten Schnittstellen zu externen Datenquellen. Die Schnittstellen müssen vollständig implementiert sein und die aufbereiteten Daten fehlerfrei einlesen.

Prüfung zusammen mit den Simulationsergebnissen (6,A)

Die aufbereiteten Daten können – wie im vorangegangenen Abschnitt beschrieben – Angaben enthalten, die für einen Abgleich mit den Simulationsergebnissen vorgesehen sind. Dabei handelt es sich also weder um Eingangsdaten des Modells noch um vom Modell erzeugte Ergebnisdaten. Vielmehr dienen die Daten dem Abgleich *mit* den Ergebnisdaten, um sicherzustellen, dass das Verhalten des Modells hinreichend mit dem Verhalten des realen Systems übereinstimmt. Dieser Abgleich muss nach dem Vorliegen der Ergebnisse durchgeführt werden, und sollte unterschiedliche Kenngrößen umfassen (z. B. Durchsätze pro Schicht, Durchlaufzeiten pro Auftrag, Pufferfüllstände).

Bezüglich dieser Vergleichsdaten ist das Ziel der V&V in dieser Phase somit die Prüfung auf *Vollständigkeit*, während ein Abgleich unter den Aspekten *Plausibilität* und *Genauigkeit* bereits in dem V&V-Element (5,A) stattfinden muss. Die V&V-Aktivitäten in dieser Phase stellen sicher, dass allen relevanten aufbereiteten Daten Ergebnisse gegenübergestellt werden können, dass das Modell also tatsächlich für den vorgesehenen Zeitraum Ergebnisse erzeugt, und dass umgekehrt für alle Ergebnisse die benötigten Vergleichsdaten vorliegen. Die Abweichungen zwischen den aufbereiteten Daten und den Ergebnisdaten müssen bereits nach den ersten Versuchen mit dem ausführbaren Modell analysiert werden.

Plausibilitätsprüfungen können aber nicht nur zwischen den Simulationsergebnissen und den in den aufbereiteten Daten enthaltenen Zielgrößen durchgeführt werden. Vielmehr ist es auch dringend erforderlich, die Simulationsergebnisse mit den aus den aufbereiteten Daten verwendeten Eingangsdaten auf *Plausibilität* zu prüfen. Genauso wie sich unter Anwendung einfacher statischer Rechnungen ermitteln lässt, ob die aufbereiteten Daten in sich konsistent sind (vgl. das Beispiel im V&V-Element (2,A)), müssen auch in dieser Phase wieder relativ einfache Vergleiche zur Anwendung kommen. So ist es z. B. unbedingt erforderlich, die in den aufbereiteten Daten enthaltenen Leistungsdaten einzelner Ressourcen mit dem Durchsatz des Simulationsmodells abzugleichen und sicherzustellen, dass letzterer nicht größer ist, als er aufgrund der Einzelangaben sein kann. Diese statischen Rechnungen können im Einzelfall auch etwas komplexer sein wie das folgende Beispiel zeigt.

> In einem Kommissioniersystem ergeben sich aus den Pickzeiten pro Kommissionierplatz Stundenleistungen pro Platz von 300 Picks. Das System beinhaltet fünf Plätze. Aus der Auftragsstruktur ergibt sich, dass ein Kommissionierauftrag im Mittel 6 Pickpositionen umfasst. Wenn das Simulationsmodell im Durchschnitt eine höhere Stundenleistung als 250 Aufträge errechnet, sind das Modell, die Daten oder die Auswertung fehlerhaft.

Im Übrigen sind an dieser Stelle des Verifikations- und Validierungsprozesses auch die Auftraggeber von Simulationsuntersuchungen ganz entscheidend gefordert. Plausibilitätsprüfungen wie im obigen Beispiel enthalten erfordern keine speziellen Methoden- oder Simulationskenntnisse, sondern „nur" eine kritische Analyse präsentierter Ergebnisse zusammen mit den Eingangsdaten. Die Erfahrung zeigt, dass kritisch nachrechnende Auftraggeber die Qualität von Simulationsergebnissen und damit die Aussagekraft von Simulationsstudien insgesamt ganz erheblich steigern können. Für die Aktivitäten in diesem V&V-Element eignen sich daher besonders V&V-Techniken wie Validierung im Dialog, Begutachtung oder Strukturiertes Durchgehen (vgl. Abschnitt 5.2).

Insgesamt besteht ein enger Zusammenhang zwischen der intrinsischen Prüfung der Daten im V&V-Element (A,A), der im V&V-Element (5,A) durchgeführten Prüfung von ausführbarem Modell und aufbereiteten Daten und der V&V der Simulationsergebnisse (V&V-Elemente (6,A) und (6,6)): Fehlen den Daten notwendige Eigenschaften wie beispielsweise Vollständigkeit oder Konsistenz, ergeben sich unmittelbare Konsequenzen für das Verhalten des Simulationsmodells: Im günstigsten Fall bricht das Modell ein Experiment mit einer Fehlermeldung ab, so dass die Existenz eines

Fehlers deutlich wird und dieser – wenn unter Umständen auch mit beträchtlichem Aufwand – gefunden werden kann. Problematischer ist der Fall einzustufen, wenn das Modell mit fehlerhaften Daten den oder die Simulationsläufe fehlerfrei abschließt. Dann muss anhand der V&V der Simulationsergebnisse auf Fehler in den Daten zurück geschlossen werden. Gelingt das nicht, besteht das Risiko, dass Schlüsse aus Ergebnissen gezogen werden, die aufgrund fehlerhafter Daten zustande gekommen sind und die damit im Sinne des Untersuchungsziels möglicherweise nicht valide sind. Etwas günstiger einzustufen ist der Fall, in dem sich aus den Unzulänglichkeiten der Daten Anomalien wie etwa unerwartet große Rückstaus oder sogar Verklemmungen im Modell ergeben. Auch dann kann es allerdings sehr aufwendig sein, die entstandenen Probleme bis zu den Daten zurückzuverfolgen. Diese Fälle verdeutlichen, welche Bedeutung der V&V der aufbereiteten Daten insgesamt zukommt.

Neben dieser hohen Bedeutung der Aktivitäten zum V&V-Element (6,A) werden die V&V-Experten weiter dadurch gefordert, dass die durchzuführenden V&V-Aktivitäten stark vom Einzelfall abhängig sind und sich nicht allgemeingültig angeben lassen. Auch kann die Auswahl, Spezifikation und Durchführung dieser Aktivitäten mit einigem Aufwand verbunden sein. Das ist aber vernachlässigbar im Vergleich zu dem Schaden, den unterlassene Prüfungen für die Glaubwürdigkeit des Modellierers, für das Ansehen der Simulationstechnologie – oder schlimmer – für das betrachtete Produktions- oder Logistiksystem anrichten können.

7 Zusammenfassung

Analysen auf Basis von Simulationsmodellen werden in Produktion und Logistik zur Entscheidungsunterstützung eingesetzt. Allerdings hat die Glaubwürdigkeit der aus der Simulation abgeleiteten Ergebnisse eine wesentliche Bedeutung für die Akzeptanz der Ergebnisse bei den Entscheidungsträgern, woraus sich der hohe Stellenwert der Verifikation und Validierung (V&V) als Vorgehen zur Ermittlung der Glaubwürdigkeit von Simulationsmodellen und -ergebnissen ergibt.

Ein Modell ist glaubwürdig, wenn es vom Auftraggeber als hinreichend genau akzeptiert wird, um als Entscheidungshilfe zu dienen. Glaubwürdigkeit hängt folglich von den „akzeptierenden" Personen ab und ist damit subjektiv. Ein Auftraggeber muss aber zumindest fordern, dass die Einschätzung der Glaubwürdigkeit nachvollziehbar ist, und dass die zur V&V durchgeführten Aktivitäten nicht willkürlich bestimmt werden. Daher bedarf es eines systematischen Vorgehens,

- das die Wahrscheinlichkeit erhöht, eine möglicherweise zu ungültigen Ergebnissen führende Aufgabenstellung, Modellierung und Ergebnisanalyse (frühzeitig) zu erkennen und
- das die durchgeführten Schritte der V&V und deren Ergebnisse systematisiert und über eine strukturierte Dokumentation nachvollziehbar macht.

Das Buch greift diesen Bedarf auf und stellt umfassend ein Konzept zur Umsetzung einer systematischen V&V in Simulationsstudien vor. Unter Berücksichtigung von V&V in existierenden Simulationsvorgehensmodellen sowie bestehenden Vorgehensmodellen zur V&V werden zwei aufeinander aufbauende Vorgehensmodelle vorgeschlagen.

Das in Abbildung 1 dargestellte *Vorgehensmodell bei der Simulation mit V&V* berücksichtigt drei für die Verifikation und Validierung wesentliche Punkte:

1. Aus jeder Phase der Simulationsstudie entsteht ein dokumentiertes Phasenergebnis.
2. Die V&V begleitet alle Phasen der Simulationsstudie.

3. Die V&V arbeitet mit den Ergebnissen der Phasen sowie mit der Zielbeschreibung, die zu Beginn der ersten Phase vorliegen muss.

Aus dem ersten Punkt ergibt sich die Bedeutung der Dokumentation der
Phasenergebnisse. Daher schlagen die Autoren für jede Phase eine *Dokumentstruktur* vor, die die wesentlichen zu dokumentierenden Ergebnisse
benennt und ordnet. Für eine konkrete Simulationsstudie kann diese Dokumentstruktur im Bedarfsfall ergänzt oder – begründet – auch gekürzt
werden.

Aus dem zweiten und dritten Punkt folgt, dass V&V Aktivitäten zu allen
Phasen enthalten und sich dabei an den Ergebnissen der Phasen orientieren
muss. Das in diesem Buch vorgeschlagene *V&V-Vorgehensmodell* (Abbildung 13) berücksichtigt dies durch die Zuordnung von V&V-Aktivitäten
zu den Ergebnissen aller acht Phasen des Simulationsvorgehensmodells.

Ein Teil der V&V-Aktivitäten bezieht sich jeweils auf ein einzelnes dieser acht Phasenergebnisse. Der andere Teil bezieht sich auf mindestens
zwei Phasenergebnisse und umfasst die Prüfung der Gültigkeit eines Ergebnisses in Bezug auf das zuvor erarbeitete Ergebnis. Das V&V-Vorge-
hensmodell besitzt daher eine Matrixstruktur, die *V&V-Elemente* sowohl
mit Aktivitäten nur dem jeweils zu untersuchenden Phasenergebnis zuord-
net als auch in Bezug auf weitere Phasenergebnisse einordnet.

Die für die insgesamt 31 V&V-Elemente durchzuführenden Aktivitäten
(vgl. Abschnitt 6.3) orientieren sich an den in Abschnitt 2.3 beschriebenen
Kriterien der Verifikation und Validierung. Zusätzlich ist für jedes dieser
Elemente im Anhang eine beispielhafte Frageliste enthalten, die als Anregung für die durchzuführenden Aktivitäten dienen soll. Die Festlegung der
tatsächlich erforderlichen V&V-Aktivitäten ist eine Aufgabe des für die
V&V verantwortlichen Projektmitarbeiters, die für jede Simulationsstudie
spezifisch durchgeführt werden muss.

Die Ergebnisse der Verifikation und Validierung sind für jedes V&V-
Element als *V&V-Report* zu dokumentieren, wobei es naheliegt, diese
V&V-Reports entsprechend der Struktur des V&V-Vorgehensmodells zu
einer vollständigen V&V-Dokumentation zusammenzuführen. Für das
Simulationsvorgehensmodell und für das V&V-Vorgehensmodell gilt, dass
die erforderliche Dokumentation auch durch die (vollständige) Zusammenstellung einzelner Dokumentteile bzw. durch Verweise auf Teile anderer
Dokumente erfolgen kann, solange diese verfügbar und eindeutig referen-
ziert sind.

Die in diesem Buch vorgestellten Vorgehensmodelle erheben keinen
Anspruch auf Vollständigkeit, sondern sollen als Leitfaden für die Verifi-
kation und Validierung bei der Durchführung einer Simulationsstudie in
Produktion und Logistik verstanden werden. Eine projektspezifische An-

passung der Dokumentstrukturen und V&V-Elemente ist in Abhängigkeit der Randbedingungen der Simulationsstudie möglich (vgl. Abschnitt 6.2) und eine projektspezifische Festlegung erforderlicher Aktivitäten je V&V-Element grundsätzlich erforderlich.

Literatur

Alexopoulos C, Seila AF (1998) Output data analysis. In: Banks J (Hrsg) Handbook of simulation. John Wiley, New York, S 225-272

Arthur JD, Nance RE (2000) Verification and validation without independence: A recipe for failure. In: Joines JA, Barton RR, Kang K, Fishwick PA (Hrsg) Proceedings of the 2000 Winter Simulation Conference, Orlando (USA). IEEE, Piscataway, S 859-865

ASIM (1997) Leitfaden für Simulationsbenutzer in Produktion und Logistik. Arbeitsgemeinschaft Simulation in der Gesellschaft für Informatik: Mitteilungen aus den Fachgruppen, Heft 58

Auinger F, Vorderwinkler M, Buchtela G (1999) Interface driven domain-independent modeling architecture for "soft commissioning" and "reality in the loop". In: Farrington PA, Nembhard HB, Sturrock DT, Evans GW (Hrsg) Proceedings of the 1999 Winter Simulation Conference, Squaw Peak (USA). IEEE, Piscataway, S 798-805

Balci O (1989) How to assess the acceptability and credibility of simulation results. In: MacNair EA, Musselman KJ, Heidelberger P (Hrsg) Proceedings of the 1989 Winter Simulation Conference, Washington (USA). IEEE, Piscataway, S 62-71

Balci O (1990) Guidelines for successful simulation studies. In: Balci O, Sadowski RP, Nance RE (Hrsg) Proceedings of the 1990 Winter Simulation Conference, New Orleans (USA). IEEE, Piscataway, S 25-32

Balci O (1994) Validation, verification, and testing techniques throughout the life cycle of a simulation study. In: Tew JD, Manivannan S, Sadowski DA, Seila AF (Hrsg) Proceedings of the 1994 Winter Simulation Conference, Lake Buena Vista (USA). IEEE, Piscataway, S 215-220

Balci O (1998) Verification, validation and testing. In: Banks J (Hrsg) Handbook of simulation. John Wiley, New York, S 335-393

Balci O (1998a) Verification, validation, and accreditation. In: Medeiros DJ, Watson EF, Carson JS, Manivannan MS (Hrsg) Proceedings of the 1998 Winter Simulation Conference, Washington (USA). IEEE, Piscataway, S 41-48

Balci O (2003) Validation, verification, and certification of modeling and simulation applications. In: Chick S, Sanchez PJ, Ferrin E, Morrice DJ (Hrsg) Proceedings of the 2003 Winter Simulation Conference, Piscataway (NJ, USA). IEEE, Piscataway, S 150-158

Balci O, Sargent R (1984) A bibliography on the credibility assessment and validation of simulation and mathematical models. Simuletter 15 (1984) 3, S 15-27

Balci O, Ormsby WF, Carr JT III, Saadi SD (2000) Planning for verification, validation, and accreditation of modeling and simulation applications. In: Joines JA, Barton RR, Kang K, Fishwick PA (Hrsg) Proceedings of the 2000 Winter Simulation Conference, Orlando (USA). IEEE, Piscataway, S 829-839

Balci O, Nance RE, Arthur JD, Ormsby WF (2002) Expanding our horizons in verification, validation, and accreditation research and practice. In: Yücesan E, Chen C-H, Snowdon JL, Charnes JM (Hrsg) Proceedings of the 2002 Winter Simulation Conference, San Diego (USA). IEEE, Piscataway, S 653-663

Balzert H (1998) Lehrbuch der Software-Technik – Software-Management, Software-Qualitätssicherung, Unternehmensmodellierung. Spektrum Akademischer Verlag, Heidelberg Berlin

Balzert H (2000) Lehrbuch der Software-Technik – Software-Entwicklung, 2. Aufl. Spektrum Akademischer Verlag, Heidelberg Berlin

Balzert H (2005) Lehrbuch Grundlagen der Informatik. Spektrum Akademischer Verlag, München

Banks J (1998) Principles of simulation. In: Banks J (Hrsg) Handbook of simulation. John Wiley, New York, S 3-30

Banks J, Gerstein D, Searles SP (1988) Modeling processes, validation, and verification of complex simulations: A survey. Methodology and validation 19 (1988) 1, S 13-18

Banks J, Carson J II, Nelson B, Nicol D (2005) Discrete-event system simulation, 4. Aufl. Prentice-Hall, Upper Saddle River

Baron CP, Dietel U, Kreppenhofer D, Rabe M (2001) Handlungsanleitung Simulation. In: Rabe M, Hellingrath B (Hrsg) Handlungsanleitung Simulation in Produktion und Logistik. SCS International, San Diego Erlangen, S 117-190

Becker M, Brenner C, Erkollar A, Jochem R, Klußmann J (2000) Beschreibungsmethoden für Referenzmodelle. In: Wenzel S (Hrsg) Referenzmodelle für die Simulation in Produktion und Logistik. SCS-Europe, Ghent, S 31-54

Bel Haj Saad S, Best M, Köster A, Lehmann A, Pohl S, Qian J, Waldner C, Wang Z, Xu Z (2005) Leitfaden für Modelldokumentation. Abschlussbericht Studienkennziffer 129902114X. Neubiberg, Institut für Technik Intelligenter Systeme ITIS

Benington HD (1956) Production of large computer programs. In: Proceedings ONR Symposium on Advanced Programming Method for Digital Computers, Nachdruck in: IEEE Annals of the History of Computing 5 (1983), S 350-361

Berchtold C, Brade D, Hofmann M, Köster A, Krieger T, Lehmann A (2002) Verifizierung, Validierung und Akkreditierung von Modellen und Simulationen. Abschlussbericht BMVG-Studienauftrag Nr. M/GSPO/Z0076/9976. Neubiberg, Institut für Technik Intelligenter Systeme ITIS

Bernhard J, Wenzel S (2005) Information acquisition for model based analysis of large logistics networks. In: Merkuryev Y, Zobel R, Kerckhoffs E (Hrsg) Proceedings of the 19th European Conference on Modelling and Simulation „Simulation in Wider Europe" ECMS, Riga (Latvia). Riga Technical University, Riga, S 37-42

Bernhard J, Jodin D, Hömberg K, Kuhnt S, Schürmann C, Wenzel S (2007) Vorgehensmodell zur Informationsgewinnung – Prozessschritte und Methodennutzung. Technical Report – Sonderforschungsbereich 559 „Modellierung großer Netze in der Logistik" 06008, Dortmund, ISSN 1612-1376

Bley H, Zenner C (2005) Coupling of assembly process planning and material flow simulation based on an unambiguous process graph. In: Mascle C (Hrsg) The 6th IEEE International Symposium on Assembly and Task Planning: From Nano to Macro Assembly and Manufacturing (ISATP), Montréal (Canada). IEEE, Piscataway, S 13-18

Boehm B (1979) Guidelines for verifying and validating software requirements and design specifications. In: Samet PA (Hrsg) Euro IFIP'79. North-Holland, Amsterdam, S 711-719

Bossel H (2004) Systeme, Dynamik, Simulation. Modellbildung, Analyse und Simulation komplexer Systeme. Books on Demand GmbH, Norderstedt

Box GEP (1987) Empirical model-building and response surfaces. John Wiley & Sons, New York

Brade D (2003) A generalized process for the verification and validation of models and simulation results. Dissertation, Universität der Bundeswehr, Neubiberg

Brade D, Pohl S, Youngblood S (2005) Findings from the Combined Convention on International VV&A Standardization Endeavours. European Simulation Interoperability Workshop 2005, Toulouse. Dokument Nr. 05E-SIW-058, www.sisostds.org/conference (zuletzt geprüft 30.04.2006)

Bröhl A-P, Dröschel W (1993) Das V-Modell. Oldenbourg, München

Budde R, Kautz K, Kuhlenkamp K, Züllighoven H (1992) Prototyping: An approach to evolutionary system development. Springer, Berlin

Carson JS II (1989) Verification and validation: A consultant's perspective. In: MacNair EA, Musselman KJ, Heidelberger P (Hrsg) Proceedings of the 1989 Winter Simulation Conference, Washington (USA). IEEE, Piscataway, S 552-558

Carson JS II (2002) Model verification and validation. In: Yücesan E, Chen C-H, Snowdon JL, Charnes JM (Hrsg) Proceedings of the 2002 Winter Simulation Conference, San Diego (USA). IEEE, Piscataway , S 52-58

Chew J, Sullivan C (2000) Verification, validation, and accreditation in the life cycle of models and simulations. In: Joines JA, Barton RR, Kang K, Fishwick PA (Hrsg) Proceedings of the 2000 Winter Simulation Conference, Orlando (USA). IEEE, Piscataway, S 813-818

Chwif L, Pereira Barretto MR, Paul RJ (2000) On simulation model complexity. In: Joines JA, Barton RR, Kang K, Fishwick PA (Hrsg) Proceedings of the 2000 Winter Simulation Conference, Orlando (USA). IEEE, Piscataway, S 449-455

Conwell CL, Enright R, Stutzman, MA (2000) Capability maturity models support of modeling and simulation verification, validation, and accreditation. In: Joines JA, Barton RR, Kang K, Fishwick PA (Hrsg) Proceedings of the 2000 Winter Simulation Conference, Orlando (USA). IEEE, Piscataway, S 819-828

Davis PK (1992) Generalizing concepts and methods of verification, validation, and accreditation (VV&A) for military simulations. RAND, Santa Monica

Department of Defense (USA) (2003) DoD modeling and simulation (m&s) verification, validation, and accreditation (vv&a). Instruction number 5000.61, May 13, 2003

Dijkstra EW (1970) Notes on structured programming, 2. Aufl. EWD249 T.H.-Report 70-Wsk-03. TU Eindhoven, Eindhoven

DMSO (2007) Key concepts of VV&A. Defense Modeling and Simulation Office, Recommended Practices Guide. http://vva.dmso.mil (zuletzt geprüft am 7. März 2007)

DMSO (2007a) VV&A Recommended practices guide. Defense Modeling and Simulation Office. http://vva.dmso.mil (zuletzt geprüft am 7. März 2007)

Domschke W, Drexl A (2004) Einführung in Operations Research, 6. Aufl. Springer, Berlin

Endres A (1977) Analyse und Verifikation von Programmen. Oldenbourg, München Wien

Eppler MJ (2006) Managing information quality, 2. Aufl. Springer, Berlin Heidelberg

Ewing M (2001) The economic effects of reusability on distributed simulations. In: Peters BA, Smith JS, Medeiros DJ, Rohrer MW (Hrsg) Proceedings of the 2001 Winter Simulation Conference, Arlington (USA). IEEE, Piscataway, S 812-817

Follert G, Trautmann A (2006) Emulation intralogistischer Systeme. In: Wenzel S (Hrsg) Simulation in Produktion und Logistik 2006, Tagungsband 12. Fachtagung der ASIM-Fachgruppe Simulation in Produktion und Logistik. SCS Publishing House, San Diego Erlangen, S 521-530

Frost & Sullivan (2003) Simulatoren sparen Kosten in der militärischen Ausbildung. Frost & Sullivan Press Release, 16.07.2003. http://www.frost.com/prod/servlet/press-release-print.pag?docid=4661284 (zuletzt geprüft 30.12.2006).

Furmans K, Wisser J (2005) VDI-Richtlinie 4465 „Modellbildungsprozess": Vorgehensweise und Status. In: Hülsemann F, Kowarschik M, Rüde U (Hrsg.) Frontiers in Simulation, Simulationstechnique 18. Symposium, Erlangen, S 30-35

Gass S (1977) Evaluation of complex models. Computers & Operations Research 4 (1977) 1, S 27-35

Greene WH (2002) Econometric analysis, 5. Aufl. Prentice Hall, Upper Saddle River

Gutenschwager K, Fauth K-A, Spieckermann S, Voß S (2000) Qualitätssicherung lagerlogistischer Steuerungssoftware durch Simulation. Informatik Spektrum 23 (2000) 1, S 26-37

Heavey C, Ryan J (2006) Process modelling support for the conceptual modelling phase of a simulation project. In: Perrone LF, Wieland FP, Liu J, Lawson BG, Nicol DM, Fujimoto RM (Hrsg) Proceedings of the 2006 Winter Simulation Conference, Monterey (USA). SCS International, San Diego, S 801-808

Hermann CF (1967) Validation problems in games and simulations with special reference to model of international politics. Behavioral Science 12 (1967), S 216-231

Hesse W (1997) Wie evolutionär sind die objektorientierten Analysemethoden? Ein kritischer Vergleich. Informatik-Spektrum 20 (1997) 1, S 21-28

Hoover S, Perry R (1990) Simulation: A problem-solving approach. Addison-Wesley, Reading

IEEE (2003) IEEE 1516.3-2003 IEEE recommended practice for high level architecture (HLA) federation development and execution process. Institute of Electrical and Electronics Engineers, New York

IEEE (2004) IEEE 1012-2004 IEEE standard for software verification and validation. Institute of Electrical and Electronics Engineers, New York

Jacobson I, Booch G, Rumbaugh J (1999) The unified software development process. Addison-Wesley, Reading

Jacquart R, Brade D, Voogd J, Choong-ho Y (2005) WEAG Thales JP11.20 (REVVA) results and perspectives. European Simulation Interoperability Workshop 2005, Dokument Nr. 05E-SIW-021, www.sisostds.org/conference (zuletzt geprüft 30.04.2006)

Jensen S, Hotz I (2006) Mit standardisierten Datenstrukturen zur integrativen Simulation. In: Schulze T, Horton G, Preim B, Schlechtweg S (Hrsg) Simulation und Visualisierung 2006, Magdeburg. SCS Publishing House, San Diego Erlangen, S 89-103

Kalasky DR, Levasseur GA (1997) Using Simple++ for Improved Modeling Efficiencies and extending model life cycles. In: Andradóttir S, Healy KJ, Withers DH, Nelson BL (Hrsg) Proceedings of the 1997 Winter Simulation Conference, Atlanta (USA). IEEE, Piscataway, S 611-618

KBSt (2006a) V-Modell XT – Teil 1: Grundlagen des V-Modells. Version 1.2.0, Koordinierungs- und Beratungsstelle der Bundesregierung für Informationstechnik in der Bundesverwaltung, http://www.v-modell-xt.de (zuletzt geprüft 27.12.2006).

KBSt (2006b) V-Modell XT – Teil 3: V-Modell-Referenz Tailoring. Version 1.2.0, Koordinierungs- und Beratungsstelle der Bundesregierung für Informationstechnik in der Bundesverwaltung, http://www.v-modell-xt.de (zuletzt geprüft 27.12.2006).

KBSt (2006c) V-Modell XT – Teil 6: V-Modell-Referenz Aktivitäten. Version 1.2.0, Koordinierungs- und Beratungsstelle der Bundesregierung für Informationstechnik in der Bundesverwaltung, http://www.v-modell-xt.de (zuletzt geprüft 27.12.2006).

Kiefer U (2006) „Durchblick statt Unbehagen" – Simulation als Testumgebung zur SAP-Einführung in den optischen Werken von Fielmann. In: Wenzel S (Hrsg) Simulation in Produktion und Logistik 2006, Tagungsband 12. Fachtagung der ASIM-Fachgruppe Simulation in Produktion und Logistik. SCS Publishing House, San Diego Erlangen, S 531-540

Kleijnen JPC (1995) Verification and validation of simulation models. European Journal of Operational Research 82 (1995) 1, S 145-162

Kleijnen JPC (1998) Experimental design for sensitivity analysis, optimization, and validation of simulation models. In: Banks J (Hrsg) Handbook of Simulation. John Wiley, New York, S 173-223

Kleijnen JPC (1999) Validation of models: statistical techniques and data availability. In: Farrington PA, Nembhard HB, Sturrock DT, Evans GW (Hrsg) Proceedings of the 1999 Winter Simulation Conference, Squaw Peak (USA). IEEE, Piscataway, S 647-654

Kosturiak J, Gregor M (1995) Simulation von Produktionssystemen. Springer, Wien

Kuhn A, Rabe M (1998) Simulation in Produktion und Logistik – Fallbeispielsammlung. Springer, Berlin

Kuhn A, Wenzel S (2008) Simulation logistischer Systeme. In: Arnold D, Isermann H, Kuhn A, Tempelmeier H, Furmans K (Hrsg) Handbuch Logistik, 3. Aufl. VDI Springer, Berlin, S 73-94

Landry M, Oral M (Hrsg) (1993) Special issue on model validation. European Journal of Operational Research 66 (1993) 2, S 161-258

Landry M, Malouin J-L, Oral M (1983) Model validation in operations research. European Journal of Operational Research 14 (1983) 3, S 207-220

Landry M, Banville C, Oral M (1996) Model legitimisation in operational research. European Journal of Operational Research 92 (1996) 3, S 443-457

Law AM (2006) How to build valid and credible simulation models. In: Perrone LF, Wieland FP, Liu J, Lawson BG, Nicol DM, Fujimoto RM (Hrsg) Proceedings of the 2006 Winter Simulation Conference, Monterey (USA). IEEE, Piscataway, S 58-66

Law AM (2007) Simulation Modeling and Analysis, 4. Aufl. McGraw-Hill, Boston

Law AM, McComas MG (1991) Secrets of successful simulation studies. In: Nelson BL, Kelton WD, Clark GM (Hrsg) Proceedings of the 1991 Winter Simulation Conference, Phoenix (USA). IEEE, Piscataway, S 21-27

Lehmann A, Hofmann M, Krieger T, Brade D (2000) Wiederverwendung von Modulen in Simulationssystemen. Abschlussbericht Studienkennziffer 12 990 Z 039 X. Neubiberg, Institut für Technik Intelligenter Systeme ITIS

Liebl F (1995) Simulation, Problemorientierte Einführung. Oldenbourg, München Wien

Mayer G, Burges U (2006) Virtuelle Inbetriebnahme von Produktionssteuerungssystemen in der Automobilindustrie mittels Emulation. In: Wenzel S (Hrsg) Simulation in Produktion und Logistik 2006, Tagungsband 12. Fachtagung der ASIM-Fachgruppe Simulation in Produktion und Logistik. SCS Publishing House, San Diego Erlangen, S 541-550

McLoughlin M, Heavey C, Rabe M (2004) Research into developing a training tool federate in the manufacturing systems domain. In: Mertins K, Rabe M (Hrsg) Experiences from the Future. Fraunhofer IRB-Verlag, Stuttgart, S 341-350

Moorthy S (1999) Integrating the CAD model with dynamic simulation: simulation data exchange. In: Farrington PA, Nembhard HB, Sturrock DT, Evans GW (Hrsg) Proceedings of the 1999 Winter Simulation Conference, Squaw Peak (USA). IEEE, Piscataway, S 276-280

Nance RE, Balci O (1987) Simulation model management requirements. In: Singh M (Hrsg) Systems and control encyclopedia: theory, technology, applications. Pergamon Press, Oxford, S 4328 – 4333

Naylor TH, Finger JM (1967) Verification of computer simulation models. Management Science 14 (1967) 2, S B-92 – B-101

Noche B (1997) Kopplung von Simulationsmodellen mit Leitrechnern. In: Kuhn A, Wenzel S (Hrsg) Fortschritte in der Simulationstechnik, Tagungsband 11. ASIM-Symposium, Dortmund. Vieweg, Braunschweig, S 170-178

Oral M, Kettani O (1993) The facets of the modeling and validation process in operations research. European Journal of Operational Research 66 (1993) 2, S 216-234

Page B (1991) Diskrete Simulation. Springer, Berlin

Paul, RJ (1991) Recent developments in simulation modelling. Journal of the Operational Research Society 42 (1991) 3, S 217-226

Pidd M (2002) Simulation software and model reuse: A polemic. In: Yücesan E, Chen C-H, Snowdon JL, Charnes JM (Hrsg) Proceedings of the 2002 Winter Simulation Conference, San Diego (USA). IEEE, Piscataway, S 772-775

Pidd M (2004) Computer Simulation in Management Science, 5. Aufl. John Wiley & Sons, Chichester

Pohl S, Bel Haj Saad S, Best M, Brade D, Hofmann M, Kiesling T, Krieger T, Köster A, Qian J, Waldner C, Wang Z, Xu Z, Lehmann A (2005) Verifizierung, Validierung und Akkreditierung von Modellen, Simulationen und Förderationen. Abschlussbericht Studienkennziffer E/F11S/2A280/T5228. Neubiberg, Institut für Technik Intelligenter Systeme ITIS

Pritsker AAB (1998) Principles of simulation modeling. In: Banks J (Hrsg) Handbook of simulation. John Wiley, New York, S 31-51

Rabe M (1994) Simulation of Order Processing. In: Proceedings of the Dedicated Conference on Lean/Agile Manufacturing in the Automotive Industries (27th ISATA), Aachen. Automotive Automation Ltd., Croydon, S 479-486

Rabe M (2006) Vom Bedarf zur Lösung: Modelle als Kommunikations- und Validierungshilfsmittel für die Simulation in Produktion und Logistik. In: Wenzel S (Hrsg) Simulation in Produktion und Logistik 2006, Tagungsband 12. Fachtagung der ASIM-Fachgruppe Simulation in Produktion und Logistik. SCS Publishing House, San Diego Erlangen, S 331-340

Rabe M, Gocev P (2006) Simulation models for factory planning through connection of ERP and MES systems. In: Wenzel S (Hrsg) Simulation in Produktion und Logistik 2006, Tagungsband 12. Fachtagung der ASIM-Fachgruppe Simulation in Produktion und Logistik. SCS Publishing House, San Diego Erlangen, S 223-232

Rae A, Robert P, Hausen H-L (1995) Software evaluation for certification: Principles, practice, and legal liability. McGraw-Hill, London

Reinhardt, A (2003) Geschichten zur Simulation mit der Automobilindustrie. In: Bayer J, Collisi T, Wenzel S (Hrsg) Simulation in der Automobilproduktion. Springer, Berlin, S 7-15

Robinson S (2004) Simulation: The Practice of model development and use. John Wiley & Sons, Chichester

Robinson S (2006) Conceptual modeling for simulation: Issues and research requirements. In: Perrone LF, Wieland FP, Liu J, Lawson BG, Nicol DM, Fujimoto RM (Hrsg) Proceedings of the 2006 Winter Simulation Conference, Monterey (USA). SCS International, San Diego, S 792-800

Robinson S, Pidd M (1998) Provider and customer expectations of successful simulation projects. Journal of the Operational Research Society. 49 (1998) 3 S 200-209

Royce W (1970) Managing the development of large software systems. IEEE WESCON 8, S 1-9

Sargent RG (1982) Verification and validation of simulation models. In: Cellier FE (Hrsg) Progress in Modelling and Simulation. Academic Press, London, S 159-169

Sargent RG (1994) Verification and validation of simulation models. In: Tew JD, Manivannan S, Sadowski DA, Seila AF (Hrsg) Proceedings of the 1994 Winter Simulation Conference, Lake Buena Vista (USA). IEEE, Piscataway, S 77-87

Sargent RG (1996) Verifying and validating simulation models. In: Charnes JM, Morrice DJ, Brunner DT, Swain JJ (Hrsg) Proceedings of the 1996 Winter Simulation Conference, SCS International, Coronado (USA). IEEE, Piscataway, S 55-64

Sargent RG (2001) Some approaches and paradigms for verifying and validating simulation models. In: Peters BA, Smith JS, Medeiros DJ, Rohrer MW (Hrsg) Proceedings of the 2001 Winter Simulation Conference, Arlington (USA). IEEE, Piscataway, S 106-114

Sargent RG (2005) Verification and validation of simulation models. In: Kuhl ME, Steiger NM, Armstrong FB, Joines JA (Hrsg) Proceedings of the 2005 Winter Simulation Conference, Orlando (USA). SCS International, San Diego, S 130-143

Schelp J (2001) Emulation. In: Mertens P (Hrsg) Lexikon der Wirtschaftsinformatik, 4. Aufl. Springer, Berlin, S 179

Schlesinger S, Crosbie RE, Gagné RE, Innis GS, Lalwani CS, Loch J, Sylvester RJ, Wright RD, Kheir N, Bartos D (1979) Terminology for model credibility. Simulation 32 (1979) 3, S 103-104

Schmidt B (1987) Modellaufbau und Validierung. In: Biethahn J, Schmidt B (Hrsg) Simulation als betriebliche Entscheidungshilfe. Springer, Berlin, S 52-60

Schruben LW (1980) Establishing the credibility of simulations. In: Simulation 34 (1980) 3, S 101-105

Schumacher R, Wenzel S (2000) Der Modellbildungsprozeß in der Simulation. In: Wenzel S (Hrsg) Referenzmodelle für die Simulation in Produktion und Logistik. SCS-Europe, Ghent, S 5-11

Schürholz A, Amann W, Strassacker D (1993) Anwendungen der Simulation als Entwicklungs- und Testumgebung für Steuerungssoftware. In: Kuhn A, Reinhardt A, Wiendahl H-P (Hrsg) Handbuch Simulationsanwendungen in Produktion und Logistik. Vieweg, Braunschweig, S 217-234

Shannon RE (1981) Tests for the verification and validation of computer simulation models. In: Ören TI, Delfosse CM, Shub CM (Hrsg) Proceedings of the 1981 Winter Simulation Conference, Atlanta (USA). SCS International, San Diego, S 573-577

Shannon (1998) Introduction to the art and science of simulation. In: Medeiros DJ, Watson EF, Carson JS, Manivannan MS (Hrsg) Proceedings of the 1998 Winter Simulation Conference, Washington (USA). IEEE, Piscataway, S 7-14

Spieckermann S, Coordes M (2002) Simulation im Fertigungsanlauf – Voraussetzungen, Möglichkeiten und Grenzen: Ein Erfahrungsbericht. In: Noche B, Witt G (Hrsg) Anwendungen der Simulationstechnik in Produktion und Logistik. Tagungsband zur 10. ASIM-Fachtagung, SCS-Europe, Ghent, S 116-125

Spieckermann S, Lehmann A, Rabe M (2004) Verifikation und Validierung: Überlegungen zu einer integrierten Vorgehensweise. In: Mertins K, Rabe M (Hrsg) Experiences from the Future. Fraunhofer IRB Verlag, Stuttgart, S 263-274

Swider CL, Bauer KW Jr, Schuppe TF (1994) The Effective Use of Animation in Simulation Model Validation. In: Tew JD, Manivannan S, Sadowski DA, Seila AF (Hrsg) Proceedings of the 1994 Winter Simulation Conference, Lake Buena Vista (USA). IEEE, Piscataway, S 633-640

USGAO (1979) Guidelines for model evaluation. U.S. General Accounting Office, PAD-79-17, Washington DC

van Horn RL (1971) Validation of simulation results. Management Science 17 (1971) 5, S 247-258

VDI (1996) VDI-Richtlinie 3633 „Begriffsdefinitionen", Entwurf (Gründruck). Beuth, Berlin

VDI (1997) VDI-Richtlinie 3633 Blatt 2 „Lastenheft/ Pflichtenheft und Leistungsbeschreibung für die Simulationsstudie". Beuth, Berlin

VDI (1997a) VDI-Richtlinie 3633 Blatt 3 „Experimentplanung und -auswertung". Beuth, Berlin

VDI (2008) VDI-Richtlinie 3633 Blatt 1 „Simulation von Logistik-, Materialfluss- und Produktionssystemen". Beuth, Berlin

Versteegen, G (1996) V-gefertigt – Das fortgeschriebene Vorgehensmodell. iX, Heft 9, S 140-147

Wang Z (2005) Eine Ergänzung des V-Modell XT zum Einsatz in Projekten der Modellbildung und Simulation. In: Informatik 2005 - Informatik LIVE! Band 2, Beiträge der 35. Jahrestagung der Gesellschaft für Informatik e.V., Bonn, S 264-267

Wenzel S (1998) Verbesserung der Informationsgestaltung in der Simulationstechnik unter Nutzung autonomer Visualisierungswerkzeuge. Verlag Praxiswissen, Dortmund

Wenzel S, Jessen U (2001) The Integration of 3-D visualization into the simulation-based planning process of logistics systems. In: Simulation 77 (2001) 3-4, S 114-127

Wenzel S, Weiß M, Collisi-Böhmer S, Pitsch H, Rose O (2008) Qualitätskriterien für die Simulation in Produktion und Logistik. Springer, Berlin

Whitner RB, Balci O (1989) Guidelines for selecting and using simulation model verification techniques. In: MacNair EA, Musselman KJ, Heidelberger P (Hrsg) Proceedings of the 1989 Winter Simulation Conference, Washington (USA). IEEE, Piscataway, S 559-568

Willemain TR (1994) Insights on modeling from a dozen experts. Operations Research 42 (1994) 2, S 213-222

Witte T, Claus T, Helling K (1994) Simulation von Produktionssystemen mit Slam. Addison Wesley, Bonn Paris Reading

Zeigler PB (1976) Theory of modelling and simulation. John Wiley & Sons, New York

Anhang A1 Dokumentstrukturen

Die in Kapitel 4 erläuterten Dokumente für die Phasenergebnisse einer Simulationsstudie sind auf den folgenden Seiten in Form von Dokumentstrukturen zusammenfassend dargestellt. Die Reihenfolge der Darstellung orientiert sich an dem diesem Buch zugrundeliegenden Simulationsvorgehensmodell:

- Zielbeschreibung
- Aufgabenspezifikation
- Konzeptmodell
- Formales Modell
- Ausführbares Modell
- Simulationsergebnisse
- Rohdaten
- Aufbereitete Daten

Die Dokumentstrukturen „Rohdaten" und „Aufbereitete Daten" werden zum Schluss aufgeführt, da sie zeitlich parallel zur eigentlichen Modellbildung entstehen und es somit keine eindeutige zeitliche Zuordnung dieser Dokumente zur Modellbildung gibt (vgl. Abschnitt 1.3).

Dokument: Zielbeschreibung

1. Ausgangssituation
— Gegebenheiten beim Auftraggeber
— Problemstellung, Anwendungsziele und Untersuchungszweck

2. Projektumfang
— Benennung und grobe Funktionsweise des zu betrachtenden Systems
— Zweck und wesentliche Ziele der Simulation
— Zu untersuchende Systemvarianten
— Erwartete Ergebnisaussagen
— Geplante Modellnutzung

3. Randbedingungen
— Zeitpunkt(e) der Ergebnisbereitstellung
— Projektplan
— Budgetvorgaben
— Einbeziehung externer Partner
— Einbeziehung des Betriebsrates
— Erste Kriterien für Abnahme
— Anforderungen an Modelldokumentation und Präsentationen
— Hard- und Softwarerestriktionen

Dokument: Aufgabenspezifikation

1. Zielbeschreibung und Aufgabenstellung
— Vervollständigung und Aktualisierung der Inhalte aus der "Zielbeschreibung"
— Vorgaben zu Dokumentation und V&V

2. Beschreibung des zu untersuchenden Systems
— Beschreibung des Untersuchungsgegenstandes
— Beschreibung sonstiger relevanter Systemeigenschaften
— Anforderungen an den Detaillierungsgrad des Simulationsmodells
— Variierbarkeit von Parametern und Strukturen
— Beschreibung von zu untersuchenden Systemvarianten

3. Notwendige Informationen und Daten
— Benennung der notwendigen Informationen und Daten und ihrer Verwendung
— Informations- und Datenquellen sowie Verantwortlichkeiten für die Informations- und Datenbeschaffung
— Anforderungen an Datenqualität und Granularität
— Umfang, Aktualität und ggf. notwendige Aktualisierungszyklen der Daten
— Benennung fehlender Informationen und Hinweis auf Datenapproximation oder -generierung
— Berücksichtigung von Schnittstellenstandards

4. Geplante Modellnutzung
— Zeitraum der Nutzung
— Anwenderkreis und -qualifikation
— Art der Modellnutzung

5. Lösungsweg und -methode
— Vorgehensbeschreibung einschließlich Projektschritte und Terminplan
— Aufgabenverteilung im Projektteam
— Einzusetzende Lösungsmethode(n)
— Einzusetzende Hard- und Software

6. Anforderungen an Modell und Modellbildung
— Allgemeine Anforderungen an das Modell
— Modellierungsvorgaben
— Anforderungen an Ein-und Ausgabeschnittstellen des Modells
— Anforderungen an Experimentdurchführung und Ergebnisdarstellung

Dokument: Konzeptmodell

1. Aufgabenspezifikation und Systembeschreibung
— Vervollständigung und Aktualisierung der Inhalte aus der "Aufgabenspezifikation" (insb. Kapitel 1, 2, 4, 6)
— Überblick über die Systemstruktur, Identifikation von Teilsystemen und übergeordneten Prozessen
— Festlegung der Systemgrenzen
— Grundsätzliche Annahmen
— Festlegung der Eingabegrößen
— Festlegung erforderlicher Ausgabegrößen
— Art und Umfang der gewünschten Visualisierung
— Beschreibung der Systemvarianten

2. Modellierung der Systemstruktur
— Festlegung von Modellstruktur und Teilmodellen
— Beschreibung übergeordneter Prozesse im Modell
— Detaillierungsgrad der Teilmodelle
— Beschreibung organisatorischer Restriktionen
— Beschreibung der Schnittstellen nach außen

3. Modellierung der Teilsysteme
— Teilmodellbeschreibung
— Beschreibung der Prozesse in den Teilmodellen
— Beschreibung der Schnittstellen
— Annahmen und Vereinfachungen

4. Systematische Zusammenstellung der erforderlichen Modelldaten
— Abgleich mit Kapitel 3 der "Aufgabenspezifikation"
— Datentabellen und Kennzeichnung von Eingabe- und Ausgabegrößen
— Erforderliche Auswertungen und Messpunkte

5. Wiederverwendbare Komponenten
— Benennung von wiederverwendbaren Modellkomponenten
— Benennung von mehrfach verwendbaren Modellkomponenten
— Möglicherweise nutzbare existierende (Teil-)modelle

Dokument: Formales Modell

1. Aufgabenspezifikation und Systembeschreibung
— Übernahme und Ergänzung der Inhalte aus
dem "Konzeptmodell" (Kapitel 1)
— Verwendete Beschreibungsmittel zur Spezifikation
— Weitere zu verwendende Software

2. Modellierung der Systemstruktur
— Übernahme und Formalisierung der Inhalte aus
dem "Konzeptmodell" (Kapitel 2)
— Formale Spezifikation übergeordneter Prozesse
— Formale Spezifikation der Schnittstellen nach außen

3. Modellierung der Teilsysteme
— Übernahme und Formalisierung der Inhalte aus
dem "Konzeptmodell" (Kapitel 3)
— Formale Spezifikation der Schnittstellen zwischen den Teilmodellen
— Formale Spezifikation weiterer Teilmodellschnittstellen
— Definition der zu visualisierenden Elemente und Abläufe
— Bei der Formalisierung getroffene zusätzliche Annahmen und
Vereinfachungen

4. Systematische Zusammenstellung
der erforderlichen Modelldaten
— Übernahme und Ergänzung der Inhalte aus
dem "Konzeptmodell" (Kapitel 4)
— Festlegung von Datenstrukturen und Datentypen

5. Wiederverwendbare Komponenten
— Übernahme und Ergänzung der Inhalte aus
dem "Konzeptmodell" (Kapitel 5)
— Festlegung und Spezifikation der zu verwendenden
existierenden (Teil-) Modelle

Dokument: Ausführbares Modell

1. Aufgabenspezifikation und Systembeschreibung
— Übernahme und Ergänzung der Inhalte aus
dem "formalen Modell" (Kapitel 1)
— Modellierungs- und Implementierungsvorgaben
— Verwendete Hard- und Software

2. Modellierung der Systemstruktur
— Übernahme und Ergänzung der Inhalte aus
dem "formalen Modell" (Kapitel 2)
— Beschreibung der Implementierung der Modellstruktur mit dem ausgewählten
Simulationswerkzeug
— Beschreibung der Umsetzung der Schnittstellen mit dem ausgewählten
Simulationswerkzeug

3. Modellierung der Teilsysteme
— Übernahme und Ergänzung der Inhalte aus
dem "formalen Modell" (Kapitel 3)
— Beschreibung der Implementierung der Teilmodelle mit dem
ausgewählten Simulationswerkzeug
— Beschreibung der Umsetzung der Schnittstellen mit dem ausgewählten
Simulationswerkzeug
— Beschreibung der Umsetzung der Visualisierung
— Bei der Umsetzung in das Simulationswerkzeug getroffene zusätzliche
Annahmen

4. Systematische Zusammenstellung
der erforderlichen Modelldaten
— Übernahme und Ergänzung der Inhalte aus
dem "formalen Modell" (Kapitel 4)
— Beschreibung der Implementierung der Datenstrukturen

5. Wiederverwendbare Komponenten
— Übernahme und Ergänzung der Inhalte aus
dem "formalen Modell" (Kapitel 5)
— Verweis auf externe Dokumentationen verwendeter Teilmodelle oder
Bibliotheken

Dokument: Simulationsergebnisse

1. Annahmen

— Übernahme der Annahmen und Vereinfachungen aus dem "ausführbaren Modell" (Kapitel 1 und 3)

— Verwendete Datenbasis und verwendete Modellversion

— Anzahl der (unabhängigen) Simulationsläufe pro Parametersatz und Simulationszeitraum der einzelnen Simulationsläufe

— Beschreibung des Einschwingverhaltens

2. Experimentpläne

— Übernahme der entsprechenden Anforderungen aus der "Aufgabenspezifikation" (Kapitel 6)

— Festlegung der zu variierenden Parameter und der zu betrachtenden Wertebereiche

— Umfang der Ergebnisaufzeichnung

— Durchzuführende Experimente

— Erwartete Abhängigkeiten der Ergebnisse von den Parametern

3. Ergebnisse aus den Experimenten

— Systematische Ablage der Experimentergebnisse

— Beschreibung wesentlicher Erkenntnisse für einzelne Parametersätze

— Beschreibung wesentlicher Erkenntnisse aus Experimenten

— Ergebnisanalyse und Schlussfolgerungen aus den Experimenten

Dokument: Rohdaten

1. Einordnung
— Übernahme der Informationen aus
  der "Aufgabenspezifikation" (Kapitel 3)
— Ergänzende organisatorische Angaben

2. Datenentitätstyp <name>
— Benennung des Entitätstyps
— Verwendung der Daten
— Beschreibung der Datenstruktur
— Vorgehen bei der Datenbeschaffung
— Konsistenz und Fehlerfreiheit
— Replizierbarkeit der Datenbeschaffung
— Daten- und Systemverfügbarkeiten
— Verantwortlichkeiten
— Standards auf Entitätstypebene

3. Entitätstypenübergreifende Plausibilitätsprüfungen

Dokument: Aufbereitete Daten

1. Einordnung

— Verwendungszweck der aufbereiteten Daten im Modell

— Bezug zu den Rohdaten

— Organisatorischer Rahmen

2. Aufbereitung der Datenentitäten des Typs <name>

— Benennung des Entitätstyps

— Beschreibung der Datenstruktur

— Vorgehen bei der Datenaufbereitung

— Plausibilitätsprüfungen und qualitätssichernde Maßnahmen

3. Entitätstypenübergreifende Plausibilitätsprüfungen

Anhang A2 V&V-Elemente

In diesem Anhang sind typische Fragen zur Verifikation und Validierung aufgelistet, die in den unterschiedlichen V&V-Elementen zur Erfüllung der V&V-Kriterien (vgl. Abschnitt 2.3) angewendet werden können. Die Reihenfolge der V&V-Elemente sowie der Fragen innerhalb jedes V&V-Elementes folgt der Darstellung in Abschnitt 6.3. Dem Leser wird empfohlen, das Verständnis der Fragen durch die Erläuterungen und Beispiele in Abschnitt 6.3 zu vertiefen. Wie dort bereits dargestellt, erheben die Autoren weder einen Anspruch auf Vollständigkeit der Fragen, noch sind alle Fragen in jedem Fall anwendbar. Auch die Reihenfolge, in der die Fragen beantwortet werden können oder sollen, ist projektspezifisch zu entscheiden.

Die Ergebnisse der Auseinandersetzung mit den Fragen sind in einem V&V-Report zu dokumentieren. Wie in Abschnitt 6.1.3 beschrieben, sind insbesondere folgende Aspekte zu berücksichtigen:

- Gegenstand der Prüfung
- Nicht durchgeführte Prüfungen, Begründung der Entscheidung
- Eingesetzte V&V-Techniken
- Prüfende Simulationsfachleute oder V&V-Experten
- Versionsstand der verwendeten Dokumente
- Ergebnisse der Prüfung

Ob dabei für jede Frage jeder Aspekt einzeln zu beschreiben ist oder bestimmte Aspekte einmal für das ganze V&V-Element dokumentiert werden, ist fallspezifisch zu entscheiden.

A2.1   Zielbeschreibung

Intrinsisch (1,1)

- Umfasst die Zielbeschreibung alle in der Dokumentstruktur benannten Gliederungspunkte?
- Liegt eine hinreichende Begründung vor, wenn Gliederungspunkte entfallen?
- Reichen die angegebenen Systemvarianten für den Untersuchungszweck aus?
- Sind die beschriebenen Anforderungen an die Simulationsstudie in sich schlüssig?
- Sind die identifizierten und zu untersuchenden Systemvarianten in sich schlüssig?
- Wird mit den erwarteten Ergebnissen der Untersuchungszweck abgedeckt?
- Passt die Form der geplanten Modellnutzung mit der Problemstellung zusammen?
- Ist der beschriebene Projektumfang schlüssig begründet?
- Ist der skizzierte Lösungsweg schlüssig und nachvollziehbar?
- Können die benannten Gegebenheiten beim Auftraggeber und die Untersuchungsziele als Projektvoraussetzungen bestätigt werden?
- Lassen Problemstellung und Untersuchungsziele einen Rückschluss auf die gewählte Lösungsmethode und ggf. auf die Simulationswürdigkeit zu?
- Passt die Form der geplanten Modellnutzung mit der Problemstellung zusammen?
- Ist schlüssig benannt, mit welchen Aufgaben weitere Abteilungen oder externe Partner in die Simulationsstudie einzubeziehen sind?
- Lassen organisatorische, finanzielle oder technische Randbedingungen eine grundsätzliche Bearbeitung des Projektes zu?
- Ist verständlich beschrieben, an welchen möglichen Abnahmekriterien die erfolgreiche Durchführung der Simulationsstudie gemessen werden soll?

A2.2 Aufgabenspezifikation

Intrinsisch (2,2)

- Wird die Aufgabenspezifikation gemeinsam mit den Fachverantwortlichen überprüft und abgenommen?
- Umfasst die Aufgabenspezifikation alle in der Dokumentstruktur benannten Punkte?
- Ist die Auswahl der gewählten Lösungsmethoden hinreichend begründet?
- Sind die in der Aufgabenspezifikation genannten notwendigen Informationen und Daten für die Aufgabenstellung geeignet?
- Sind die in der Aufgabenspezifikation genannten notwendigen Informationen und Daten über das zu untersuchende System entsprechend ihres Aktualitätsgrades gekennzeichnet?
- Ist der Zweck der Simulationsstudie klar definiert?
- Ist die Beschreibung des Systems insgesamt schlüssig und verständlich?
- Sind Zeit- und Budgetplanung vor dem Hintergrund vergleichbarer Projekte als realistisch einzustufen?
- Ist die grundsätzliche Vorgehensweise zur Zielerreichung zweckmäßig?
- Sind die Projektschritte aufeinander aufbauend und terminlich sinnvoll abgestimmt?
- Liefern die in der Aufgabenspezifikation ggf. bereits benannten Informations- und Datenquellen die notwendigen Informationen und Daten zur Erfüllung der Aufgabe?
- Sind das V&V-Vorgehen und die Akzeptanzkriterien für eine erfolgreiche Projektdurchführung benannt?
- Ist das benannte V&V-Vorgehen unter Aufwand- und Nutzengesichtspunkten angemessen?

Gegen Zielbeschreibung (2,1)

- Sind alle Aspekte, die in der Zielbeschreibung als relevant benannt sind, in der Aufgabenspezifikation berücksichtigt?
- Sind die definierten Zielgrößen im Hinblick auf den Zweck angemessen?
- Entspricht die Aufgabenspezifikation dem vom Auftraggeber genannten Untersuchungszweck?
- Ist das zu untersuchende System im Hinblick auf die gewählten Systemgrenzen und den Detaillierungsgrad hinreichend umfassend, um das beschriebene Problem zu lösen?

- Sind die Angaben zur Datenapproximation im Hinblick auf den Untersuchungszweck angemessen?
- Sind die in der Zielbeschreibung benannten Systemvarianten in der Aufgabenspezifikation hinreichend konkretisiert?
- Entspricht die geplante Modellnutzung den Vorgaben der Zielbeschreibung?
- Sind Lösungsweg und -methode auf die Beantwortung der Fragestellungen abgestimmt?
- Sind alle Randbedingungen aus der Zielbeschreibung in die Aufgabenspezifikation eingeflossen?
- Entsprechen die Vorgaben aus der Zielbeschreibung hinsichtlich der Projekt- und Modellabnahme den spezifizierten Abnahmekriterien bzw. Akzeptanzkriterien für eine erfolgreiche Projektdurchführung?

A2.3 Konzeptmodell

Intrinsisch (3,3)

- Ist das Konzeptmodell entsprechend der Dokumentstruktur vollständig beschrieben?
- Sind die Schnittstellen der Teilmodelle mit denen der übergeordneten Modelle konsistent?
- Sind die beschriebenen Datenelemente mit den erforderlichen temporären und permanenten Modellelementen konsistent?
- Gibt es Widersprüche zwischen dem aus der Modellierung ableitbaren Datenbedarf in den Teilmodellen und den beschriebenen Datentabellen?
- Erscheinen alle beschriebenen Teilmodelle ohne erneute Analyse formalisierbar?
- Stellt das Konzeptmodell eine hinreichende Basis für den nächsten Modellierungsschritt dar?
- Sind alle Dokumentinhalte sowie die Modellierung des Systems eindeutig und verständlich beschrieben?
- Sind Art und Umfang der Visualisierung eindeutig und operational beschrieben?
- Sind alle Annahmen präzise gefasst und für alle Beteiligten verständlich?
- Sind Modellteile identifiziert, die wiederverwendet werden können?
- Können für Teile des Modells bereits existierende Komponenten herangezogen werden und sind diese ggf. benannt?

Gegen Aufgabenspezifikation (3,2)

• Finden sich alle Systemkomponenten mit ihren Eigenschaften und Relationen im Konzeptmodell in geeigneter Weise wieder?

• Ist die beschriebene Vernachlässigung von Systemkomponenten oder Relationen hinreichend begründet?

• Entspricht das Konzeptmodell den in der Aufgabenspezifikation festgelegten Systemgrenzen?

• Sind alle Annahmen aus der Aufgabenspezifikation umgesetzt?

• Enthält das Konzeptmodell explizite oder implizite Annahmen, die der Aufgabenspezifikation widersprechen?

• Sind alle gemäß Aufgabenspezifikation relevanten organisatorischen Systemdaten (z. B. Schichtmodelle) oder Systemlastvorgaben (wie z. B: saisonale Schwankungen) im Konzeptmodell berücksichtigt?

• Sind die in der Aufgabenspezifikation benannten Steuerungsregeln im Konzeptmodell berücksichtigt und zugeordnet?

• Sind für alle in der Aufgabenspezifikation geforderten Systemvarianten geeignete Konzeptmodellvarianten entwickelt worden?

• Lassen sich auf der Basis des Konzeptmodells die in der Aufgabenspezifikation geforderten Ergebnisgrößen ermitteln?

• Erscheint das Konzeptmodell in Umfang und Detaillierung den Zielen der Aufgabenspezifikation angemessen?

• Lässt sich nachvollziehen, ob die gewünschten Kenngrößen (z. B. zur Modellabnahme oder zur Ergebnisbewertung) aus dem Modell oder über das Modell erzeugt werden können?

• Unterstützt die im Konzeptmodell vorgesehene Strukturierung in Teilmodelle die in der Aufgabenspezifikation benannte Aufgabenverteilung (z. B. arbeitsteilige Modellierung)?

• Sieht das Konzeptmodell die in der Aufgabenspezifikation ggf. definierten Modellierungsvorgaben (Bibliotheken, Modellierungskonventionen) vor?

• Lässt das Konzeptmodell die Variation von Parametern und ggf. Strukturen entsprechend der Forderungen in der Aufgabenstellung und im Experimentplan zu?

• Werden Zeitraum der Nutzung, Nutzerkreis, Nutzerqualifikation und Art der Nutzung als Anforderungen bei der Beschreibung des Konzeptmodells berücksichtigt?

• Sind in der Aufgabenspezifikation Elemente benannt, die wiederverwendet werden sollen? Sind diese im Konzeptmodell als solche erkennbar und beschrieben?

- Kann erwartet werden, dass mit der im Konzeptmodell beschriebenen Modellstruktur das in der Aufgabenspezifikation geforderte Laufzeitverhalten erreicht wird?
- Sind die zu verwendenden Lösungsmethoden bei der Beschreibung des Konzeptmodells erläutert und erscheint ihre Verwendung plausibel?

Gegen Zielbeschreibung (3,1)

- Sind die in der Zielbeschreibung benannten externen Partner bei der Erstellung und Abstimmung des Konzeptmodells einbezogen?
- Ist das Konzeptmodell hinsichtlich Ziel und Untersuchungszweck mit dem Auftraggeber abgestimmt?
- Sind die in der Zielbeschreibung benannten Funktionsweisen des betrachteten Systems mit den zugehörigen Prozessen und Strukturen berücksichtigt?
- Finden die in der Zielbeschreibung benannten Systemgrenzen des betrachteten Systems Berücksichtigung?
- Ist erwartbar, dass mit den festgelegten Ausgabegrößen, Auswertungen und Messpunkten die in der Zielbeschreibung geforderten Ergebnisaussagen gewonnen werden können?
- Lassen Problemstellung und Untersuchungszwecke eine Wiederverwendung von Modellteilen erwarten? Wenn ja, ist dies im Konzeptmodel entsprechend berücksichtigt?
- Führt die Erstellung des Konzeptmodells zu impliziten Annahmen, die der Zielbeschreibung widersprechen?
- Erscheint das Konzeptmodell in Umfang und Detaillierung den Zwecken in der Zielbeschreibung angemessen?
- Lässt sich nachvollziehen, wie die nach der Zielbeschreibung erwarteten Ergebnisaussagen im Modell erzeugt werden?
- Sind variierbare Parameter als solche vorgesehen? Lässt sich ihre Wirkung nachvollziehen? Können damit die Ziele der Simulation erreicht werden?
- Sind alle beschriebenen Systemvarianten in unterschiedlichen Konzeptmodellen vorgesehen? Können mit den vorgesehenen Modellvarianten die Ziele der Simulation erreicht werden?
- Werden das Konzeptmodell und die damit spezifizierte Form der Umsetzung in ein Simulationsmodell der geplanten späteren Modellnutzung gerecht?
- Ist absehbar, dass das gewünschte Laufzeitverhalten eingehalten wird?
- Ist absehbar, dass die Abnahmekriterien erfüllt werden?

A2.4 Formales Modell

Intrinsisch (4,4)

• Ist das formale Modell entsprechend der Dokumentstruktur vollständig beschrieben?

• Erscheinen alle im formalen Modell beschriebenen Teilsysteme ohne erneute Formalisierung implementierbar?

• Ist das formale Modell für die mit der Implementierung betrauten Personen verständlich beschrieben?

• Sind alle Informationen zum Modell formal beschrieben bzw. ist die Nichtnotwendigkeit der Formalisierung begründet?

• Sind die beschriebenen Formeln korrekt?

• Sind die Schnittstellen zwischen den Teilmodellen konsistent?

• Sind die formalisierten Datenstrukturen konsistent?

• Sind die notwendigen Bedienoberflächen entworfen und hinreichend formal beschrieben?

Gegen Konzeptmodell (4,3)

• Sind die Vorgaben aus dem Konzeptmodell korrekt übernommen?

• Spiegeln die formalen Beschreibungen die im Konzeptmodell beschriebenen Prozesse wider?

• Sind die Ein- und Ausgabegrößen aus dem Konzeptmodell berücksichtigt worden?

• Entsprechen Umfang und Detaillierung des formalen Modells dem Konzeptmodell?

• Finden sich alle Elemente aus dem Konzeptmodell im formalen Modell wieder?

• Sind die im Konzeptmodell beschriebenen Steuerungsregeln und Funktionsweisen soweit erforderlich formal beschrieben?

• Sind alle im Konzeptmodell beschriebenen Parameter und Strukturalternativen im formalen Modell vorgesehen und lässt sich deren Wirkungsweise nachvollziehen?

• Sind die sich aus dem Konzeptmodell ergebenden Anforderungen bezüglich Zeitraum der Nutzung, Nutzerkreis, Nutzerqualifikation und Art der Nutzung im formalen Modell berücksichtigt?

• Entsprechen die im formalen Modell beschriebenen wiederverwendbaren Elemente dem Konzeptmodell?

Gegen Aufgabenspezifikation (4,2)

- Finden sich alle Systemkomponenten mit ihren Eigenschaften und Relationen im formalen Modell in geeigneter Weise wieder?
- Führt die Erstellung des formalen Modells zu impliziten Annahmen, die der Aufgabenspezifikation widersprechen?
- Sind alle gemäß Aufgabenspezifikation relevanten organisatorischen Systemdaten (z. B. Schichtmodelle) oder Systemlastvorgaben (wie z. B. saisonale Schwankungen) im formalen Modell berücksichtigt?
- Sind die in der Aufgabenspezifikation aufgeführten Steuerungsregeln – soweit nicht über eine Modellparametrisierung umsetzbar – formal beschrieben?
- Lässt das formale Modell die Variation von Parametern und ggf. Strukturen entsprechend der Forderungen in der Aufgabenstellung und im Experimentplan zu?
- Sind die in der Aufgabenspezifikation geforderten Systemvarianten geeignet formalisiert?
- Setzt das formale Modell die in der Aufgabenspezifikation definierten Modellierungsvorgaben (Verwendung von Bibliotheken, Berücksichtigung von Modellierungskonventionen) um?
- Sind die Anforderungen an die Modellstrukturierung wie die Bildung von Teilmodellen oder die Festlegung von wieder verwendbaren Komponenten im formalen Modell berücksichtigt?
- Entspricht das formale Modell in Bezug auf die zu visualisierenden Modellelemente und die geforderten Ergebnisgrößen den Anforderungen in der Aufgabenspezifikation?
- Kann erwartet werden, dass mit der im formalen Modell beschriebenen Modellstruktur das in der Aufgabenspezifikation geforderte Laufzeitverhalten erreicht wird?
- Decken sich die im formalen Modell spezifizierten Schnittstellen mit den Anforderungen aus der Aufgabenspezifikation?
- Ist formal beschrieben, wie die für die definierten Abnahmekriterien notwendigen Kennzahlen im Modell erzeugt werden?

Gegen Zielbeschreibung (4,1)

- Sind die in der Zielbeschreibung benannten Funktionsweisen des betrachteten Systems mit den zugehörigen Prozessen und Strukturen hinreichend formal umgesetzt?
- Sind die in der Zielbeschreibung benannten Systemgrenzen des betrachteten Systems hinreichend berücksichtigt?

- Führt die Erstellung des formalen Modells zu impliziten Annahmen, die der Zielbeschreibung widersprechen?
- Lässt sich nachvollziehen, wie die nach der Zielbeschreibung erwarteten Ergebnisaussagen im formalen Modell erzeugt werden?
- Sind die gewünschten variierbaren Parameter und Systemstrukturen hinreichend im formalen Modell umgesetzt?
- Sind alle Systemvarianten formal beschrieben?
- Sind Zweck und Ziel der Simulation mit den vorgesehenen Modellvarianten erreichbar?
- Sind Zweck und Ziel der Simulation mit den als veränderbar vorgesehenen Parametern erreichbar?
- Genügt das formale Modell in Umfang und Detaillierung den in der Zielbeschreibung formulierten Zwecken?
- Wird die geplante spätere Modellnutzung über entsprechende funktionale Einschränkungen oder die Definition von Zusatzfunktionen hinreichend formal beschrieben?
- Ist absehbar, dass die Modellabnahmekriterien erfüllt werden können?
- Sind die in der Zielbeschreibung formulierten organisatorischen Rahmenbedingungen zur Projektdurchführung mit dem erstellten formalen Modell erfüllbar?

A2.5 Ausführbares Modell

Intrinsisch (5,5)

- Ist das ausführbare Modell entsprechend der Dokumentstruktur vollständig beschrieben?
- Sind notwendige Anpassungen von wiederverwendeten Elementen entsprechend dokumentiert?
- Sind alle Modellelemente, die eine Verknüpfung erfordern, tatsächlich verknüpft?
- Sind alle Modellelemente vollständig parametrisiert?
- Werden voneinander unabhängige stochastische Prozesse (soweit sinnvoll und technisch möglich) unterschiedlichen Zufallszahlenströmen zugeordnet?
- Sind bei Verwendung von unterschiedlichen Zufallsströmen auch die Startwerte verschieden?
- Ist bei Abhängigkeiten zwischen Initialisierungsprozessen mehrerer Modellparameter die richtige Reihenfolge der Ausführung sichergestellt?

- Werden alle Modellabschnitte und Steuerungslogiken mindestens einmal im Test durchlaufen?
- Nehmen die Modellelemente die erwarteten Zustände mindestens einmal an?
- Verhalten sich alle Modellabschnitte (auch unter speziellen Randbedingungen) wie erwartet?
- Reagiert das Modell auf Änderungen von Parametern erwartungsgemäß?
- Ist sichergestellt, dass Messwerte aus der Einschwingphase nicht in die Ergebnisse eingehen?
- Sind die Ergebnisgrößen des Modells reproduzierbar?

Gegen formales Modell (5,4)

- Ist die Beschreibung der Modellstruktur aus dem formalen Modell vollständig und korrekt übernommen worden?
- Sind alle entworfenen Steuerungsstrategien vollständig und genau implementiert worden?
- Sind die im formalen Modell entworfenen Schnittstellen nach außen vollständig und genau umgesetzt worden?
- Sind die im formalen Modell entworfenen Schnittstellen zwischen den Teilmodellen vollständig und genau umgesetzt worden?
- Sind die bei der Implementierung notwendigen Änderungen und Erweiterungen gegenüber dem formalen Modell entsprechend begründet und dokumentiert?
- Sind erforderliche Anpassungen für den Einsatz wiederverwendbarer Elemente dokumentiert?
- Sind gegenüber dem formalen Modell zusätzlich getroffene Annahmen explizit dokumentiert?

Gegen Konzeptmodell (5,3)

- Ist die Modellstruktur aus dem Konzeptmodell hinreichend und korrekt in dem ausführbaren Modell umgesetzt?
- Sind die im Konzeptmodell beschriebenen Teilmodelle abgebildet?
- Werden die im Konzeptmodell beschriebenen Systemgrenzen im ausführbaren Modell entsprechend abgebildet?
- Sind die im Konzeptmodell identifizierten wiederverwendbaren Komponenten im ausführbaren Modell berücksichtigt?

- Erfüllt das ausführbare Modell trotz möglicher Änderungen oder Erweiterungen gegenüber dem formalen Modell weiterhin die Beschreibungen des Konzeptmodells?
- Sind die im Konzeptmodell beschriebenen Verhaltensmuster im ausführbaren Modell nachvollziehbar?

Gegen Aufgabenspezifikation (5,2)

- Finden sich alle Systemkomponenten mit ihren Eigenschaften und Relationen im ausführbaren Modell wieder?
- Sind die in der Aufgabenspezifikation benannten Steuerungsregeln und Funktionsweisen im ausführbaren Modell auffindbar und nachvollziehbar?
- Werden im ausführbaren Modell zusätzliche Annahmen ergänzend zum formalen Modell getroffen, und ist die Zulässigkeit dieser Annahmen im Hinblick auf die Aufgabenspezifikation geprüft?
- Entsprechen die im ausführbaren Modell visualisierten Elemente den Anforderungen in der Aufgabenspezifikation?
- Kann die geforderte Ergebnisdarstellung (beispielsweise eine 3D-Animation) bereitgestellt werden?
- Sind die Modellierungsvorgaben (Bibliotheken, Namenskonventionen) eingehalten?
- Können mit dem eingesetzten Simulationswerkzeug die in der Aufgabenspezifikation formulierten Anforderungen an die zu verwendende Software erfüllt werden?
- Werden die spezifizierte Hard- und Software eingesetzt und die diesbezüglich formulierten Restriktionen berücksichtigt?
- Entspricht der Detaillierungsgrad des ausführbaren Modells den Anforderungen in der Aufgabenspezifikation?
- Lässt sich die Wirkung der in der Aufgabenspezifikation beschriebenen veränderbaren Parameter und Systemstrukturen nachvollziehen?
- Funktionieren die Schnittstellen gemäß den Anforderungen aus der Aufgabenspezifikation?
- Sind die Anforderungen an die Modellstrukturierung im ausführbaren Modell berücksichtigt?
- Lassen sich mit dem ausführbaren Modell die spezifizierten Ergebnisgrößen ermitteln?
- Werden die Kenngrößen für die in der Aufgabenspezifikation benannten Abnahmekriterien erzeugt?
- Erscheint das ausführbare Modell in Umfang und Detaillierung der Aufgabenspezifikation angemessen?

- Wird das in der Aufgabenspezifikation geforderte Laufzeitverhalten erreicht?

Gegen Zielbeschreibung (5,1)

- Sind die in der Zielbeschreibung benannten externen Partner einbezogen worden?
- Sind die in der Zielbeschreibung benannten Funktionsweisen des betrachteten Systems hinreichend abgebildet?
- Sind die Systemgrenzen entsprechend der Zielbeschreibung im ausführbaren Modell berücksichtigt?
- Ist das Modell für den Einsatz entsprechend der in der Zielbeschreibung benannten Modellnutzung vorbereitet?
- Werden die in der Zielbeschreibung geforderten Ergebnisgrößen bereitgestellt?
- Sind alle notwendigen veränderbaren Parameter abgebildet und wirksam?
- Führt die Erstellung des ausführbaren Modells zu impliziten Annahmen, die der Zielbeschreibung widersprechen?
- Sind alle beschriebenen Systemvarianten hinreichend genau abgebildet?
- Werden die benannten Hard- und Softwarerestriktionen berücksichtigt?
- Erfüllt das Modell die in der Zielbeschreibung benannten Abnahmekriterien?

A2.6   Simulationsergebnisse

Intrinsisch (6,6)

- Sind alle notwendigen Bestandteile der Dokumentation gemäß Dokumentstruktur (einschließlich Experimentplänen, ausführbaren Modellen mit Eingangs- und Ergebnisdaten) vorhanden?
- Sind die Simulationsergebnisse und zugehörigen Eingabedaten und Modelle so abgelegt, dass der Zusammenhang zwischen Ein- und Ausgabegrößen eindeutig ist und jedes Experiment bei Bedarf reproduziert werden könnte?
- Ist die Aufbereitung der Ergebnisse statistisch abgesichert?
- Sind die Experimentergebnisse so dargestellt, dass sowohl Abhängigkeiten von Eingabegrößen als auch statistische Schwankungen ablesbar sind?

- Ist sichergestellt, dass bei der Nutzung von Experimentverwaltern Ausnahmesituationen erkannt und berücksichtigt werden?
- Ist gesichert, dass die Einschwingphase richtig festgelegt ist?
- Existiert ein Experimentplan?
- Sind die Zusammenhänge zwischen Eingabegrößen und Ergebnissen ermittelt und entsprechend im Experimentplan berücksichtigt?

Gegen ausführbares Modell (6,5)

- Sind die im Experimentplan geforderten zu variierenden Eingabegrößen im ausführbaren Modell vorhanden?
- Sind die aus den Ergebnissen gezogenen Schlussfolgerungen im Hinblick auf die der Modellierung zugrunde liegenden Annahmen überhaupt zulässig?
- Lassen sich auftretende Modellsituationen wie Verklemmungen auf Eigenschaften des abgebildeten Systems zurückführen?
- Sind aus den Simulationsergebnissen abgeleitete Schlussfolgerungen, die den Erwartungen widersprechen, tatsächlich gerechtfertigt?

Gegen formales Modell (6,4)

- Sind die gezogenen Schlüsse durch das formale Modell gedeckt?

Gegen Konzeptmodell (6,3)

- Sind die gezogenen Schlüsse durch das Konzeptmodell gedeckt?

Gegen Aufgabenspezifikation (6,2)

- Sind alle genannten Anforderungen an Experimentdurchführung und Ergebnisdarstellung umgesetzt?
- Sind die nach dem Experimentplan erforderlichen aufbereiteten Daten mit den Angaben in der Aufgabenspezifikation konsistent?
- Werden die in der Aufgabenspezifikation geforderten zu variierenden Eingabegrößen im Experimentplan und im Simulationsmodell berücksichtigt?
- Entspricht der betrachtete Simulationszeitraum dem in der Aufgabenspezifikation festgesetzten Zeitraum der Betrachtung?
- Entsprechen die Ausgabe- und Ergebnisgrößen der Simulationsläufe den formulierten Anforderungen aus der Aufgabenspezifikation?
- Können die Simulationsergebnisse für den in der Aufgabenspezifikation formulierten Untersuchungszweck geeignet genutzt werden?

- Lassen sich die spezifizierten Systemvarianten untersuchen?
- Genügen die Ergebnisse den in der Aufgabenspezifikation genannten Abnahmekriterien?
- Sind die erarbeiteten Simulationsergebnisse für die Zielgruppe geeignet aufbereitet und nachvollziehbar dokumentiert?

Gegen Zielbeschreibung (6,1)

- Werden die in der Zielbeschreibung genannten externen Partner zur Bewertung der Simulationsergebnisse hinzugezogen?
- Sind die in der Zielbeschreibung formulierten Anforderungen in Bezug auf Ergebnisdokumentation und -präsentation eingehalten?
- Entsprechen die Projektergebnisse den in der Zielbeschreibung formulierten Anforderungen hinsichtlich Umfang und Detaillierungsgrad?
- Wird mit den Simulationsergebnissen die in der Zielbeschreibung formulierte Problemstellung gelöst?
- Erfüllen die Projektergebnisse die in der Zielbeschreibung benannten Abnahmekriterien?
- Sind die Projektergebnisse für die Zielgruppe geeignet aufbereitet und nachvollziehbar dokumentiert?

A2.7 Rohdaten

Intrinsisch (R,R)

- Ist die Dokumentbeschreibung vollständig?
- Stehen alle Daten, die gemäß Rohdatendokument vorliegen sollen, auch zur Verfügung?
- Ist ein Prozess installiert, der die regelmäßige Wiederholbarkeit der Datenbeschaffung sicherstellt?
- Sind Standards und Vorgaben der IT-Abteilung (z. B. Schnittstellenspezifikationen) berücksichtigt?
- Ist die Datenbeschaffung vollständig und fehlerfrei entsprechend der vorgegebenen Spezifikation erfolgt?
- Sind die beschafften Daten auf mögliche Messfehler überprüft worden?
- Sind die spezifizierten Konsistenzanforderungen auf Entitätstypen- und Entitätsebene erfüllt?
- Werden vorgegebene Wertebereiche von Attributen eingehalten?

Gegen Konzeptmodell (3,R)

- Kann der sich aus dem Konzeptmodell ergebende Datenbedarf mit den Rohdaten gedeckt werden?
- Sind Daten zur Beschaffung vorgesehen, die weder im Konzeptmodell noch für Vergleiche mit dem realen System in diesem Umfang benötigt werden?
- Ist die Quantität der Rohdaten hinreichend in Bezug auf die Anforderungen aus dem Konzeptmodell (z. B. zeitlicher Umfang)?
- Entspricht die Granularität der Daten den Anforderungen aus dem Konzeptmodell?

Gegen Zielbeschreibung (2,R)

- Erfüllen die erhobenen Rohdaten die Anforderungen aus der Aufgabenspezifikation, z. B. hinsichtlich Granularität und Aktualität?
- Ist die in der Aufgabenspezifikation geforderte Datenbeschaffung realisierbar?
- Liegen als verfügbar angenommene Daten auch tatsächlich vor?
- Können laut Aufgabenspezifikation fehlende Daten tatsächlich nicht beschafft werden?
- Ist die Aggregation der Daten (zeitlich, örtlich) geeignet, die Anforderungen aus der Aufgabenspezifikation zu erfüllen?
- Haben alle Projektbeteiligten ein gemeinsames Verständnis hinsichtlich des Aggregationsniveaus der Daten?
- Haben alle Projektbeteiligten ein gemeinsames Verständnis hinsichtlich der Inhalte der benannten Informations- und Datenquellen?
- Sind eventuell beschriebene Defizite in Konsistenz und Fehlerfreiheit im Hinblick auf die Anforderungen an die Datenqualität und den Detaillierungsgrad zu verantworten?
- Sind die Verantwortlichen für die Informations- und Datenbeschaffung geklärt und konsistent mit den Angaben in der Aufgabenspezifikation?
- Wurde organisatorisch sichergestellt, dass ggf. die Rohdaten entsprechend den Vorgaben aktualisiert werden?

A2.8   Aufbereitete Daten

Intrinsisch (A,A)

- Ist die Dokumentbeschreibung vollständig?
- Sind die Aufbereitungsschritte hinreichend genau spezifiziert?
- Sind einfache Prüfungen (z. B. Plausibilitäts- und Konsistenzprüfungen) beschrieben und deren Ergebnisse dokumentiert?
- Sind die Prämissen für den Einsatz der statistischen Verfahren überprüft worden (z. B. Unabhängigkeit von Stichprobenwerten)?
- Sind die vorgesehenen statistischen Prüfungen durchgeführt und dokumentiert worden?
- Sind die Attribute zwischen den Datenentitätstypen hinsichtlich Konsistenz abgeglichen worden?
- Sind die aufbereiteten Datensätze konsistent?
- Sind alle Datensätze aus den Rohdaten bei der Aufbereitung geeignet berücksichtigt worden?

Gegen Rohdaten (A,R)

- Sind alle Verarbeitungsschritte (z. B. Filter, Aggregationen, Hochrechnungen) nachvollziehbar motiviert und begründet?
- Falls eine Auswahl aus den Rohdaten getroffen wird: ist diese Auswahl angemessen begründet? Bleiben dabei gewünschte Eigenschaften der Daten erhalten?
- Ergeben sich aus einem Vergleich der Rohdaten und der aufbereiteten Daten Hinweise auf Fehler in den Aufbereitungsschritten?

Zusammen mit Aufgabenspezifikation (2,A)

- Haben die aufbereiteten Daten die geeignete Qualität und Quantität (z. B. zeitlich, örtlich)?
- Sind die Hinweise aus der Aufgabenspezifikation für Umgang mit fehlenden Daten aufgegriffen worden?
- Sind die Hinweise aus der Aufgabenspezifikation für Approximation oder Extrapolation von Daten aufgegriffen worden?
- Sind die aus der Aufgabenspezifikation ableitbaren Plausibilitätsanforderungen geprüft worden?
- Finden sich spezielle Aspekte der Aufgabenstellung (z. B. Schichtmodelle, Saisonalitäten) in den Daten wieder?

Zusammen mit Konzeptmodell (3,A)

- Stimmen Struktur und Attribute der Daten in den aufbereiteten Daten und im Konzeptmodell überein?
- Sind die Daten vorhanden, die zur Parametrisierung der Modellelemente erforderlich sind?
- Ist die Granularität im Hinblick auf die Detaillierung des Konzeptmodells hinreichend?
- Wenn die Aufbereitung von Daten, die nicht im Konzeptmodell benötigt werden, vorgesehen ist: wie ist ihre Aufbereitung begründet?
- Liegen die an den Systemgrenzen benötigten Daten in einer dem Konzeptmodell entsprechenden Form (Umfang, Detaillierung) vor?
- Wenn das Konzeptmodell Datenaufbereitungen zur Laufzeit vorsieht, warum können diese Schritte nicht vorab (unabhängig vom Modell) erfolgen?
- Lässt die Detaillierung des Konzeptmodells zusammen mit dem Mengengerüst der aufbereiteten Daten eine hinreichende Rechengeschwindigkeit des Modells erwarten?

Zusammen mit formalem Modell (4,A)

- Haben aufbereitete Daten und formales Modell die gleiche Datenstruktur (übereinstimmende Attribute)?
- Sind die Daten vorhanden, die zur Parametrisierung der (ggf. gegenüber dem Konzeptmodell genauer spezifizierten) Modellelemente erforderlich sind?
- Wenn die Aufbereitung von Daten, die nicht im formalen Modell benötigt werden, vorgesehen ist: wie ist ihre Aufbereitung begründet?
- Liegen die an den Systemgrenzen benötigten Daten in einem dem formalen Modell entsprechenden Format vor?
- Wenn das formale Modell Datenaufbereitungen zur Laufzeit vorsieht, warum können diese Schritte nicht vorab (unabhängig vom Modell) erfolgen?
- Lassen die Algorithmen des formalen Modells zusammen mit dem Mengengerüst der aufbereiteten Daten eine hinreichende Rechengeschwindigkeit des Modells erwarten?
- Sind die vorgesehenen entitätsübergreifenden Plausibilitätskontrollen nachvollziehbar in Bezug auf die Struktur und die beschriebenen Annahmen des formalen Modells?

Zusammen mit ausführbarem Modell (5,A)

- Stimmen die Datentypen von aufbereiteten Daten und ausführbarem Modell überein?
- Sind die Daten vorhanden, die zur Parametrisierung der (ggf. gegenüber dem formalen Modell zusätzlich erforderlichen) Modellelemente erforderlich sind?
- Passen die Daten hinsichtlich ihrer Granularität zum Detaillierungsgrad des ausführbaren Modells?
- Wenn das ausführbare Modell Datenaufbereitungen zur Laufzeit umfasst, warum können diese Schritte nicht vorab (unabhängig vom Modell) erfolgen?
- Gibt es Eigenschaften des ausführbaren Modells (z. B. lange Einschwingphase, höherer Durchsatz als geplant), die den Datenbedarf über den Umfang der aufbereiteten Daten hinaus erhöhen?
- Verhält sich das Modell mit den aufbereiteten Daten wie erwartet und können ggf. auftretende Abweichungen plausibel erklärt werden?
- Passt das sich aus dem Modell und den Daten ergebende Verhalten (Durchsatz) an den Systemgrenzen zum Verhalten des übrigen Modells?
- Gibt es Daten, die mit dem ausführbaren Modell nicht bearbeitet werden können?
- Können Inhalte aus externen Datenquellen wie vorgesehen verarbeitet werden?

Zusammen mit Simulationsergebnissen (6,A)

- Sind ausreichend Daten für einen Vergleich des Modellverhaltens mit dem realen System vorhanden?
- Sind die Simulationsergebnisse mit ggf. in den Daten enthaltenen Angaben zum realen System verglichen worden?
- Sind die Modellergebnisse plausibel im Hinblick auf einfache Ableitungen aus den aufbereiteten Daten?

Anhang A3 Die Autoren und Mitautoren

Dr.-Ing. *Mark Junge*, geb. 1978, Maschinenbaustudium und Promotion an der Universität Kassel. Seit 2003 wissenschaftlicher Mitarbeiter an der Universität Kassel, Institut für Produktionstechnik und Logistik, Fachgebiet Umweltgerechte Produkte und Prozesse; von 2002 bis 2007 Gründer und Gesellschafter der maxPlant GbR, Kaufungen; seit 2007 Geschäftsführer der Limón GmbH, Kassel. Lehrauftrag an der Universität Kassel und an der Universidad de Tarapacá (Chile). Seit 2002 Mitglied der Arbeitsgemeinschaft Simulation (ASIM).

Dr.-Ing. Dipl.-Phys. *Markus Rabe*, geb. 1961, Physik-Studium an der Universität Konstanz, Promotion an der Technischen Universität Berlin. Ab 1986 wissenschaftlicher Mitarbeiter am Fraunhofer-Institut für Produktionsanlagen und Konstruktionstechnik (IPK) in Berlin, seit 1995 als Abteilungsleiter, Leiter der Abteilung Unternehmenslogistik und -prozesse und Mitglied des Institutsleitungskreises. Seit 1987 aktives Mitglied der Arbeitsgemeinschaft Simulation (ASIM) und seit 2005 stellvertretender Sprecher der Fachgruppe „Simulation in Produktion und Logistik". Leiter des Fachausschusses „Geschäftsprozessmodellierung" und Mitglied im Fachausschuss A5 „Modellbildungsprozesse" im Fachbereich A5 „Modellierung und Simulation" des Verein Deutscher Ingenieure Fördertechnik Materialfluss und Logistik (VDI-FML). Chairman des EU-Projekt-Clusters „Ambient Intelligence Technologies for the Product Life Cycle". Leitung und Mitglied unterschiedlicher Programmkomitees. Lehrauftrag an der Technischen Universität Berlin; über 130 Publikationen, davon mehrere Herausgeberschaften.

Dipl.-Ing. *Tobias Schmuck*, geb. 1972, Maschinen-baustudium an der Friedrich-Alexander-Universität Erlangen. Seit 2003 wissenschaftlicher Mitarbeiter an der Friedrich-Alexander-Universität Erlangen, Lehrstuhl für Fertigungsautomatisierung und Produktionssystematik (FAPS), seit 2005 Oberingenieur im Bereich Planung, Simulation und Steuerung. Seit 2004 Mitglied der Arbeitsgemeinschaft Simulation (ASIM).

Dr. rer. pol. *Sven Spieckermann*, geb. 1967, seit dem Abschluss seines Studiums der Wirtschaftsinformatik an der TU Darmstadt im Jahr 1994 Berater und Projektleiter Simulation bei der SimPlan Gruppe, 1997 in die Geschäftsleitung berufen, heute Vorstandsmitglied der SimPlan AG. Lehrbeauftragter für Simulation an der TU Braunschweig (seit 1995) und der FH Darmstadt (2001); zahlreiche Beiträge zu Simulation und simulationsbasierter Optimierung in nationalen und internationalen Fachzeitschriften. Dissertation an der TU Braunschweig im Jahr 2002 zum Thema Optimierungsaufgabenstellungen in Karosseriebauanlagen und Lackierereien in der Automobilindustrie. Sven Spieckermann ist aktives Mitglied der Arbeitsgemeinschaft Simulation (ASIM) und der Gesellschaft für Operations Research (GOR).

Prof. Dr.-Ing. *Sigrid Wenzel*, geb. 1959, Informatikstudium an der Universität Dortmund. Von 1986 bis 1989 wissenschaftliche Mitarbeiterin an der Universität Dortmund, Lehrstuhl für Förder- und Lagerwesen; von 1990 bis 2004 wissenschaftliche Mitarbeiterin am Fraunhofer-Institut für Materialfluss und Logistik (IML), Dortmund, ab 1992 Abteilungsleitung und ab 1995 stellv. Leitung der Hauptabteilung Unternehmensmodellierung. Zusätzlich 2001 bis 2004 Geschäftsführerin des Sonderforschungsbereichs 559 „Modellierung großer Netze in der Logistik" der Universität Dortmund. Seit Mai 2004 Leitung des Fachgebietes Produktionsorganisation und Fabrikplanung im Institut für Produktionstechnik und Logistik, Fachbereich Maschinenbau, Universität Kassel, seit April 2008 geschäftsführende Direktorin des Institutes für Produktionstechnik und Logistik. Gremienaktivitäten: stellv. Vorstandsvorsitzende in der Arbeitsgemeinschaft Simulation (ASIM). Sprecherin der ASIM-Fachgruppe „Simulation in Produktion und Logistik", Leiterin des Fachausschusses „Simulation und Visualisierung", Mitglied in den Fachausschüssen „Modellbildungsprozesse" und „Digitale Fabrik" sowie Leiterin des Fachausschusses „Datenmanagement und Systemarchitekturen in der Digitalen Fabrik" im Fachbereich A5 „Modellierung und Simulation" des Verein Deutscher Ingenieure Fördertechnik Materialfluss und Logistik (VDI-FML); Mitglied in mehreren nationalen und internationalen Programmkomitees.

Printed in the United States
By Bookmasters